CAD/CAM/CAE 工程应用丛书

AutoCAD 2016中文版新手
从入门到精通

龙海　等编著

机械工业出版社

本书共分为入门篇、进阶篇、提高篇、晋级篇、精通篇、实战篇六篇。

本书内容包括：AutoCAD 基础知识、设置绘图环境、运用辅助功能、管理视图显示、绘制二维图形、编辑二维图形、运用面域与图案填充、创建与编辑文字、设置与管理图层、运用图块与外部参照、创建与设置表格、创建与设置尺寸标注、创建与控制三维图形、编辑与渲染三维图形、打印与发布图纸、机械设计、室内设计以及建筑设计等内容，读者学后可以快速提高设计水平，成为设计高手。

本书结构清晰、语言简洁，适合于 AutoCAD 2016 的初、中级读者使用，包括平面辅助绘图人员、机械绘图人员、工程绘图人员、模具绘图人员、工业绘图人员、室内装潢设计人员等，同时也可作为各类计算机培训中心、中职中专、高职高专等院校及相关专业的辅导教材。

图书在版编目（CIP）数据

AutoCAD 2016 中文版新手从入门到精通 / 龙海等编著. —北京：机械工业出版社，2015. 12（2017. 1 重印）
（CAD/CAM/CAE 工程应用丛书）
ISBN 978-7-111-52315-4

Ⅰ. ①A… Ⅱ. ①龙… Ⅲ. ①AutoCAD 软件 Ⅳ. ①TP391.72

中国版本图书馆 CIP 数据核字（2015）第 295924 号

机械工业出版社（北京市百万庄大街 22 号　邮政编码 100037）
策划编辑：张淑谦　　责任编辑：张淑谦
责任校对．张艳霞　　责任印制：乔　宇

北京铭成印刷有限公司印刷

2017 年 1 月第 1 版 · 第 2 次印刷
184mm×260mm · 25.25 印张 · 627 千字
3001—4500 册
标准书号：ISBN 978-7-111-52315-4
　　　　　　ISBN 978-7-89405-919-2（光盘）
定价：69.80 元（含 1DVD）

电话服务　　　　　　　　　　　　网络服务
服务咨询热线：（010）88361066　　机 工 官 网：www.cmpbook.com
读者购书热线：（010）68326294　　机 工 官 博：weibo.com/cmp1952
　　　　　　　（010）88379203　　教育服务网：www.cm pedu.com
封面无防伪标均为盗版　　　　　　金 书 网：www.golden-book.com

前　言

■　软件简介

AutoCAD 是由美国 Autodesk（欧特克）公司推出的计算机辅助绘图与设计软件，AutoCAD 2016 是目前最新版本，在多个领域的应用非常广泛，受到各领域广大从业者的一致好评。本书立足于这款软件的实际操作及行业应用，完全从一个初学者的角度出发，循序渐进地讲解核心知识点，并通过大量实例演练，让读者在最短的时间内成为 AutoCAD 2016 操作高手。

■　本书主要特色

最完备的功能查询	工具、按钮、菜单、命令、快捷键、理论、范例等应有尽有，非常详细、具体，不仅是一本自学手册，更是一本即查、即学、即用手册。
最全面的内容介绍	对直线、圆、矩形、圆弧、文字、样条曲线、图案填充、偏移、加厚、拉伸、旋转、扫描、混合、曲面、图层、图块等进行了详细地讲解。
最丰富的案例说明	大专业领域、大型综合案例以及 238 个范例，以实例讲理论的方式进行了实战演绎，读者可以边学边用。
最细致的选项讲解	160 多个专家技巧指点，800 多个图解标注，让软件变得通俗易懂，更方便读者快速领会。
最超值的赠送光盘	370 多分钟的书中所有实例操作演示视频，450 多款与书中同步的素材与效果源文件。

■　本书细节特色

六大 **篇幅内容安排**	本书结构清晰，全书共分为六篇：入门篇、进阶篇、提高篇、晋级篇、精通篇、实战篇，读者可以从零开始，掌握软件的核心与高端技术，通过大量实战演练，提高水平，学有所成。
18 个 **技术专题精解**	本书体系完整，共 8 章，由浅入深地对 AutoCAD 2016 进行了各专题的软件技术讲解。

三大 综合实例设计	书中最后布局了三大设计门类，其中包括机械设计、室内设计、建筑设计，具体为齿轮设计、接待室设计和道路规划图设计。
160 个 实战技巧	作者在编写时，将软件中 160 多个实战技巧、设计经验，毫无保留地奉献给读者，不仅大大丰富和提高了本书的含金量，更方便读者提升实战技巧与经验，提高学习与工作效率。
238 个 技能实例	全书将软件各项内容细分，通过 238 个范例，并结合相应的理论知识，帮助读者逐步掌握软件的核心技能与操作技巧，通过大量的范例实战演练，使新手快速进入设计高手的行列。
370 多 分钟视频播放	书中的所有技能实例，以及最后三大综合案例，全部录制配音讲解的视频，时间长度达 370 多分钟，全程重现书中所有技能实例操作步骤，读者可以结合书本观看视频。
450 个 素材效果	全书使用的素材与制作的效果共达 450 多个文件，其中包含 230 个素材文件，220 个效果文件，涉及 AutoCAD 2016 的基本操作、辅助功能、视图显示、绘制二维图形、绘制三维图形等，应有尽有。
1200 多张 图片全程图解	本书采用了 1200 多张图片，对软件的技术、实例的讲解进行了全程式图解，这些辅助的图片让实例内容变得更通俗易懂，读者可以一目了然，快速领会，大大提高了学习效率。

■ 本书主要内容

本书共分为 6 篇：入门篇、进阶篇、提高篇、晋级篇、精通篇、实战篇。各篇所包含的具体内容如下：

入门篇	第 1～4 章，主要讲解了启动与退出 AutoCAD 2016、AutoCAD 2016 的工作界面、AutoCAD 2016 的基本操作、系统环境的设置、设置捕捉点、设置坐标系与坐标、切换绘图空间、缩放视图等。
进阶篇	第 5～6 章，主要讲解了绘制点、绘制直线型对象、绘制弧型对象、绘制与编辑其他图形、选择编辑对象、编组图形对象、复制移动图形、修改编辑图形等。

提高篇	第 7～9 章，主要讲解了运用布尔运算面域、设置图案特性、新建与设置文字样式、单行文字的创建与编辑、多行文字的创建与编辑、运用字段、新建图层、图层的设置、图层的管理等。
晋级篇	第 10～12 章，主要讲解了创建与编辑属性块、运用外部参照、编辑与管理外部参照、表格的创建、表格的设置、表格特性的设置、认识尺寸标注、创建尺寸标注、设置尺寸标注等。
精通篇	第 13～15 章，主要讲解了创建三维图形、由二维图形创建三维图形、网格曲面的创建、视点的设置、三维图形的观察、编辑三维图形、编辑三维图形边和面、图纸打印的设置、图纸的输入与输出等。
实战篇	第 16～18 章，从不同领域中，精选典型实战效果，从机械设计、室内设计、建筑设计方面进行讲解，使读者对前面所学的知识融会贯通，又帮助读者快速精通并应用软件。

■　作者售后

本书主要由龙海编写，参考编写的人员还有龚政、张瑶、苏高、柏慧、刘嫔、杨侃莹、谭贤、柏松、周旭阳、袁淑敏、谭俊杰、徐茜、杨端阳、谭中阳、杨娜、陈国嘉、李四华、刘琴、徐婷、卢博和秦英豪，在此表示感谢。由于作者知识水平有限，书中难免有错误和疏漏之处，欢迎广大读者来信咨询和指正，联系邮箱：itsir@qq.com。

■　版权声明

本书及光盘所采用的图片、动画、模板、音频、视频和创意等素材，均为所属公司、网站或个人所有，本书引用仅为说明（教学）之用，绝无侵权之意，特此声明。

编　者

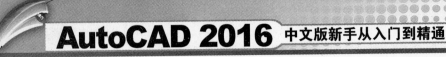

目　录

进 阶 篇

提高篇

晋 级 篇

精 通 篇

入 门 篇
AutoCAD 基础知识

1

学习提示

> AutoCAD 2016 是由美国 Autodesk 公司推出的 AutoCAD 最新版本，它是一款计算机辅助绘图与设计软件，具有功能强大、易于掌握、使用方便等特点，能够绘制二维与三维图形、标注图形尺寸、渲染图形以及打印输出图纸。本章将介绍 AutoCAD 2016 的基础知识。

本章案例导航

- 启动 AutoCAD 2016
- 退出 AutoCAD 2016
- 新建图形文件
- 打开图形文件

- 另存为图形文件
- 输出图形文件
- 关闭图形文件
- 修复图形文件

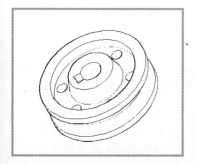

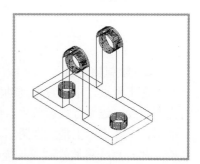

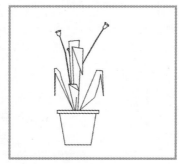
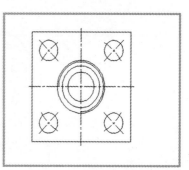

1.1 初识 AutoCAD 2016

AutoCAD 问世于 1982 年，至今已经过多次升级，其功能得以不断增强并日趋完善，如今已成为工程设计领域中应用最为广泛的计算机辅助绘图和设计软件之一，深受广大工程技术人员的欢迎。

1.1.1 创建与编辑图形

在 AutoCAD 2016 中，可以通过菜单中的 "绘图"菜单和"修改"菜单下的相应命令绘制图形。在 AutoCAD 2016 中，既可以绘制平面图，也可以绘制轴测图和三维图。下面向用户介绍绘制各种图形的方法。

1．绘制平面图

AutoCAD 提供了丰富的绘图命令，使用这些命令可以绘制直线、构造线、多段线、圆、矩形、多边形、椭圆等基本图形，也可以将绘制的图形转换为面域，对其进行填充。使用"绘图"选项板中的相应命令，可以绘制出各种各样的平面图形，例如图 1-1 所示的室内平面图，以及在其他软件中根据图样设计的效果图。

图 1-1　室内平面图和效果图

2．绘制轴测图

在工程设计中经常见到轴测图，轴测图是一种以二维绘图技术来模拟三维对象沿特定视点产生的三维平行投影效果，但在绘制方法上不同于二维图形的绘制。因此轴测图看似三维图形，但在实际上是二维图形。切换到 AutoCAD 的轴测模式下，就可以方便地绘制出轴测图。此时直线将被绘制成与坐标轴呈 300°、90°、150° 等角度，圆将被绘制成椭圆，如图 1-2 所示。

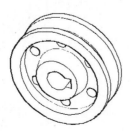 

图 1-2　模型轴测图

3．绘制三维图

AutoCAD 2016 不仅可以把一些平面图形通过拉伸、设定标高和厚度等转换为三维图形，还提供了三维绘图命令，用户可以很方便地绘制圆柱体、球体、长方体等基本实体以及三维网格、旋转网格等网格模型。同样再结合编辑命令，还可以绘制出各种各样的复杂三维图形，如图 1-3 所示。

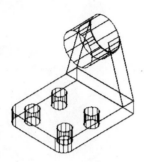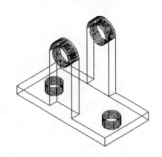

图 1-3 三维模型

1.1.2 输出及打印图形

AutoCAD 2016 不仅允许将所绘制的图形以不同样式通过绘图仪或打印机输出，还能够将不同格式的图形导入 AutoCAD 或将 AutoCAD 图形以其他格式输出。因此，当图形绘制完成之后可以使用多种方法将其输出。例如，可以将图形打印在图纸上，或创建成文件以供其他应用程序使用。

1.1.3 标注图形尺寸

尺寸标注是向图形中添加测量注释的过程，是整个绘图过程中不可缺少的一步。AutoCAD 2016 提供了标注功能，使用该功能可以在图形的各个方向上创建各种类型的标注，也可以方便、快速地以一定格式创建符合行业或项目标准的标注。

在 AutoCAD 2016 中提供了线性、半径和角度 3 种基本标注类型，可以进行水平、垂直、对齐、旋转、坐标、基线或连续等标注。标注的对象可以是二维图形或三维图形，如图 1-4 所示。

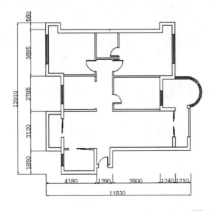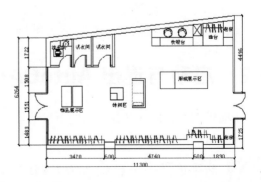

图 1-4 标注图形尺寸

1.1.4 控制图形显示

控制图形显示可以方便地以多种方式放大或缩小绘制的图形。对于三维图形来说，可以通过改变观察视点，从不同视角显示图形；也可以将绘图窗口分为多个视口，从而在各个视口中以不同文件方位显示同一图形。此外，AutoCAD 2016 还提供了三维动态观察器，利用该观察器可以动态地观察三维图形，如图 1-5 所示。

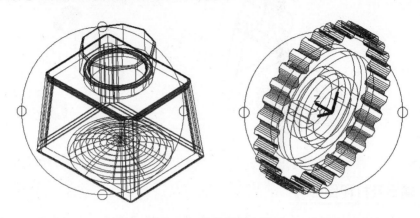

图 1-5　动态观察图形

1.1.5 渲染三维图形

在 AutoCAD 2016 中，可以运用雾化、光源和材质，将模型渲染为具有真实感的图像。如果为了演示，可以渲染全部对象，如图 1-6 所示。

图 1-6　渲染三维图形

1.2　启动与退出 AutoCAD 2016

下面以在 Windows 7 操作系统下启动与退出 AutoCAD 2016 为例，向用户介绍启动与退出 AutoCAD 2016 的方法。

1.2.1 新手练兵——启动 AutoCAD 2016

在安装好 AutoCAD 2016 软件后，用户可以通过以下方法启动 AutoCAD 2016。

	素材文件	无
	效果文件	无
	视频文件	光盘\视频\第 1 章\1.1.1　新手练兵——启动 AutoCAD 2016.mp4

步骤 01　移动鼠标指针至桌面上的 AutoCAD 2016 图标上，在图标上单击鼠标右键，在弹出的快捷菜单中选择"打开"选项，如图 1-7 所示。

步骤 02　弹出 AutoCAD 2016 程序启动界面，显示程序启动信息，如图 1-8 所示。

图 1-7　选择"打开"选项

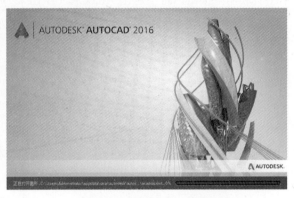

图 1-8　显示程序启动信息

步骤 03　稍等片刻，即可进入 AutoCAD 2016 的程序界面，如图 1-9 所示。

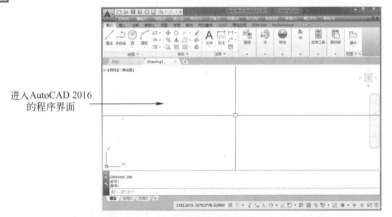

图 1-9　进入 AutoCAD 2016

▶ 专家指点

用户还可以通过以下两种方法启动 AutoCAD 2016。
➤ 命令：单击"开始"|"所有程序"| AutoCAD 2016。
➤ 文件：双击 DWG 格式的 AutoCAD 文件。

1.2.2 新手练兵——退出 AutoCAD 2016

当用户完成绘图工作后，不再需要使用 AutoCAD 2016，则可以退出该程序。

	素材文件	无
	效果文件	无
	视频文件	光盘\视频\第 1 章\1.1.2　新手练兵——退出 AutoCAD 2016.mp4

步骤 01 启动 AutoCAD 2016 后，单击"菜单浏览器"按钮，在弹出的下拉菜单中，单击"退出 Autodesk AutoCAD 2016"按钮，如图 1-10 所示。

步骤 02 执行操作后，即可退出 AutoCAD 2016 应用程序。

▶ 专家指点

若在工作界面中进行了部分操作，之前也未保存，在退出该软件时，会弹出信息提示框，如图 1-11 所示。单击"是"按钮，将保存文件；单击"否"按钮，将不保存文件；单击"取消"按钮，将不退出 AutoCAD 2016 程序。

图 1-10 单击"退出 Autodesk AutoCAD 2016"按钮

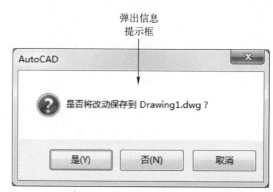

图 1-11 信息提示框

1.3 了解 AutoCAD 2016 的工作界面

在 AutoCAD 2016 包含有 4 个工作界面，分别是"二维草图与注释""三维基础""三维建模"和"AutoCAD 经典"工作界面。"二维草图与注释"工作界面主要由菜单浏览器、标题栏、快速访问工具栏、绘图窗口、功能区、命令行以及状态栏等部分组成，如图 1-12 所示。

图 1-12 AutoCAD 2016 工作界面

1.3.1 标题栏

标题栏位于应用程序窗口的最上方，用于显示当前正在运行的程序及文件名等信息，如图 1-13 所示为 AutoCAD 2016 的标题栏。

图 1-13 AutoCAD 2016 标题栏

单击标题栏右侧的按钮组 ，可以最小化、最大化或关闭应用程序窗口。在标题栏上的空白处单击鼠标右键，在弹出的快捷菜单中可以执行最小化或最大化窗口、还原窗口、关闭 AutoCAD 等操作。

1.3.2 菜单浏览器

"菜单浏览器"按钮 是 AutoCAD 2016 新增的功能按钮，位于界面左上角。单击该按钮，将弹出 AutoCAD 菜单，如图 1-14 所示，其中几乎包含了 AutoCAD 的全部功能和命令，用户单击命令后即可执行相应操作。

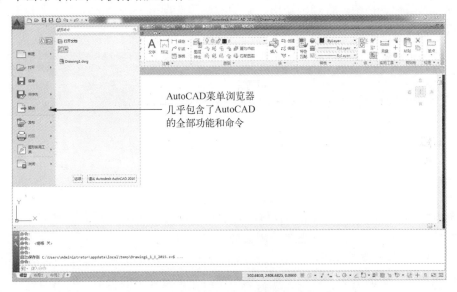

图 1-14 "菜单浏览器"按钮的下拉菜单

▶ 专家指点

　单击"菜单浏览器"按钮 ，在弹出的菜单中，在"搜索"文本框中输入关键字，然后单击"搜索"按钮，即可显示与关键字相关的命令。

1.3.3 快速访问工具栏

AutoCAD 2016 的快速访问工具栏中包含最常用操作的快捷按钮，方便用户使用。在默认状态下，快速访问工具栏中包含 7 个快捷按钮，如图 1-15 所示，分别为"新建"按钮、"打开"按钮、"保存"按钮、"另存为"按钮、"打印"按钮、"放弃"按钮和"重做"按钮。

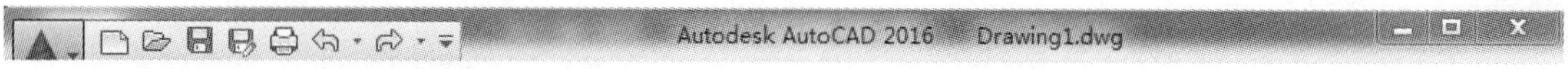

图 1-15　快速访问工具栏

如果想在快速访问工具栏中添加或删除其他按钮，可以在快速访问工具栏上单击鼠标右键，在弹出的快捷菜单中选择"自定义快速访问工具栏"选项，在弹出的"自定义用户界面"对话框中进行设置即可。

▶ 专家指点

在快速访问工具栏右侧的三角按钮上单击鼠标左键，再在弹出的快捷菜单栏中选择"显示菜单栏"选项，就可以在工作空间中显示菜单栏。

1.3.4　"功能区"选项板

"功能区"选项板是一种特殊的选项板，位于绘图区的上方，是菜单和工具栏的主要替代工具。默认状态下，在"草图与注释"工作界面中，"功能区"选项板包含了默认、插入、注释、参数化、视图、管理、输出、附加模块等选项卡。每个选项卡包含若干个面板，每个面板又包含有许多命令按钮，如图 1-16 所示。

图 1-16　"功能区"选项板

1.3.5　绘图窗口

绘图窗口是用户绘制图形时的工作区域，用户可以通过 LIMITS 命令设置显示在屏幕上的绘图区域的大小，也可以根据需要关闭其他窗口元素，例如工具栏、选项板等，以增大绘图空间。如果图样比较大，需要查看未显示部分，可以单击窗口右边与下边滚动条上的箭头，或拖曳滚动条上的滑块来移动图样。绘图窗口左下方显示的是系统默认的世界坐标系图标。绘图窗口底部显示了"模型""布局 1"和"布局 2"3 个选项卡，用户可以在模型空间及图纸空间自由切换。

1.3.6　命令窗口

命令窗口位于绘图窗口的底部，用于接收输入的命令，并显示 AutoCAD 提示信息。在AutoCAD 2016 中，命令窗口可以拖曳为浮动窗口，如图 1-17 所示。处于浮动状态的命令行随拖曳位置的不同，其标题显示的方向也不同。如果将命令行拖曳到绘图窗口的右侧，这时命令窗口的标题栏将位于右边。

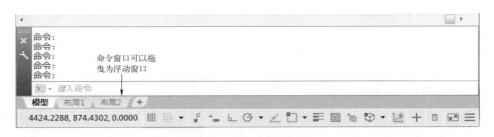

命令窗口可以拖曳为浮动窗口

图 1-17 AutoCAD 2016 命令窗口

> **▶ 专家指点**
>
> 使用 AutoCAD 2016 绘图时，命令提示行一般有以下两种显示状态。
>
> ➤ 等待命令输入状态：表示系统等待用户输入命令，以绘制或编辑图形。
> ➤ 正在执行命令的状态：在执行命令的过程中，命令提示行中将显示该命令的操作提示。

1.3.7 状态栏

状态栏位于屏幕的最下方，它显示了当前 AutoCAD 的工作状态，以及其他的显示按钮等，如图 1-18 所示。

图 1-18 AutoCAD 2016 状态栏

状态栏中包括"推断约束""捕捉模式""栅格""正交模式""极轴追踪""二维对象捕捉""三维对象捕捉""对象捕捉追踪""动态 UCS""动态输入""线宽""透明度""快捷特性""选择循环"和"注释监视器"这 15 个状态转换按钮，其功能见表 1-1。

表 1-1 状态栏中的状态转换按钮

名 称	功 能 说 明
推断约束	单击该按钮，打开推断约束功能，可约束设置的限制效果，比如限制两条直线垂直、相交、共线，圆与直线相切等
捕捉模式	单击该按钮，打开捕捉设置，此时光标只能在 X 轴、Y 轴或极轴方向移动固定的距离
栅格	单击该按钮，打开栅格显示，此时屏幕上将布满小点。其中，栅格的 X 轴和 Y 轴间距也可通过"草图设置"对话框的"捕捉和栅格"选项卡进行设置
正交模式	单击该按钮，打开正交模式，此时只能绘制垂直直线或水平直线
极轴追踪	单击该按钮，打开极轴追踪模式。在绘制图形时，系统将根据设置显示一条追踪线，可在该追踪线上根据提示精确移动光标，从而进行精确绘图
二维对象捕捉	单击该按钮，打开对象捕捉模式。因为所有的几何对象都有一些决定其形状和方位的关键点，所以，在绘图时可以利用对象捕捉功能，自动捕捉这些关键点
三维对象捕捉	单击该按钮，打开三维对象捕捉模式。在绘图时可以利用三维对象捕捉功能，自动捕捉三维图形的各个关键点
对象捕捉追踪	单击该按钮，打开对象捕捉模式，可以通过捕捉对象上的关键点，并沿着正交方向或极轴方向拖曳光标，此时可以显示光标当前位置与捕捉点之间的相对关系。若找到符合要求的点，直接单击即可
动态 UCS	单击该按钮，可以允许或禁止动态 UCS

（续）

名　　称	功 能 说 明
动态输入	单击该按钮，将在绘制图形时自动显示动态输入文本框，方便绘图时设置精确数值
线宽	单击该按钮，打开线宽显示。在绘图时如果为图层和所绘图形设置了不同的线宽，打开该开关，可以在屏幕上显示线宽，以标识各种具有不同线宽的对象
透明度	单击该按钮，打开透明度显示。在绘图时如果为图层和所绘图形设置了不同的透明度，打开该开关，可以在屏幕上显示透明度，方便识别不同的对象
快捷特性	单击该按钮，可以显示对象的快捷特性选项板，能帮助用户快捷地编辑对象的一般特性。通过"草图设置"对话框的"快捷特性"选项卡，可以设置快捷特性选项板的位置模式和大小
选择循环	单击该按钮，可以帮助用户对选择进行循环操作
注释监视器	单击该按钮，可以启用注释监视器，它提供关于关联注释状态的反馈。如果当前图形中的所有注释都已关联，在系统托盘中的注释图标将保持为正常

1.4　掌握 AutoCAD 2016 的基本操作

要学习 AutoCAD 2016 软件的设计应用，首先需掌握 AutoCAD 2016 的基本操作，包括新建图形文件、打开图形文件、保存图形文件、输出图形文件和关闭图形文件，下面向用户介绍掌握各个基本操作的方法。

1.4.1　新手练兵——新建图形文件

启动 AutoCAD 2016 之后，系统将自动新建一个名为 Drawing1 的图形文件，该图形文件默认以 acadiso.dwt 为模板，用户也可以根据需要新建图形文件，以完成相应的绘图操作。

	素材文件	无
	效果文件	无
	视频文件	光盘\视频\第 1 章\1.4.1　新手练兵——新建图形文件.mp4

步骤 01 启动 AutoCAD 2016 后，单击"菜单浏览器"按钮，在弹出的菜单列表中选择"新建"命令，如图 1-19 所示。

步骤 02 弹出"选择样板"对话框，在列表框中选择相应选项，如图 1-20 所示。

图 1-19　选择"新建"命令

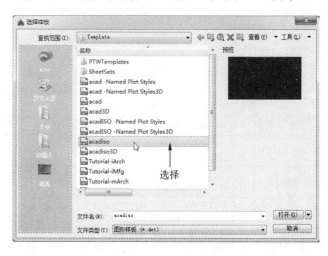

图 1-20　选择 acadiso 选项

步骤 03 单击"打开"按钮，即可新建图形文件。

> ▶ 专家指点
>
> 用户还可以通过以下 3 种方法新建图形文件。
> ➢ 命令：在命令行中输入"NEW"命令并按〈Enter〉键确认。
> ➢ 快捷键：按〈Ctrl＋N〉组合键。
> ➢ 工具栏：单击快速访问工具栏的"新建"按钮。
> 执行以上任意一种方法，均可弹出"选择样板"对话框。

1.4.2 新手练兵——打开图形文件

若计算机中已经保存了 AutoCAD 文件，可以将其打开进行查看和编辑。

素材文件	光盘\素材\第 1 章\底座.dwg
效果文件	无
视频文件	光盘\视频\第 1 章\1.4.2 新手练兵——打开图形文件.mp4

步骤 01 在 AutoCAD 2016 工作界面中，单击"菜单浏览器"按钮，如图 1-21 所示。

步骤 02 在弹出的菜单列表中选择"打开"|"图形"命令，如图 1-22 所示。

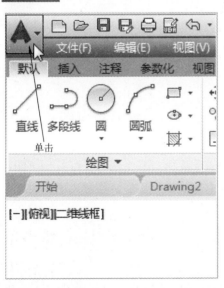

图 1-21 单击"菜单浏览器"按钮

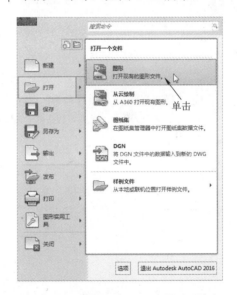

图 1-22 选择"打开"|"图形"命令

> ▶ 专家指点
>
> 用户还可以通过以下 3 种方法打开图形文件
> ➢ 命令：在命令行中输入"OPEN"命令并按〈Enter〉键确认。
> ➢ 快捷键：按〈Ctrl＋O〉组合键。
> ➢ 工具栏：单击快速访问工具栏的"打开"按钮 。
> 执行以上任意一种方法，均可弹出"选择文件"对话框。

步骤 03 弹出"选择文件"对话框，在"查找范围"列表框中选择需要打开的素材图形，如图 1-23 所示。

步骤 04 单击"打开"按钮，即可打开素材图形，如图 1-24 所示。

图 1-23 选择素材图形

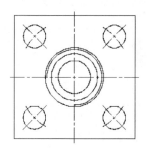

图 1-24 打开素材图形

1.4.3 新手练兵——另存为图形文件

如果用户需要重新将图形文件保存至磁盘中的另一位置，可以使用"另存为"命令，对图形文件进行另存为操作。

素材文件	光盘\素材\第 1 章\窗格.dwg
效果文件	光盘\效果\第 1 章\窗格.dwg
视频文件	光盘\视频\第 1 章\1.4.3 新手练兵——另存为图形文件.mp4

步骤 01 启动 AutoCAD 2016，打开素材图形，如图 1-25 所示。

步骤 02 单击"菜单浏览器"按钮，在弹出的菜单列表中选择"另存为"|"图形"命令，弹出"图形另存为"对话框，单击"保存于"右侧的下拉按钮，在弹出的列表框中重新设置文件的保存位置，如图 1-26 所示。

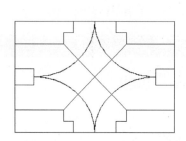

图 1-25 打开素材图形

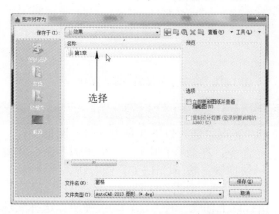

图 1-26 设置文件的保存位置

步骤 03 单击"保存"按钮，即可另存为图形文件。

▶ **专家指点**

用户还可以通过以下两种方法另存图形文件。

➢ 命令：在命令行中输入"SAVEAS"命令，并按〈Enter〉键确认。

➢ 快捷键：按〈Ctrl＋Shift＋S〉组合键。

执行以上任意一种方法，均可弹出"图形另存为"对话框。

1.4.4 新手练兵——输出图形文件

在 AutoCAD 2016 中，用户可根据需要对图形文件进行输出操作。

素材文件	光盘\素材\第 1 章\盆景.dwg
效果文件	光盘\效果\第 1 章\盆景.bmp
视频文件	光盘\视频\第 1 章\1.4.4 新手练兵——输出图形文件.mp4

步骤 01 单击"菜单浏览器"按钮，在弹出的菜单列表中选择"打开"|"图形"命令，打开素材图形，如图 1-27 所示。

步骤 02 单击"菜单浏览器"按钮，在弹出的菜单列表中选择"输出"|"其他格式"命令，如图 1-28 所示。

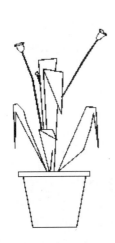

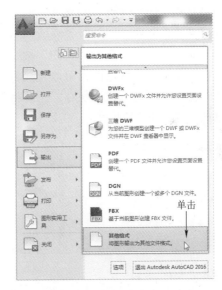

图 1-27 打开素材图形　　图 1-28 选择"其他格式"命令

▶ **专家指点**

用户还可以通过以下两种方法输出图形文件。

➢ 在命令行中输入"EXPORT"命令，并按〈Enter〉键确认。

➢ 选择菜单栏中的"文件"|"输出"命令。

在 AutoCAD 2016 中，常用的输出文件类型有三维 DWF（*.dwf）、图元文件（*.wmf）、块（*.dwg）、位图（*.bmp）、V8.DGN（*.dgn）等。

步骤 03 弹出"输出数据"对话框，在其中可以设置文件的保存路径及文件类型，如图 1-29 所示。

步骤 **04** 单击"保存"按钮，返回绘图区，在指定位置双击保存的图像，即可查看图像，如图 1-30 所示。

图 1-29　设置文件的保存路径及文件类型　　　　图 1-30　查看输出的图像效果

1.4.5　关闭图形文件

如果用户只是想关闭当前打开的文件，而不退出 AutoCAD 程序，可以通过相应的操作关闭当前的图形文件。

将鼠标移至绘图窗口右上角的"关闭"按钮上，单击鼠标左键，如图 1-31 所示。执行操作后，如果图形文件尚未作修改，可以直接将当前图形文件关闭；如果保存后又修改过图形文件，且未对图形文件进行重新保存，系统将弹出提示信息框，提示用户是否保存文件或放弃已作的修改，如图 1-32 所示。

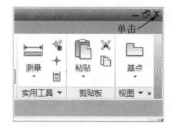

图 1-31　单击"关闭"按钮　　　　　　　　图 1-32　信息提示框

单击"是"按钮，将保存图形文件；单击"否"按钮，将不保存图形文件，退出 AutoCAD；单击"取消"按钮，则不退出 AutoCAD 2016 应用程序。

> **▶ 专家指点**
> 用户还可以通过以下 3 种方法关闭图形文件。
> ➢ 命令 1：在命令行中输入"CLOSE"命令并按〈Enter〉键确认。
> ➢ 命令 2：在命令行中输入"CLOSEALL"命令并按〈Enter〉键确认。
> ➢ 菜单：单击"菜单浏览器"按钮，在弹出的菜单中单击"关闭"命令。
> ➢ 按钮：单击标题栏右侧的"关闭"按钮。
> 执行以上任意一种方法，均可关闭图形文件。

1.4.6 新手练兵——修复图形文件

在 AutoCAD 2016 中，用户还可以修复已损坏的图形文件。

素材文件	光盘\素材\第 1 章\花草.dwg
效果文件	无
视频文件	光盘\视频\第 1 章\1.4.6 新手练兵——修复图形文件.mp4

步骤 01 单击"菜单浏览器"按钮，在弹出的菜单列表中选择"图形实用工具"|"修复"|"修复"命令，如图 1-33 所示。

步骤 02 弹出"选择文件"对话框，在其中选择需要修复的图形文件，如图 1-34 所示。

图 1-33 选择"修复"命令

图 1-34 选择需要修复的图形文件

步骤 03 单击"打开"按钮，弹出信息提示框，提示用户修复后的数据库没有核查出错误，如图 1-35 所示，单击"确定"按钮，返回绘图区，即可修复图形文件。

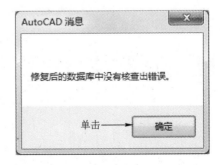

图 1-35 信息提示框

设置绘图环境

2

学习提示

通常情况下，在进行绘图之前，首先应确定绘图环境所需要的环境参数，以提高绘图效率。在 AutoCAD 2016 中，设置绘图环境包括设置系统参数、设置图形单位、设置图形界限以及管理用户界面等。本章主要介绍设置绘图环境的基本操作。

本章案例导航

- 显示或隐藏功能区
- 图形单位长度的设置
- 运用鼠标执行命令
- 运用命令行执行命令
- 运用透明命令

- 运用扩展命令
- 执行取消命令
- 执行退出命令
- 执行恢复命令
- 执行重复命令

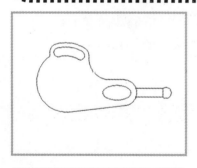
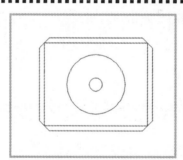
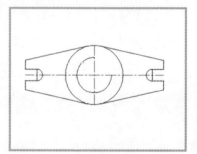
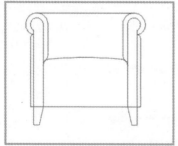
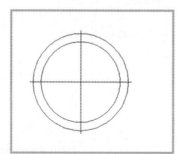
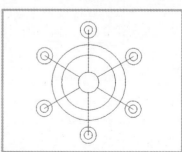

2.1 设置"功能区"选项板

"功能区"选项板位于绘图窗口的上方,在"二维草图与注释"工作界面中,"功能区"选项板中有一些常用选项卡,如默认、插入、注释、参数化、视图、管理、输出、附加模块等。本节主要介绍管理"功能区"选项板的基本操作。

2.1.1 显示或隐藏功能区

在 AutoCAD 2016 中,用户可根据需要对"功能区"选项板进行显示或隐藏操作。

1. 隐藏"功能区"选项板

如果用户需要在绘图区中显示更多的图形,此时可将"功能区"选项板进行隐藏。

在"功能区"选项板的空白处单击鼠标右键,在弹出的快捷菜单中选择"关闭"选项,如图 2-1 所示。执行操作后,即可隐藏"功能区"选项板,如图 2-2 所示。

图 2-1 选择"关闭"选项　　　　图 2-2 隐藏"功能区"选项板

> ▶ **专家指点**
> 用户还可以通过以下两种方法隐藏"功能区"选项板。
> ➢ 命令 1:显示菜单栏,选择"工具"|"选项板"|"功能区"命令。
> ➢ 命令 2:在命令行中输入"RIBBONCLOSE"命令,按〈Enter〉键确认。
> 执行以上任意一种操作,均可调用"功能区"选项。

2. 显示"功能区"选项板

与当前工作空间相关的操作都单一简洁地置于功能区中,下面向用户介绍显示"功能区"选项板的方法。

选择"工具"|"选项板"|"功能区"命令,如图 2-3 所示。执行操作后,即可显示"功能区"选项板,如图 2-4 所示。

图 2-3　选择"功能区"命令

图 2-4　显示"功能区"选项板

▶ 专家指点

　　在命令行中输入"RIBBON"命令，也可以显示"功能区"选项板。

2.1.2　隐藏面板标题名称

　　在绘图过程中，用户还可以根据需要隐藏面板标题名称。

　　在"功能区"选项板的空白处，单击鼠标右键，在弹出的快捷菜单中选择"显示面板标题"选项，如图 2-5 所示。执行操作后，即可隐藏面板标题名称，如图 2-6 所示。

图 2-5　选择"显示面板标题"选项

图 2-6　隐藏面板标题名称

2.1.3　浮动功能区

　　在 AutoCAD 2016 中，还可以将"功能区"选项板进行浮动操作。

　　在"功能区"选项板空白处单击鼠标右键，在弹出的快捷菜单中选择"浮动"选项，如图 2-7 所示。执行操作后，即可浮动选项板，如图 2-8 所示。

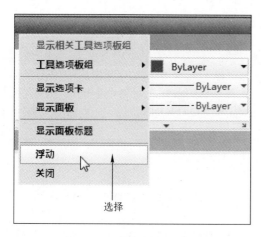

图 2-7 选择"浮动"选项

图 2-8 浮动选项板

2.2 系统环境的设置

在 AutoCAD 2016 中，单击"菜单浏览器"按钮，在弹出的菜单列表中单击"选项"按钮，在弹出的"选项"对话框中，用户可以对系统和绘图环境进行各种设置，以满足不同用户的需求。

2.2.1 文件路径的设置

在"选项"对话框中，单击"文件"选项卡，在该选项卡中可以设置 AutoCAD 2016 支持文件、驱动程序、搜索路径、菜单文件和其他文件的目录等。

单击"菜单浏览器"按钮，在弹出的菜单列表中，单击"选项"按钮，如图 2-9 所示。

弹出"选项"对话框，切换至"文件"选项卡，单击"支持文件搜索路径"选项前的"＋"号，在展开的列表中选择"C:\program files\autodesk\autocad 2016\support"选项，如图 2-10 所示。

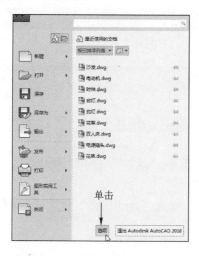

图 2-9 单击"选项"按钮

图 2-10 选择相应选项

操作完成后，单击"确定"按钮，即可设置文件路径。

▶ 专家指点

　　用户可以在没有执行任何命令也没有选择任何对象的情况下，在绘图窗口中单击鼠标右键，在弹出的快捷菜单中选择"选项"命令。单击"草图设置"对话框中的"选项"按钮也可进入"选项"对话框。另外，在命令行中输入"OPTIONS"（选项）命令，按下〈Enter〉键确认，也可弹出"选项"对话框。

2.2.2　窗口元素的设置

　　在"选项"对话框中，切换至"显示"选项卡，该选项卡用于设置 AutoCAD 2016 的显示情况。

　　单击"菜单浏览器"按钮，在弹出的菜单列表中单击"选项"按钮，弹出"选项"对话框，切换至"显示"选项卡，单击"配色方案"右侧的下拉按钮，在弹出的列表框中选择"暗"选项，如图 2-11 所示。

　　设置完成后，单击"确定"按钮，更改窗口的颜色显示状态，如图 2-12 所示。

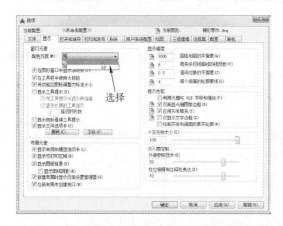

图 2-11　选择"暗"选项

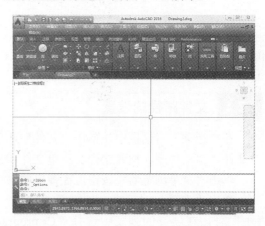

图 2-12　更改窗口的颜色显示状态

▶ 专家指点

　　在"选项"对话框中的"显示"选项卡中，用户可以进行绘图环境显示设置、布局显示设置以及控制十字光标的尺寸等设置。

2.2.3　文件保存时间的设置

　　在"选项"对话框中，切换至"打开和保存"选项卡，在其中用户可以设置在AutoCAD 2016 中保存文件的相关选项。

　　单击"菜单浏览器"按钮，在弹出的菜单列表中单击"选项"按钮，如图 2-13 所示。

　　弹出"选项"对话框，切换至"打开和保存"选项卡，勾选"自动保存"复选框，在其下方设置"保存间隔分钟数"，如图 2-14 所示。

图 2-13　单击"选项"按钮　　　　　图 2-14　设置自动保存的间隔分钟数

设置完成后，单击"确定"按钮，即可完成文件保存时间的设置。

▶ 专家指点

　　在"选项"对话框的"打开和保存"选项卡中，用户可根据需要设置保存文件的格式，对要保存的文件采取安全措施，以及查看最近运用的文件数目、设置是否加载外部参照文件。

2.2.4　打印与发布的设置

　　"选项"对话框中的"打印和发布"选项卡用于设置 AutoCAD 打印和发布的相关选项。
　　单击"菜单浏览器"按钮，在弹出的菜单列表中单击"选项"按钮，弹出"选项"对话框，切换至"打印和发布"选项卡，单击对话框下方的"打印样式表设置"按钮，如图 2-15 所示。
　　弹出"打印样式表设置"对话框，选中"使用颜色相关打印样式"单选按钮，如图 2-16 所示。

图 2-15　单击"打印样式表设置"按钮　　　图 2-16　选中相应单选按钮

单击"确定"按钮，返回"选项"对话框，单击"确定"按钮，即可完成打印样式表的设置。

2.2.5 图形性能的设置

在"选项"对话框中，单击"系统"选项卡，在其中可以进行当前三维图形的显示效果、模型选项卡和布局选项卡中的显示列表如何更新等设置。

单击"菜单浏览器"按钮，在弹出的菜单列表中单击"选项"按钮，弹出"选项"对话框，切换至"系统"选项卡，在"硬件加速"选项区单击"图形性能"按钮，如图 2-17 所示。

弹出"图形性能"对话框，在"效果设置"选项区中关闭"硬件加速"选项，如图 2-18 所示。

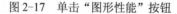
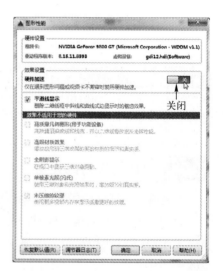

图 2-17　单击"图形性能"按钮 　　　　　图 2-18　关闭"硬件加速"选项

设置完成后，依次单击"确定"按钮，完成图形性能的设置。

2.2.6 用户系统配置的设置

在"选项"对话框中单击"用户系统配置"选项卡，在其中可以设置 AutoCAD 中优化性能的选项。

单击"菜单浏览器"按钮，在弹出的菜单列表中单击"选项"按钮，如图 2-19 所示。

弹出"选项"对话框，切换至"用户系统配置"选项卡，在其中可以设置用户系统配置的相关参数，如图 2-20 所示。

设置完成后，单击"确定"按钮，完成用户系统配置的设置。

> ▶ 专家指点
>
> 　在"用户系统配置"选项卡中，用户可以进行指定鼠标右键操作的模式、指定插入单位等设置。

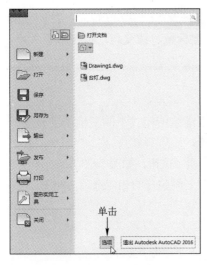
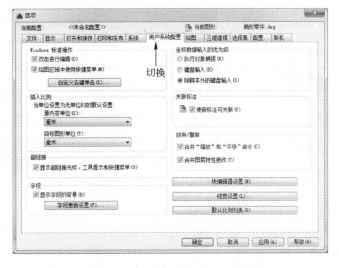

图 2-19　单击"选项"按钮　　　　　　图 2-20　"用户系统配置"选项卡

2.2.7　绘图的设置

在"选项"对话框的"绘图"选项卡中，可以设置 AutoCAD 2016 中的一些基本编辑选项。在其中，用户可以进行是否打开自动捕捉标记、改变自动捕捉标记大小，设置对象捕捉选项等设置。

单击"菜单浏览器"按钮，在弹出的菜单列表中，单击"选项"按钮，如图 2-21 所示。

弹出"选项"对话框，切换至"绘图"选项卡，可以设置 AutoCAD 2016 的相关参数，如图 2-22 所示。

图 2-21　单击"选项"按钮　　　　　　图 2-22　"绘图"选项卡

设置完成后，单击"确定"按钮，完成绘图的设置。

▶ 专家指点

在"绘图"选项卡中，用户可以进行是否打开自动捕捉标记、改变自动捕捉标记大小等设置。

2.2.8 三维建模的设置

在"选项"对话框的"三维建模"选项卡中，可以对三维绘图模式下的三维十字光标、UCS 图标、动态输入、三维对象和三维导航等选项进行设置。

单击"菜单浏览器"按钮，在弹出的菜单列表中单击"选项"按钮，如图 2-23 所示。

弹出"选项"对话框，切换至"三维建模"选项卡，设置三维建模的相应选项，如图 2-24 所示。

设置完成后，单击"确定"按钮，完成三维建模的设置。

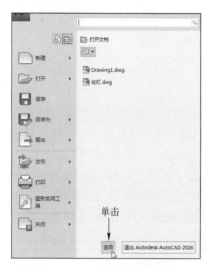

图 2-23 单击"选项"按钮

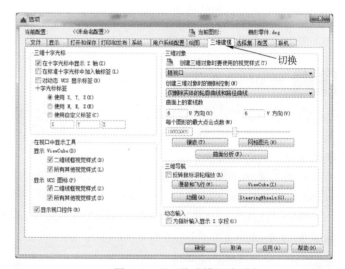

图 2-24 "三维建模"选项卡

2.3 图形单位的设置

在开始绘制图形前，需要确定图形单位与实际单位之间的尺寸关系，即绘图比例。另外，还要指定程序中测量角度的方向。对于所有的线型和角度单位，还要设置显示精度的等级，如小数点的倍数或者以分数显示时的最小分母，精度的设置会影响距离、角度和坐标的显示。本节主要介绍设置图形单位的方法。

2.3.1 图形单位长度的设置

在"图形单位"对话框中的"长度"选项区中，可以设置图形的长度类型和精度。下面向用户介绍设置图形单位的长度。

在命令行中输入 UNITS（单位）命令，按〈Enter〉键确认，弹出"图形单位"对话框，在"长度"选项区中单击"类型"下拉按钮，在弹出的列表框中选择"小数"选项，如图 2-25 所示。

单击"精度"下拉按钮，弹出列表框，选择"0.000"选项，如图 2-26 所示。

设置完成后，单击"确定"按钮，即可设置图形单位的长度。

图 2-25　选择"小数"选项

图 2-26　选择"0.000"选项

▶ **专家指点**

　　显示菜单栏，选择"格式"|"单位"命令，也可以弹出"图形单位"对话框。

2.3.2　图形单位角度的设置

　　在"角度"选项区中，可以指定当前角度的格式和当前角度显示的精度。

　　在命令行中输入"UNITS"（单位）命令，按〈Enter〉键确认，弹出"图形单位"对话框，在"角度"选项区中单击"类型"下拉按钮，在弹出的列表框中选择"百分度"选项，如图 2-27 所示。

　　在"角度"选项区中单击"精度"下拉按钮，在弹出的列表框中选择"0.00g"选项，如图 2-28 所示。

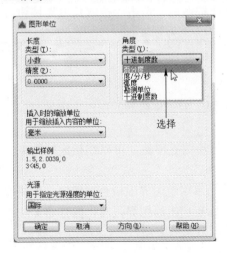

图 2-27　选择"百分度"选项

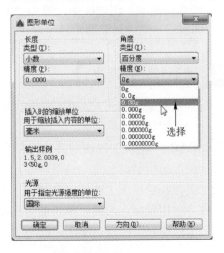

图 2-28　选择"0.00g"选项

设置完成后，单击"确定"按钮，即可设置图形单位的角度。

2.3.3 图形单位方向的设置

在 AutoCAD 2016 中，用户还可以设置图形单位的方向。

在命令行中输入"UNITS"（单位）命令，按〈Enter〉键确认，弹出"图形单位"对话框，单击"方向"按钮，如图 2-29 所示。

弹出"方向控制"对话框，在"基准角度"选项区中，选中"西"单选按钮，如图 2-30 所示。

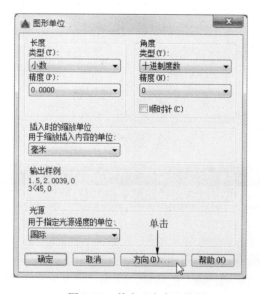

图 2-29　单击"方向"按钮

图 2-30　选中"西"单选按钮

设置完成后，单击"确定"按钮，即可设置图形单位的方向。

> ▶ 专家指点
>
> 在"方向控制"选项区中，选中"其他"单选按钮后，单击"拾取角度"按钮 ，返回到绘图窗口，通过选取两个点来确定基准角度为 0°的方向。

2.3.4 图形界限的设置

图形界限就是 AutoCAD 的绘图区域，也称图限。为了将绘制的图形方便地打印输出，在绘图前应设置好图形界限。

AutoCAD 中默认的绘图边界为无限大，为了使绘图更便捷，可以在指定的图纸大小空间中进行图形的绘制。

图形界限相当于手工制图时选择的图纸大小，当启用绘图界限检查功能时，如果通过键盘输入或者使用鼠标在绘图区单击的方法拾取的坐标点超出绘图界限时，操作将无法进行。如果关闭了绘图界限检查功能，则绘制图形不受绘图范围的限制。

> ▶ 专家指点
>
> 　由于 AutoCAD 中图形界限检查只是针对输入点，所以在打开图形界限检查后，用户在创建图形对象时，仍有可能导致图形对象某部分绘制在图形界限之外。例如，绘制圆时，在图形界限内部指定圆心点后，如果半径很大，则有可能将部分圆弧绘制在图形界限之外。

2.4 执行命令的方法

　　AutoCAD 2016 的命令执行方式有多种，主要有使用鼠标执行命令、使用命令行执行命令、使用文本窗口执行命令以及使用透明命令等。不论采用哪种方式执行命令，命令提示行中都将显示相应的提示信息。本节主要介绍使用命令的技巧。

2.4.1 新手练兵——运用鼠标执行命令

　　在绘图窗口中，鼠标指针通常显示为"十"字形状。当鼠标指针移至菜单命令、工具栏或对话框内时，会自动变成箭头形状。无论鼠标指针是"十"字形状，还是箭头形状，当单击鼠标时，都会执行相应的命令。

	素材文件	光盘\素材\第 2 章\操作杆.dwg
	效果文件	光盘\效果\第 2 章\操作杆.dwg
	视频文件	光盘\视频\第 2 章\2.4.1　新手练兵——运用鼠标执行命令.mp4

　　步骤 01 单击"菜单浏览器"按钮，在弹出的菜单列表中选择"打开"|"图形"命令，如图 2-31 所示。

　　步骤 02 执行操作后，打开素材图形，如图 2-32 所示。

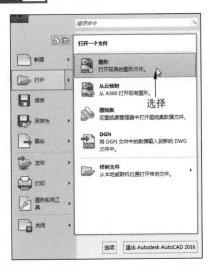

图 2-31　选择"打开"|"图形"命令

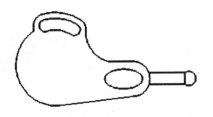

图 2-32　打开素材图形

　　步骤 03 单击"功能区"选项板中的"默认"选项卡，在"绘图"面板上单击"圆心，半径"按钮，如图 2-33 所示。

步骤 04 根据命令行提示进行操作，在绘图区合适的位置单击鼠标左键，输入"50"，按〈Enter〉键确认，即可运用鼠标执行命令绘制圆，如图 2-34 所示。

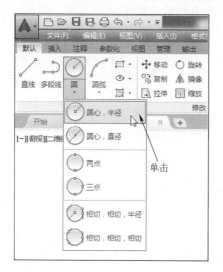

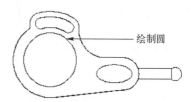

图 2-33 单击"圆心，半径"按钮　　　　图 2-34 使用鼠标执行命令绘制圆

▶ **专家指点**

在 AutoCAD 2016 中，鼠标指针有 3 种模式：拾取模式、回车模式和弹出模式。

➢ 拾取键：拾取键指的是鼠标左键，用于指定屏幕上的点，也被用于选择 Windows 对象、AutoCAD 对象、工具栏按钮和菜单命令等。

➢ 回车键：回车键指的是鼠标右键，相当于〈Enter〉键，用于结束当前使用的命令，此时系统会根据当前绘图状态而弹出不同的快捷菜单。

➢ 弹出键：按住〈Shift〉键的同时单击鼠标右键，系统将会弹出一个快捷菜单，用于设置捕捉点的方法。对于三键鼠标，弹出键相当于鼠标的中间键。

2.4.2 新手练兵——运用命令行执行命令

在 AutoCAD 2016 中，默认情况下命令行是一个可固定的窗口，用户可以在当前命令提示下输入命令、对象参数等内容。

对大多数命令而言，命令行可以显示执行完的两条命令提示（也叫历史命令），而对于一些输入命令，如"TIME"和"LIST"命令，则需要放大命令行或用 AutoCAD 文本窗口才可以显示。

素材文件	光盘\素材\第 2 章\沙发.dwg
效果文件	光盘\效果\第 2 章\沙发.dwg
视频文件	光盘\视频\第 2 章\2.4.2　新手练兵——运用命令行执行命令.mp4

步骤 01 单击"菜单浏览器"按钮，在弹出的菜单列表中选择"打开"|"图形"命令，如图 2-35 所示。

步骤 02 执行操作后，打开素材图形，如图 2-36 所示。

图 2-35 选择"打开"|"图形"命令

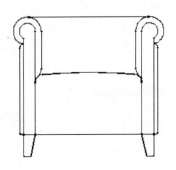

图 2-36 打开素材图形

步骤 03 在命令行中输入"LINE"(直线)命令,按〈Enter〉键确认,如图 2-37 所示。

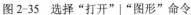

图 2-37 在命令行中输入"LINE"命令

步骤 04 根据命令行提示进行操作,在绘图区中合适位置单击鼠标左键,确认线段的起始点,如图 2-38 所示。

步骤 05 向右引导光标,输入"530",并按〈Enter〉键确认,即可绘制一条长度为 530 的直线,如图 2-39 所示。

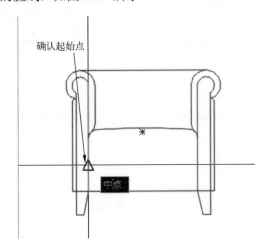

图 2-38 确认起始点

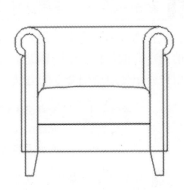

图 2-39 绘制直线

2.4.3 新手练兵——运用文本窗口执行命令

在 AutoCAD 2016 中，文本窗口是一个浮动窗口，可以在其中输入命令或查看命令行提示信息，以便查看执行的历史命令。

单击菜单栏中的"视图"菜单，在弹出的下拉列表框中选择"显示"选项，在弹出的快捷菜单中选择"文本窗口"，如图 2-40 所示。

弹出 AutoCAD 文本窗口，在文本窗口的命令行处输入"LINE"命令，并按〈Enter〉键确认，在其中用户可根据提示信息输入相应的数值，进行相应操作，如图 2-41 所示。

图 2-40　选择"文本窗口"

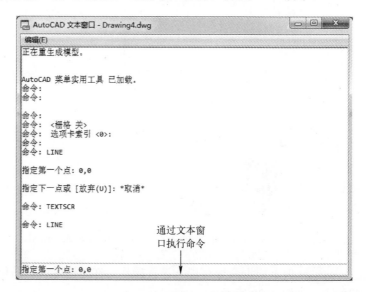

图 2-41　通过文本窗口执行命令

> ▶ 专家指点
>
> 在命令行中用户还可以通过按〈BackSpace〉键或〈Delete〉键删除命令行中的文字；也可以选择历史命令，并执行"粘贴到命令行"命令，将其粘贴到命令行中。

2.4.4 新手练兵——运用透明命令

在执行命令的过程中，用户可以输入并执行某些其他命令，这类命令多为辅助修改图形设置的命令，或是打开绘图辅助工具的命令，在 AutoCAD 中，称这类命令为透明命令。下面向用户介绍使用透明命令的方法。

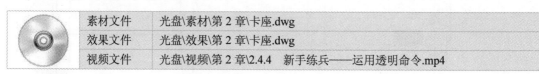

	素材文件	光盘\素材\第 2 章\卡座.dwg
	效果文件	光盘\效果\第 2 章\卡座.dwg
	视频文件	光盘\视频\第 2 章\2.4.4　新手练兵——运用透明命令.mp4

步骤 01　单击"菜单浏览器"按钮，在弹出的菜单列表中选择"打开"|"图形"命令，如图 2-42 所示。

步骤 02　执行操作后，打开素材图形，如图 2-43 所示。

图 2-42 选择"打开"|"图形"命令

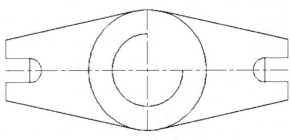

图 2-43 打开素材图形

步骤 **03** 在命令行中输入"ARC"（三点）命令，并按〈Enter〉键确认，捕捉合适的点为圆弧起点，如图 2-44 所示。

步骤 **04** 在命令行中输入"C"（圆心），按〈Enter〉键确认，指定圆心，再在命令行中输入"A"（角度），按〈Enter〉键确认，再在命令行中输入"-90"，按〈Enter〉键确认，即可绘制圆弧，效果如图 2-45 所示。

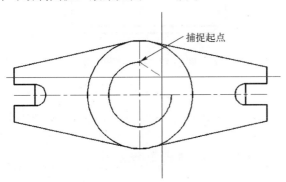

图 2-44 捕捉起点

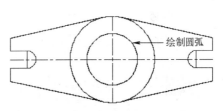

图 2-45 绘制圆弧

使用"透明"命令后，命令行中的提示如下。

命令：ARC
圆弧创建方向：逆时针(按住〈Ctrl〉键可切换方向)。
指定圆弧的起点或 [圆心(C)]：指定起点。
指定圆弧的第二个点或 [圆心(C)/端点(E)]：指定第二个点、圆心或端点。
指定圆弧的圆心：指定圆心。
指定圆弧的端点或 [角度(A)/弦长(L)]：指定末端点、角度或弦长。
指定包含角：指定圆弧绘制角度。

2.4.5 新手练兵——运用扩展命令

"扩展"命令是在命令行中输入某一种命令，并按〈Enter〉键确认后，出现的多个选项，选择不同的选项，即可进行不同的操作，得到的效果也不同。

素材文件	光盘\素材\第 2 章\洗菜盆.dwg
效果文件	光盘\效果\第 2 章\洗菜盆.dwg
视频文件	光盘\视频\第 2 章\2.4.5　新手练兵——运用扩展命令.mp4

步骤 01　单击"菜单浏览器"按钮，在弹出的菜单列表中选择"打开"|"图形"命令，如图 2-46 所示。

步骤 02　执行操作后，打开素材图形，如图 2-47 所示。

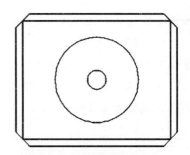

图 2-46　选择"打开"|"图形"命令　　　图 2-47　打开素材图形

步骤 03　在命令行中输入"FILLET"（圆角）命令，按〈Enter〉键确认，输入半径"R"，按〈Enter〉键确认，输入"30"并按〈Enter〉键确认，在绘图区依次选择需要圆角的边，即可进行圆角操作，如图 2-48 所示。

步骤 04　参照与上同样的方法，创建其他圆角，效果如图 2-49 所示。

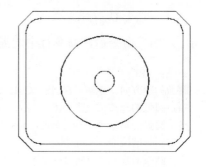

图 2-48　圆角后的图形　　　　　　　图 2-49　创建其他圆角

使用"扩展"命令后，命令行中的提示如下。

命令：FILLET

当前设置：模式 = 修剪，半径 = 0.0000
选择第一个对象或 [放弃(U)/多段线(P)/半径(R)/修剪(T)/多个(M)]：选择第一个对象或别的选项。
指定圆角半径 <0.0000>：指定圆角的半径。
选择第一个对象或 [放弃(U)/多段线(P)/半径(R)/修剪(T)/多个(M)]：选择圆角第一个对象。
选择第二个对象，或按住〈Shift〉键选择对象以应用角点或 [半径(R)]：选择圆角第二个对象或
应用角点。

2.5　执行停止和退出命令

在 AutoCAD 2016 中，用户可以方便地重复执行同一个命令，或撤销前面执行的一个或
多个命令。此外，撤销前面执行的命令后，用户还可以通过重做来恢复前面执行的命令。本
节主要介绍停止和退出命令的技巧。

2.5.1　新手练兵——执行取消命令

素材文件	光盘\素材\第 2 章\吸顶灯.dwg
效果文件	无
视频文件	光盘\视频\第 2 章\2.5.1　新手练兵——执行取消命令.mp4

步骤 **01**　单击"菜单浏览器"按钮，在弹出的菜单列表中选择"打开"|"图形"命
令，打开素材图形，如图 2-50 所示。

步骤 **02**　在绘图区选择中间的直线对象，按〈Delete〉键，即可删除直线，如图 2-51
所示。

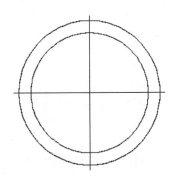

图 2-50　打开素材图形

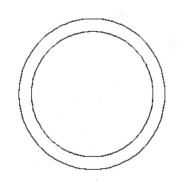

图 2-51　删除直线

步骤 **03**　在命令行中输入"UNDO"（放弃）命令，按两次〈Enter〉键确认，即可撤
销执行的删除命令，如图 2-52 所示。

```
命令：UNDO
当前设置：自动 = 开，控制 = 全部，合并 = 是，图层 = 是
输入要放弃的操作数目或 [自动(A)/控制(C)/开始(BE)/结束(E)/标记(M)/后退(B)]
<1>：
ERASE
```

图 2-52　输入"UNDO"（放弃）命令

执行"放弃"命令后，命令行中的提示如下。

命令：UNDO
当前设置：自动 = 开，控制 = 全部，合并 = 是，图层 = 是
输入要放弃的操作数目或 [自动(A)/控制(C)/开始(BE)/结束(E)/标记(M)/后退(B)] <1>：放弃已执行操作的数目。

▶ 专家指点

　　用户还可以通过以下 3 种方法，取消已执行的命令。
　　➤ 按钮：单击快速访问工具栏上的"放弃"按钮。
　　➤ 命令：显示菜单栏，选择"编辑"|"放弃"命令。
　　➤ 快捷键：按〈Ctrl+Z〉组合键。
　　执行以上任意一种操作，均可取消执行的命令。

2.5.2 新手练兵——执行退出命令

在 AutoCAD 2016 中，用户还可以退出正在执行的命令。

素材文件	无
效果文件	无
视频文件	光盘\视频\第 2 章\2.5.2　新手练兵——执行退出命令.mp4

步骤 01 单击快速访问工具栏上的"新建"按钮，新建一幅空白图形文件，在命令行中输入"CIRCLE"（圆）命令，并按〈Enter〉键确认，此时命令行提示用户指定圆的圆心，如图 2-53 所示。

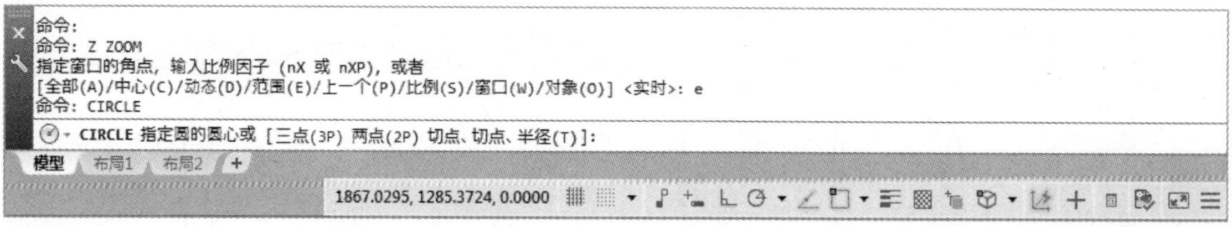

```
命令：
命令： Z ZOOM
指定窗口的角点，输入比例因子 (nX 或 nXP)，或者
[全部(A)/中心(C)/动态(D)/范围(E)/上一个(P)/比例(S)/窗口(W)/对象(O)] <实时>: e
命令： CIRCLE
CIRCLE 指定圆的圆心或 [三点(3P) 两点(2P) 切点、切点、半径(T)]:
模型　布局1　布局2　+
1867.0295, 1285.3724, 0.0000
```

图 2-53　命令行提示指定圆心

步骤 02 按〈Esc〉键，退出正在执行的命令，命令行提示已取消操作，如图 2-54 所示。

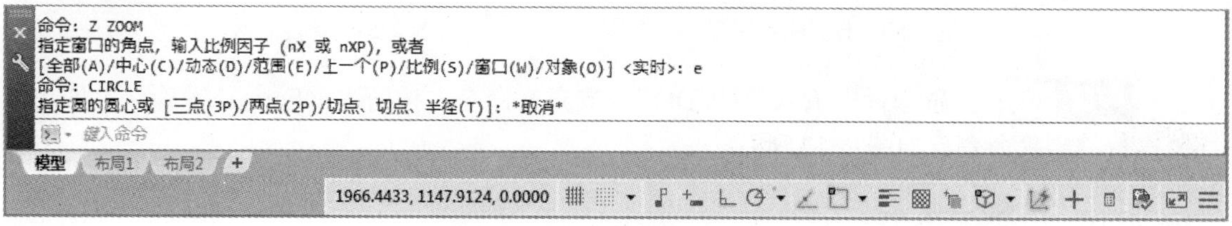

```
命令： Z ZOOM
指定窗口的角点，输入比例因子 (nX 或 nXP)，或者
[全部(A)/中心(C)/动态(D)/范围(E)/上一个(P)/比例(S)/窗口(W)/对象(O)] <实时>: e
命令： CIRCLE
指定圆的圆心或 [三点(3P)/两点(2P)/切点、切点、半径(T)]: *取消*
　　- 键入命令
模型　布局1　布局2　+
1966.4433, 1147.9124, 0.0000
```

图 2-54　命令行提示取消操作

2.5.3 新手练兵——执行恢复命令

在绘制图形的过程中，用户还可以恢复已撤销的命令。

	素材文件	光盘\素材\第 2 章\灯具.dwg
	效果文件	无
	视频文件	光盘\视频\第 2 章\2.5.3 新手练兵——执行恢复命令.mp4

步骤 **01** 单击"菜单浏览器"按钮,在弹出的菜单列表中选择"打开"|"图形"命令,如图 2-55 所示。

步骤 **02** 执行操作后,打开素材图形,如图 2-56 所示。

图 2-55 选择"打开"|"图形"命令

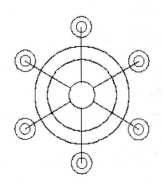

图 2-56 打开素材图形

步骤 **03** 选择图形,按〈Delete〉键将其删除,单击快速访问工具栏上的"放弃"按钮,如图 2-57 所示,放弃操作。

步骤 **04** 单击快速访问工具栏上的"重做"按钮,如图 2-58 所示,即可恢复撤销的命令。

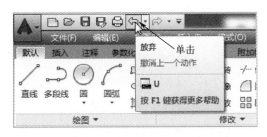

图 2-57 单击"放弃"按钮

图 2-58 单击"重做"按钮

2.5.4 新手练兵——执行重复命令

在 AutoCAD 2016 中,用户还可以重复执行一个命令。

	素材文件	光盘\素材\第 2 章\屋顶.dwg
	效果文件	光盘\效果\第 2 章\屋顶.dwg
	视频文件	光盘\视频\第 2 章\2.5.4 新手练兵——执行重复命令.mp4

步骤 **01** 单击"菜单浏览器"按钮,在弹出的菜单列表中选择"打开"|"图形"命

令，如图 2-59 所示。

步骤 02 执行操作后，打开素材图形，如图 2-60 所示。

图 2-59 选择"打开"|"图形"命令　　　　图 2-60 打开素材图形

步骤 03 在命令行中输入"L"（直线）命令，并按〈Enter〉键确认，根据命令行提示进行操作，在图形的左端点上，单击鼠标左键，向下引导鼠标，输入"10"，按两次〈Enter〉键确认，即可绘制直线，如图 2-61 所示。

步骤 04 按〈Enter〉键，即可重复执行直线命令，捕捉合适的端点绘制第二条直线，效果如图 2-62 所示。

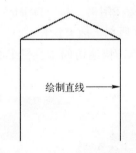

图 2-61 绘制直线　　　　　　　图 2-62 重做已执行的命令

运用辅助功能

3

学习提示

在绘制图形时，用鼠标定位虽然方便快捷，但精度不高，绘制的图形也不够精确，远远不能满足工程制图的要求。为了解决该问题，AutoCAD 2016 提供了一些绘图辅助工具，用于帮助用户精确绘图。本章主要介绍设置辅助功能的方法。

本章案例导航

- ■ 启用捕捉与栅格功能
- ■ 设置栅格间距
- ■ 设置捕捉间距
- ■ 设置对象捕捉
- ■ 运用正交功能

- ■ 捕捉中点
- ■ 捕捉圆心
- ■ 捕捉切点
- ■ 捕捉垂足
- ■ 新建布局

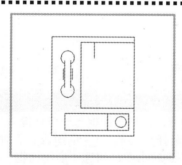

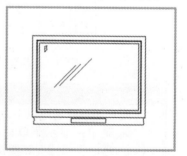

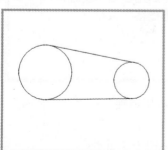

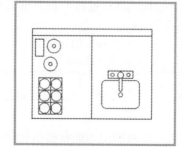

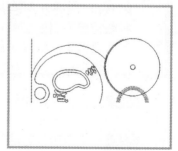

3.1 运用捕捉与栅格功能

在 AutoCAD 2016 中，"栅格"是一些标定位置的小点；"捕捉"用于设定鼠标指针移动的间距，起坐标纸的作用，可以提供直观的距离和位置参照。本节主要介绍设置捕捉和栅格的方法。

3.1.1 新手练兵——启用捕捉与栅格功能

栅格是一个显示在屏幕上的等距点，用户可以通过数点的方法来确定对象的长度。

素材文件	光盘\素材\第 3 章\沙发.dwg
效果文件	无
视频文件	光盘\视频\第 3 章\3.1.1　新手练兵——启用捕捉与栅格功能.mp4

步骤 **01** 启动 AutoCAD 2016，打开素材图形，如图 3-1 所示。

步骤 **02** 单击状态栏中的"显示图形栅格"按钮▦，接着单击鼠标右键，在弹出的快捷菜单中选择"网格设置"选项，如图 3-2 所示。

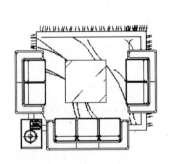

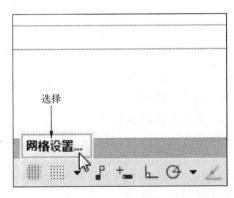

图 3-1　打开素材图形　　　　图 3-2　选择"网格设置"选项

> ▶ **专家指点**
> 用户还可以通过以下几种方法，启用捕捉与栅格功能。
> ➢ 菜单：显示菜单栏，选择"工具"|"草图设置"命令，弹出"草图设置"对话框，在"捕捉和栅格"选项卡中，勾选"启用捕捉"和"启用栅格"复选框。
> ➢ 按钮：单击状态栏上的"捕捉到图形栅格"和"显示图形栅格"按钮。
> ➢ 快捷键 1：按〈F9〉和〈F7〉键。
> ➢ 快捷键 2：按〈Ctrl＋B〉和〈Ctrl＋G〉组合键。
> 执行以上任意一种方法，均可启用捕捉与栅格功能。

步骤 **03** 执行操作后，弹出"草图设置"对话框，勾选"启用捕捉"和"启用栅格"复选框，如图 3-3 所示。

步骤 **04** 单击"确定"按钮，即可启用捕捉和栅格功能，如图 3-4 所示。

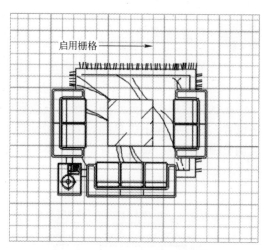

图 3-3　勾选相应复选框　　　　　　图 3-4　启用捕捉和栅格功能

在"草图设置"对话框中的"捕捉和栅格"选项卡中，各主要选项的含义如下。

➢ "启用捕捉"复选框：勾选该复选框，可以打开或关闭捕捉模式。

➢ "捕捉 X 轴间距"文本框：指定 X 方向的捕捉间距，间距值必须为正实数。

➢ "捕捉 Y 轴间距"文本框：指定 Y 方向的捕捉间距，间距值必须为正实数。

➢ "X 轴间距和 Y 轴间距相等"复选框：勾选该复选框，可以对捕捉间距和栅格间距中的 X、Y 间距值强制使用同一参数值，捕捉间距可以与栅格间距不同。

➢ "栅格捕捉"单选按钮：选中该单选按钮，可设置捕捉样式为栅格。

➢ "矩形捕捉"单选按钮：选中该单选按钮，可将捕捉样式设置为标准矩形捕捉模式。

➢ "等轴测捕捉"单选按钮：选中该单选按钮，可将捕捉样式设置为等轴测捕捉样式。

➢ "PolarSnap（极轴捕捉）"单选按钮：选中该单选按钮，可以将捕捉样式设置为极轴捕捉。

➢ "启用栅格"复选框：勾选该复选框，可以打开或关闭栅格模式。

➢ "栅格样式"选项区：在二维上下文中设定栅格样式。

➢ "捕捉类型"选项区：可以在此选择捕捉的类型，有矩形捕捉、等轴测捕捉和 PolarSnap 三种类型。

➢ "栅格间距"选项区：用于设置栅格 X 轴间距和栅格 Y 轴间距以及每条主线之间的栅格数。

➢ "捕捉间距"选项区：控制捕捉位置处的不可见矩形栅格，以限制光标仅在指定的 X 和 Y 间隔内移动。

➢ "极轴间距"选项区：用于设置精确的极轴距离。

➢ "栅格 X 轴间距"文本框：指定 X 方向上的栅格间距。

➢ "栅格 Y 轴间距"文本框：指定 Y 方向上的栅格间距。

➢ "每条主线之间的栅格数"数值框：指定主栅格线相对于次栅格线的频率。

➢ "栅格行为"选项区：在该选项区中可以控制将 GRIDSTYLE 设定为 0 时，所显示栅格线的外观。

3.1.2 设置栅格间距

栅格是点或线的矩阵，遍布指定为图形界限的整个区域，用户可以根据需要调整栅格的间距。

在状态栏中的"显示图形栅格"按钮上单击鼠标右键，在弹出的快捷菜单中选择"网格设置"选项，弹出"草图设置"对话框，在"栅格间距"选项区中进行相应的设置，即可调整栅格间距，效果如图 3-5 所示。

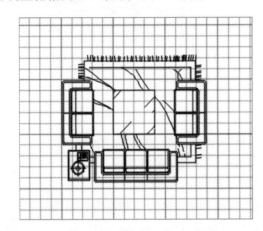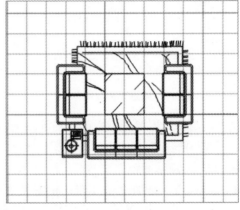

图 3-5　调整栅格间距

3.1.3 设置捕捉间距

捕捉间距用于限制十字光标，使其按照用户定义的间距移动，用户可以根据需要调整捕捉间距。

在状态栏中的"捕捉到图形栅格"按钮上单击鼠标右键，在弹出的快捷菜单中选择"捕捉设置"选项，弹出"草图设置"对话框，如图 3-6 所示，在"捕捉间距"选项区中进行相应的设置，如图 3-7 所示，即可调整捕捉间距。

图 3-6　弹出"草图设置"对话框　　　　　　图 3-7　设置捕捉间距

"草图设置"对话框中各选项卡含义如下。

➤ "捕捉和栅格"选项卡：在该选项卡中，可以设置捕捉和栅格相关参数。

➤ "极轴追踪"选项卡：在该选项卡中，可以控制极轴追踪设置以及对象捕捉追踪设置等。

➤ "对象捕捉"选项卡：在该选项卡中，可以控制对象捕捉模式。

➤ "三维对象捕捉"选项卡：在该选项卡中，可以控制三维对象的对象捕捉设置。

➤ "动态输入"选项卡：在该选项卡中，可以控制指针输入、标注输入、动态提示及绘图工具提示的外观。

➤ "快捷特性"选项卡：在该选项卡中，可以指定"快捷特性"选项板的显示、位置和行为。

➤ "选择循环"选项卡：在该选项卡中，可以选择重叠的对象。

3.1.4 设置对象捕捉

对象捕捉是指将光标放在一个对象上时，系统自动捕捉到对象上所有符合条件的几何特征点，并显示相应的标记。利用对象捕捉功能，能够快速准确地绘制图形。如果绘制的图形比较复杂，将对象捕捉功能全部打开时，可能会很难捕捉到需要的特征点。

几何图形都有一定的几何特征点，如中点、端点、圆心、切点和象限点等，通过捕捉几何图形的特征点，可以快速准确地绘制各类图形。

在"草图设置"对话框的"对象捕捉"选项卡中，各主要选项的含义如下。

➤ "启用对象捕捉"复选框：打开或关闭对象捕捉。当对象捕捉打开时，在"对象捕捉模式"下选定的对象处于活动状态。

➤ "启用对象捕捉追踪"复选框：用于打开或关闭对象捕捉追踪。使用对象捕捉追踪，在命令中指定点时，光标可以沿基于其他对象捕捉点的对齐路径进行追踪。要使用对象捕捉追踪，必须打开一个或多个对象捕捉。

➤ "端点"复选框：捕捉到圆弧、椭圆弧、直线、多线、多段线线段、样条曲线、面域或射线最近的端点。

➤ "中点"复选框：捕捉到圆弧、椭圆、椭圆弧、直线、多线、多段线线段、面域、实体、样条曲线或参照线的中点。

➤ "圆心"复选框：捕捉到圆弧、圆、椭圆或椭圆弧的中心点。

➤ "节点"复选框：捕捉到点对象、标注定义点或标注文字原点。

➤ "象限点"复选框：捕捉到圆弧、圆、椭圆或椭圆弧的象限点。

➤ "交点"复选框：捕捉到圆弧、圆、椭圆、椭圆弧、直线、多线、多段线、射线、面域、样条曲线或参照线的交点。

➤ "延长线"复选框：当光标经过对象的端点时，显示临时延长线或圆弧，以便用户在延长线或圆弧上指定点。

➤ "插入点"复选框：捕捉到属性、块、形或文字的插入点。

➤ "垂足"复选框：捕捉圆弧、圆、椭圆、椭圆弧、直线、多线、多段线、射线、面域、实体、样条曲线或构造线的垂足。

➤ "切点"复选框：捕捉到圆弧、圆、椭圆、椭圆弧或样条曲线的切点。

➤ "最近点"复选框：捕捉到圆弧、圆、椭圆、椭圆弧、直线、多线、点、多段线、射线、样条曲线或参照线的最近点。

➤ "外观交点"复选框：捕捉不在同一平面但在当前视图中看起来可能相交的两个对象的视觉交点。

➤ "平行线"复选框：将直线段、多段线、射线或构造线限制为与其他的线性对象相平行。

3.1.5 新手练兵——运用正交功能

使用 ORTHO 命令，可以打开正交模式，以用正交方式绘图。在正交模式下，可以方便地绘制出与当前 X 轴或 Y 轴平行的线段。

素材文件	光盘\素材\第 3 章\电视机平面.dwg
效果文件	光盘\效果\第 3 章\电视机平面.dwg
视频文件	光盘\视频\第 3 章\3.1.5　新手练兵——运用正交功能.mp4

步骤 **01** 单击"菜单浏览器"按钮，在弹出的菜单列表中选择"打开"|"图形"命令，如图 3-8 所示。

步骤 **02** 执行操作后，打开素材图形，如图 3-9 所示。

图 3-8　选择"打开"|"图形"命令

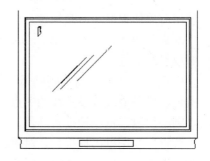

图 3-9　打开素材图形

步骤 **03** 单击状态栏上的"正交限制光标"按钮，打开正交功能，如图 3-10 所示。

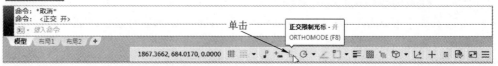

图 3-10　打开正交功能

步骤 **04** 在命令行中输入"LINE"（直线）命令，并按〈Enter〉键确认，单击鼠标左键指定第一点，如图 3-11 所示。

步骤 05 向右引导光标，指定下一点，并按〈Enter〉键确认，即可使用正交功能绘制直线，如图3-12所示。

▶ 专家指点

用户还可以通过以下3种方法，开启正交功能。

➢ 快捷键1：按〈F8〉键。

➢ 快捷键2：按〈Ctrl+L〉组合键。

➢ 命令：在命令行中输入"ORTHO"命令，并按〈Enter〉键确认，然后输入"ON"，再按〈Enter〉键确认。

执行以上任意一种方法，均可开启正交功能。

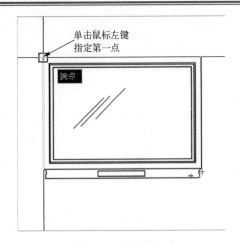

图3-11 指定第一点

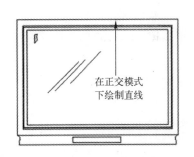

图3-12 绘制直线

3.1.6 新手练兵——运用极轴追踪功能

极轴追踪功能可以在系统要求指定某一点时，按照预先设置的角度增量，显示一条无限延伸的辅助线（一条虚线），此时即可沿着辅助线追踪到指定点。用户可以在"草图设置"对话框的"极轴追踪"选项卡中，对极轴追踪进行设置。

素材文件	光盘\素材\第3章\三角板.dwg
效果文件	光盘\效果\第3章\三角板.dwg
视频文件	光盘\视频\第3章\3.1.6 新手练兵——运用极轴追踪功能.mp4

步骤 01 单击"菜单浏览器"按钮，在弹出的菜单列表中选择"打开"|"图形"命令，打开素材图形，如图3-13所示。

步骤 02 在命令行中输入"DSETTINGS"（草图设置）命令，按〈Enter〉键确认，弹出"草图设置"对话框，切换至"极轴追踪"选项卡，勾选"启用极轴追踪"复选框，如图3-17所示。

▶ 专家指点

用户还可以通过以下两种方法，启用极轴追踪功能。

➢ 快捷键：按〈F10〉键。

> ➤ 按钮：单击状态栏上的"极轴追踪"按钮。
> 执行以上任意一种方法，均可启用极轴追踪功能。

步骤 03 设置完成后，单击"确定"按钮，返回绘图窗口，在命令行中输入"LINE"（直线）命令，并按〈Enter〉键确认，根据命令行提示进行操作，在绘图区中单击鼠标左键，确定起始点，向下引导光标，即可显示极轴，如图 3-15 所示。

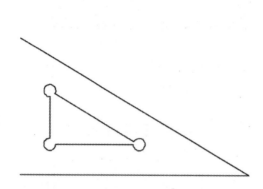

图 3-13 打开素材图形

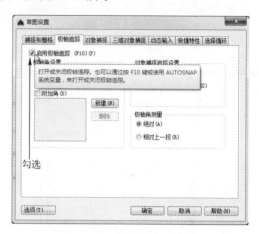

图 3-14 选中"启用极轴追踪"复选框

步骤 04 在极轴方向上指定下一点，并按〈Enter〉键确认，即可绘制直线，如图 3-16 所示。

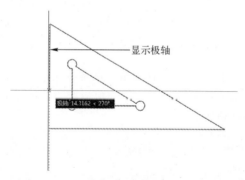

图 3-15 显示极轴

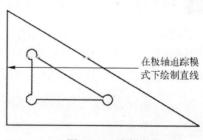

图 3-16 绘制直线

3.1.7 运用动态输入

在 AutoCAD 2016 中，启用动态输入功能，可以在指针位置处显示指针输入或标注输入的命令提示等信息，从而极大地提高绘图的效率。

在状态栏中的"动态输入"按钮 上单击鼠标右键，在弹出的快捷菜单中选择"动态输入设置"选项，如图 3-17 所示。

弹出"草图设置"对话框，在"动态输入"选项卡中勾选"可能时启用标注输入"复选框，如图 3-18 所示，单击"确定"按钮，即可启用动态输入。

> ▶ 专家指点
>
> 在 AutoCAD 2016 中，每当用户启用指针输入且有命令在执行时，十字光标的位置将在光标附近的工具提示中显示坐标。可以直接在工具提示中输入坐标值，而不用在命令行中输入。

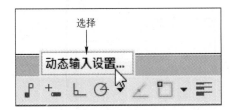

图 3-17 选择"动态输入设置"选项

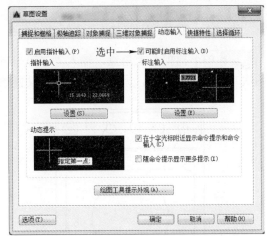

图 3-18 勾选复选框

在"草图设置"对话框中的"动态输入"选项卡中，各主要选项的含义如下。

➤ "启用指针输入"复选框：勾选该复选框，可以打开指针输入。如果同时打开指针输入和标注输入，则标注输入会在可用时取代指针输入。

➤ "指针输入"选项区：用于显示指针输入的样例。

➤ "可能时启用标注输入"复选框：勾选该复选框，可以打开标注输入。

➤ "标注输入"选项区：当命令行提示用户输入第二个点或距离时，将显示标注和距离值与角度值的工具提示。标注工具提示中的值将随光标移动而更改。可以在工具提示中输入值，而不用在命令行上输入值。

➤ "动态提示"选项区：需要时将在光标旁边显示工具提示中的提示，以完成命令。可在工具提示中输入值，而不用在命令行上输入值。

➤ "绘图工具提示外观"按钮：单击该按钮，可以显示"工具提示外观"对话框，可以在该对话框中设置工具提示的外观颜色、大小、透明度等。

➤ "选项"按钮：单击该按钮，可以弹出"选项"对话框。

3.1.8 新手练兵——运用捕捉自功能

使用"捕捉自"命令，可以在使用相对坐标指定下一个应用点时输入基点，并将该基点作为临时参照点，从而精确地定位点。

素材文件	光盘\素材\第 3 章\洗衣机.dwg
效果文件	无
视频文件	光盘\视频\第 3 章\3.1.8 新手练兵——运用捕捉自功能.mp4

步骤 01 启动 AutoCAD 2016，打开素材图形，如图 3-19 所示。

步骤 02 在命令行中输入"L"（直线）命令，按〈Enter〉键确认，根据命令行提示进行操作，输入"FROM"（捕捉自）命令，并确认。

执行"捕捉自"命令后，命令行中提示如下。

指定第一个点：FROM
基点：FROM
基点：<偏移>：设置基点偏移量。

步骤 03 捕捉左上角点，输入"（@0, -154）"并确认，向右引导光标，输入"500"，按两次〈Enter〉键确认，即可使用捕捉自功能绘制直线，如图 3-20 所示。

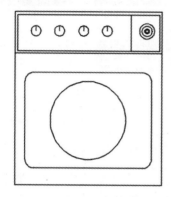
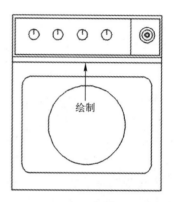

图 3-19　打开素材图形　　　　　　　图 3-20　使用捕捉自功能绘制直线

3.2　设置捕捉点

用户除了可以在"草图设置"对话框的"对象捕捉"选项卡中设置捕捉对象外，也可以直接执行捕捉对象的快捷命令来选择捕捉对象。用户需要熟记常用的对象捕捉功能的快捷命令，从而方便在日常工作中灵活运用。本节主要向读者介绍图形的捕捉功能。

3.2.1　新手练兵——捕捉中点

在绘制或编辑图形的过程中，用户可以在 AutoCAD 2016 程序中使用"捕捉中点"命令，快速捕捉图形的中点。

素材文件	光盘\素材\第 3 章\平面图.dwg
效果文件	光盘\效果\第 3 章\平面图.dwg
视频文件	光盘\视频\第 3 章\3.2.1　新手练兵——捕捉中点.mp4

步骤 01 启动 AutoCAD 2016，打开素材图形，如图 3-21 所示。

步骤 02 在命令行中输入"L"（直线）命令，按〈Enter〉键确认，在命令行中输入"MID"（中点）命令，按〈Enter〉键确认，根据命令行提示进行操作，捕捉图形最上方的中点，如图 3-22 所示。

步骤 03 单击鼠标左键确认，向下引导光标，在命令行中输"MID"（中点）命令，按〈Enter〉键确认，根据命令行提示进行操作，捕捉下方中点，如图3-23所示。

步骤 04 单击鼠标左键，并按〈Enter〉键确认，即可绘制直线，如图3-24所示。

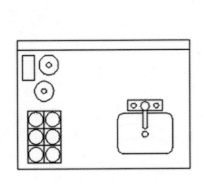

图3-21 打开素材图形

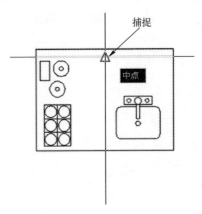

图3-22 捕捉图形最上方的中点

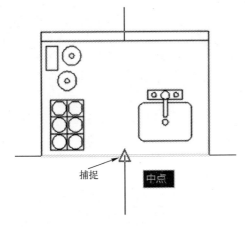

图3-23 捕捉下方中点

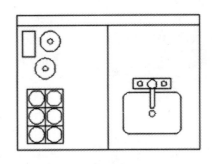

图3-24 绘制直线

执行"中点"命令后，命令行中提示如下。

指定第一个点：MID
于：捕捉中点。
指定下一点或 [放弃(U)]：MID
于：捕捉中点。

3.2.2 新手练兵——捕捉圆心

在绘制或编辑图形的过程中，使用"捕捉圆心"命令，可以捕捉图形的圆心。

素材文件	光盘\素材\第3章\铺地.dwg
效果文件	光盘\效果\第3章\铺地.dwg
视频文件	光盘\视频\第3章\3.2.2 新手练兵——捕捉圆心.mp4

步骤 **01** 单击"菜单浏览器"按钮，在弹出的菜单列表中选择"打开"|"图形"命令，如图 3-25 所示。

步骤 **02** 执行操作后，打开素材图形，如图 3-26 所示。

图 3-25 选择"打开"|"图形"命令

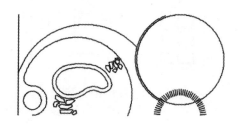

图 3-26 打开素材图形

步骤 **03** 在命令行中输入"C"（圆）命令，按〈Enter〉键确认，在命令行中输入"CEN"（圆心）命令，并按〈Enter〉键确认，根据命令行提示进行操作，捕捉图形右侧圆的圆心，如图 3-27 所示。

步骤 **04** 单击鼠标左键确认，输入"500"并确认，绘制圆，如图 3-28 所示。

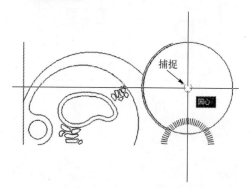

图 3-27 捕捉图形右侧圆的圆心

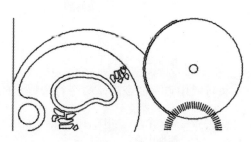

图 3-28 绘制圆

执行"圆心"命令后，命令行中提示如下。

指定圆的圆心或 [三点(3P)/两点(2P)/切点、切点、半径(T)]：CEN
于：捕捉圆心。
指定圆的半径或 [直径(D)]：指定圆的半径。

3.2.3 新手练兵——捕捉切点

在绘制或编辑图形的过程中，使用"捕捉切点"命令，可以捕捉图形的切点。

素材文件	光盘\素材\第 3 章\带轮.dwg
效果文件	光盘\效果\第 3 章\带轮.dwg
视频文件	光盘\视频\第 3 章\3.2.3 新手练兵——捕捉切点.mp4

步骤 01 启动 AutoCAD 2016，打开素材图形，如图 3-29 所示。

步骤 02 在命令行中输入"L"（直线）命令，按〈Enter〉键确认，根据命令行提示进行操作，捕捉左侧圆的下象限点，如图 3-30 所示。

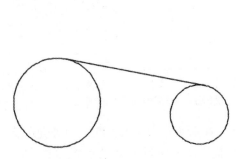

图 3-29 打开素材图形

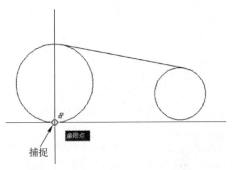

图 3-30 捕捉左侧圆的下方象限点

步骤 03 单击鼠标左键确认，向右引导光标，在命令行中输入"TAN"（切点）命令，按〈Enter〉键确认，根据命令行提示进行操作，捕捉右侧圆下方切点，如图 3-31 所示。

步骤 04 单击鼠标左键确认，绘制直线，如图 3-32 所示。

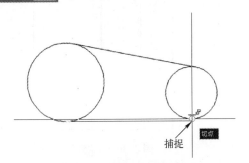

图 3-31 捕捉右侧圆下方切点

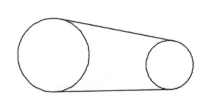

图 3-32 绘制直线

执行"切点"命令后，命令行中提示如下。

```
指定下一点或 [放弃(U)]: TAN
到：捕捉切点。
```

3.2.4 新手练兵——捕捉垂足

在绘制或编辑图形的过程中，使用"捕捉垂足"命令可以捕捉图形的垂足。

素材文件	光盘\素材\第 3 章\电话机.dwg
效果文件	光盘\效果\第 3 章\电话机.dwg
视频文件	光盘\视频\第 3 章\3.2.4 新手练兵——捕捉垂足.mp4

步骤 01 启动 AutoCAD 2016，打开素材图形，如图 3-33 所示。

步骤 02 在命令行中输入"L"(直线)命令,按〈Enter〉键确认,根据命令行提示进行操作,捕捉中间直线的端点,如图 3-34 所示。

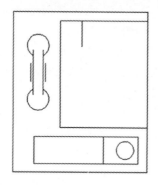
图 3-33 打开素材图形

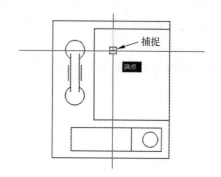
图 3-34 捕捉中间直线的端点

步骤 03 单击鼠标左键确认,向下引导光标,在命令行中输入"PER"(垂足)命令,按〈Enter〉键确认,根据命令行提示进行操作,捕捉垂足,如图 3-35 所示。

步骤 04 单击鼠标左键确认,绘制直线,如图 3-36 所示。

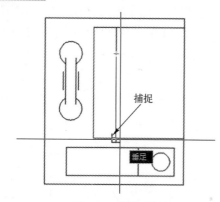
图 3-35 捕捉垂足

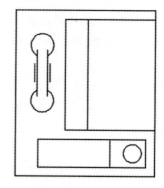
图 3-36 绘制直线

执行"垂足"命令后,命令行中提示如下。

指定下一点或 [放弃(U)]:PER
到:捕捉垂足。

3.3 设置坐标系与坐标

在绘图过程中,常常需要使用某个坐标系作为参照来拾取点的位置,以精确定位某个对象,AutoCAD 提供的坐标系可以用来准确设置并绘制图形。本章主要介绍使用坐标系与坐标的方法。

3.3.1 世界坐标系

在 AutoCAD 2016 中,默认的坐标系是世界坐标系(WCS),是运行 AutoCAD 时由系统自动建立的，原点位置和坐标轴方向固定的一种整体坐标系。WCS 包括 X 轴和 Y 轴（在 3D 空间下，还有 Z 轴），其坐标轴的交汇处有一个"口"字形标记。世界坐标系中所有的位置都是相对于坐标原点计算的，而且规定 X 轴正方向及 Y 轴正方向为正方向。

3.3.2 用户坐标系

用户坐标系（UCS）是一种可移动的自定义坐标系，用户不仅可以更改坐标的位置，还可以改变其方向。

在 AutoCAD 中，为了更好地辅助绘图，经常需要修改坐标系的原点和方向。这时，WCS 将变为 UCS。UCS 的原点以及 X 轴、Y 轴、Z 轴方向都可以移动及旋转，甚至可以依赖于图形中某个特定的对象。尽管用户坐标系中 3 个轴之间仍然互相垂直，但是在方向及位置上却都更灵活。另外，UCS 没有"口"形标记。

在"功能区"选项板中单击"视图"选项卡，在"坐标"面板中单击"原点"按钮 ，如图 3-37 所示。

根据命令提示信息进行操作，将光标移至绘图区中间位置处，单击鼠标左键确认，即可指定新坐标系的原点，如图 3-38 所示。

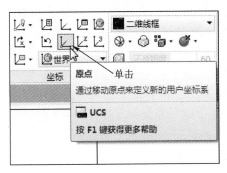

图 3-37 单击"原点"按钮　　　　图 3-38 指定新坐标系的原点

3.3.3 绝对坐标

在 AutoCAD 2016 中，绝对坐标以原点（0，0）或（0，0，0）为基点定位所有的点。AutoCAD 默认的坐标原点位于绘图窗口左下角。在绝对坐标系中，X 轴、Y 轴和 Z 轴在原点（0，0，0）处相交。绘图窗口的任意一点都可以使用（X，Y，Z）来表示，也可以通过输入 X、Y、Z 坐标值（中间用逗号隔开）来定义点的位置。

▶ **专家指点**

　输入绝对坐标值，可以使用分数、小数或科学记数等形式表示点 X、Y、Z 的坐标值。

3.3.4 相对坐标

相对坐标是指相对于当前点的坐标，其在 X、Y 轴上的位移与坐标系的原点无关。输入格式与绝对坐标相同，但要在输入坐标值前加上"@"符号。一般情况下，绘图中常常把上一操作点看作是特定点，后续绘图操作都是相对于上一操作点而进行的。如果上一操作点的坐标是（30，45），通过键盘输入下一点的相对坐标（@20，15），则等于确定了该点的绝对坐标为（50，60）。

3.3.5　绝对极坐标

　　绝对坐标和相对坐标实际上都是二维线性坐标，一个点在二维平面上都可以用（X，Y）来表示其位置。极坐标则是通过相对于极点的距离和角度来进行定位的。在默认情况下，AutoCAD 2016 以逆时针方向来测量角度。水平向右为 0°（或 360°），垂直向上为 90°，水平向左为 180°，垂直向下为 270°。当然，用户也可以自行设置角度方向。

　　绝对极坐标以原点作为极点。用户可以输入一个长度距离，后面加一个"＜"符号，再加一个角度即表示绝对极坐标，绝对极坐标规定 X 轴正方向为 0°，Y 轴正方向为 90°。例如，20＜45 表示该点相对于原点的极径为 20，而该点的连线与 0° 方向（通常为 X 轴正方向）之间的夹角为 45°。

3.3.6　相对极坐标

　　相对极坐标通过用相对于某一特定点的极径和偏移角度来表示。相对极坐标是以上一操作点作为极点，而不是以原点作为极点，这也是相对极坐标同绝对极坐标之间的区别。用（@1＜a）来表示相对极坐标，其中@表示相对，1 表示极径，a 表示角度。例如，@60＜30 表示相对于上一操作点的极径为 60、角度为 30° 的点。

3.3.7　控制坐标显示

　　在绘图窗口中移动鼠标指针时，状态栏上将会动态显示当前坐标。在 AutoCAD 2016 中，坐标显示取决于所选择的模式和程序中运行的命令，共有"关""绝对"和"相对"3 种模式，各种模式的含义分别如下。

- 模式 0，"关"：显示上一个拾取点的绝对坐标。此时，指针坐标将不能动态更新，只有在拾取一个新点时，显示才会更新。但是，从键盘输入一个新点坐标时，不会改变显示方式，如图 3-39 所示，为"关"模式。
- 模式 1，"绝对"：显示光标的绝对坐标，该值是动态更新的，默认情况下，显示方式是打开的，如图 3-40 所示，为"绝对"模式。
- 模式 2，"相对"：显示一个相对极坐标，当选择该方式时，如果当前处在拾取点状态，系统将显示光标所在位置相对于上一个点的距离和角度。当离开拾取点状态时，系统将恢复到模式 1，如图 3-41 所示，为"相对"模式。

-9.6109, -28.8937, 0.0000	149.4407, -15.5634, 0.0000	69.3093<347, 0.0000
图 3-39　模式 0，"关"	图 3-40　模式 1，"绝对"	图 3-41　模式 2，"相对"

　　启动 AutoCAD 2016，在命令行中输入"LINE"（直线）命令，并按〈Enter〉键确认，将鼠标移至绘图区中的任意位置，单击鼠标左键，此时在状态栏将显示图形坐标为"关"模式，如图 3-42 所示。

　　在图形坐标上，单击鼠标右键，在弹出的快捷菜单中选择"绝对"选项，如图 3-43 所示。

图 3-42 显示图形坐标为"关"模式

图 3-43 选择"绝对"选项

执行操作后，图形坐标将切换至"绝对"模式，如图 3-44 所示。

在图形坐标的"绝对"模式上，单击鼠标右键，在弹出的快捷菜单中选择"相对"选项，如图 3-45 所示，即可切换至"相对"模式。

图 3-44 切换至"绝对"模式

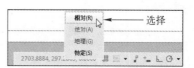

图 3-45 选择"相对"选项

3.3.8 设置 UCS 图标

在 AutoCAD 2016 中，用户可以设置 UCS 图标隐藏/显示，UCS 图标显示样式主要包括二维坐标样式和三维坐标样式。

启动 AutoCAD 2016，在"功能区"选项板中单击"视图"选项卡，在"坐标"面板上单击"在原点处显示 UCS 图标"按钮 ，弹出列表框，选择"隐藏 UCS 图标"选项，如图 3-46 所示，即可隐藏坐标系原点。

显示菜单栏，选择"视图"|"显示"|"UCS 图标"|"特性"命令，即可弹出"UCS 图标"对话框，如图 3-47 所示，在其中可以设置 UCS 图标的样式、大小、颜色和布局选项卡图标颜色等。

图 3-46 选择"隐藏 UCS 图标"选项

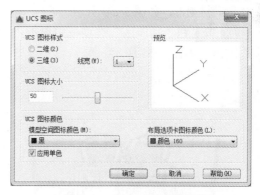

图 3-47 "UCS 图标"对话框

3.3.9 设置正交 UCS

在 AutoCAD 2016 中，用户可以设置正交 UCS。

启动 AutoCAD 2016，在"功能区"选项板中单击"视图"选项卡，在"坐标"面板中单击右侧的箭头按钮 ，弹出 UCS 对话框，切换至"正交 UCS"选项卡，如图 3-48 所示。

在"当前 UCS：世界"列表框中，选择"Front"选项，并单击"置为当前"按钮，如图 3-49 所示。

图 3-48　切换至"正交 UCS"选项卡　　　　　　图 3-49　单击"置为当前"按钮

在 UCS 对话框中的"正交 UCS"选项卡中，各主要选项的含义如下。

➢ "深度"列表：表示正交 UCS 的 XY 平面与通过坐标系统变量指定的坐标系统原点平行平面之间的距离。

➢ "相对于"下拉列表框：用于指定定义正交 UCS 的基准坐标系。

3.3.10　新手练兵——重命名用户坐标系

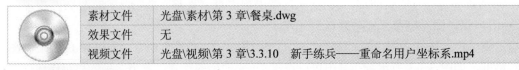

素材文件	光盘\素材\第 3 章\餐桌.dwg
效果文件	无
视频文件	光盘\视频\第 3 章\3.3.10　新手练兵——重命名用户坐标系.mp4

步骤 01　单击"菜单浏览器"按钮，在弹出的菜单列表中选择"打开"|"图形"命令，打开素材图形，如图 3-50 所示。

步骤 02　在"功能区"选项板中单击"视图"选项卡，在"坐标"面板中单击右侧的箭头按钮，如图 3-51 所示。

图 3-50　打开素材图形

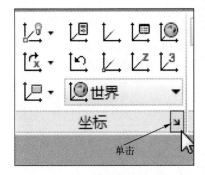

图 3-51　单击右侧的箭头按钮

步骤 03　弹出"UCS"对话框，切换至"命名 UCS"选项卡，在"未命名"选项上，单击鼠标右键，在弹出的快捷菜单中选择"重命名"选项，如图 3-52 所示。

步骤 04　输入当前 UCS 的名称，如图 3-53 所示，设置完成后，单击"确定"按钮，即可命名 UCS。

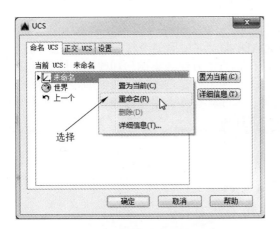
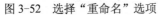

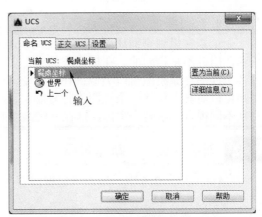

图 3-52 选择"重命名"选项　　　　　　图 3-53 输入当前 UCS 的名称

3.4 切换绘图空间

在 AutoCAD 2016 中，绘制和编辑图形时，可以采用不同的工作空间，即模型空间和图纸空间（布局空间）。在不同的工作空间中可以完成不同的操作，如绘图和编辑操作、注释和显示控制等。本节主要介绍切换绘图空间的方法。

3.4.1 新手练兵——切换模型与布局

在 AutoCAD 2016 中，模型和布局的切换可以通过绘图窗口底部的选项卡来实现。下面向用户介绍切换模型与布局的方法。

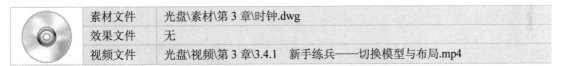

素材文件	光盘\素材\第 3 章\时钟.dwg
效果文件	无
视频文件	光盘\视频\第 3 章\3.4.1　新手练兵——切换模型与布局.mp4

步骤 **01** 单击"菜单浏览器"按钮，在弹出的菜单列表中选择"打开"|"图形"命令，打开素材图形，如图 3-54 所示。

步骤 **02** 将鼠标指针移至状态栏上的"布局 1"按钮处，单击鼠标左键，即可切换至布局空间，如图 3-55 所示。

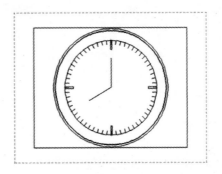

图 3-54 打开素材图形　　　　　　　图 3-55 切换至布局空间

AutoCAD 2016 中文版新手从入门到精通

> ▶ 专家指点
>
> 　　无论是在模型空间还是在图纸空间，AutoCAD 都允许使用多个视图，但多视图的性质和作用并不是相同的。在模型空间中，多视图只是为了方便观察图形和绘图，因此其中的各个视图与原绘图窗口类似；在图纸空间中，多视图主要是便于进行图纸的合理布局，用户可以对其中任何一个视图进行复制、移动等基本编辑操作。多视图操作大大方便了用户从不同视点观察同一实体，这在三维绘图时非常有利。

3.4.2　新手练兵——新建布局

　　在 AutoCAD 2016 中，用户可根据需要创建新布局。

素材文件	无
效果文件	无
视频文件	光盘\视频\第 3 章\3.4.2　新手练兵——新建布局.mp4

　　步骤 01　启动 AutoCAD 2016，在命令行输入"LAYOUTWIZARD"（创建布局向导）命令，如图 3-56 所示，按〈Enter〉键确认。

　　步骤 02　弹出"创建布局-开始"对话框，输入布局名称"室内设计"，如图 3-57 所示。

图 3-56　在命令行输入命令

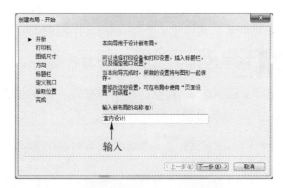

图 3-57　输入布局名称

　　步骤 03　单击"下一步"按钮，弹出"创建布局-打印机"对话框，选择相应的打印机，如图 3-58 所示。

　　步骤 04　单击"下一步"按钮，弹出"创建布局-图纸尺寸"对话框，在"图纸尺寸"列表框中选择 A4 选项，并选中"毫米"单选按钮，如图 3-59 所示。

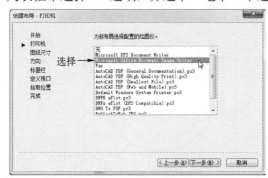

图 3-58　选择相应的打印机

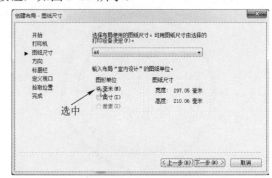

图 3-59　选中"毫米"单选按钮

步骤 **05** 单击"下一步"按钮，弹出"创建布局-方向"对话框，选中"横向"单选按钮，如图 3-60 所示。

步骤 **06** 单击"下一步"按钮，弹出"创建布局-标题栏"对话框，在"路径"列表框中选择相应的选项，如图 3-61 所示。

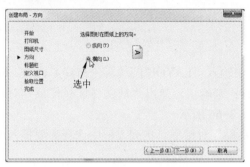

图 3-60 选中"横向"单选按钮　　　　图 3-61 选择相应的选项

步骤 **07** 单击"下一步"按钮，弹出"创建布局-定义视口"对话框，选中"单个"单选按钮，并设置"视口比例"为"1：1"，如图 3-62 所示。

步骤 **08** 单击"下一步"按钮，弹出"创建布局-拾取位置"对话框，保持默认设置，如图 3-63 所示。

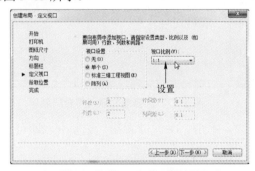
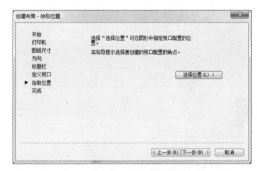

图 3-62 设置"视口比例"　　　　图 3-63 保持默认设置

步骤 **09** 单击"下一步"按钮，弹出"创建布局-完成"对话框，提示新布局已经创建完成，如图 3-64 所示。

步骤 **10** 单击"完成"按钮，关闭对话框并返回到操作界面中，即可查看到新建的名称为"室内设计"的布局空间，如图 3-65 所示。

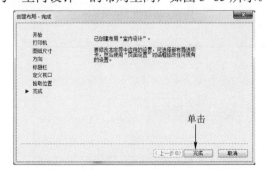
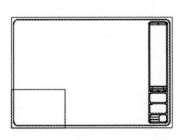

图 3-64 弹出"创建布局-完成"对话框　　　　图 3-65 查看新建的布局空间

3.4.3 新手练兵——新建样板布局

在 AutoCAD 2016 中，用户可以新建样板布局。

素材文件	无
效果文件	无
视频文件	光盘\视频\第 3 章\3.4.3 新手练兵——新建样板布局.mp4

步骤 01 启动 AutoCAD 2016，在命令行中输入"LAYOUT"（新建布局）命令，按〈Enter〉键确认，输入"T"（样板），并按〈Enter〉键确认，弹出"从文件选择样板"对话框，在"名称"下拉列表框中选择相应选项，如图 3-66 所示。

步骤 02 单击"打开"按钮，弹出"插入布局"对话框，在列表框中选择需要插入的布局名称，如图 3-67 所示。

图 3-66 选择相应选项

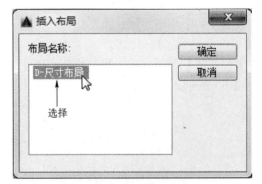

图 3-67 选择需要插入的布局名称

步骤 03 单击"确定"按钮，返回绘图窗口，单击"D-尺寸布局"选项卡，即可查看使用的样板布局效果，如图 3-68 所示。

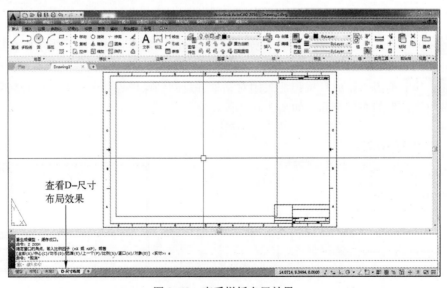

图 3-68 查看样板布局效果

管理视图显示

学习提示

AutoCAD 的图形显示控制功能在工程设计和绘图领域中应用得十分广泛。用户可以使用多种方法来观察绘图窗口中绘制的图形，以便灵活观察图形的整体效果或局部细节。本章主要介绍管理视图显示的多种操作方法。

4

本章案例导航

- ■ 放大视图
- ■ 缩小视图
- ■ 实时缩放
- ■ 圆心缩放
- ■ 动态缩放

- ■ 创建平铺视口
- ■ 分割平铺视口
- ■ 合并平铺视口
- ■ 新建命名视图
- ■ 恢复命名视图

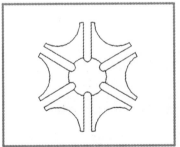
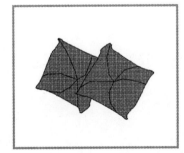
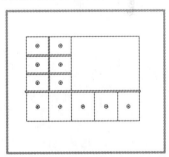
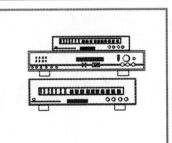

4.1 缩放视图

在 AutoCAD 2016 中，通过缩放视图，可以放大或缩小图形的屏幕显示尺寸，而图形的真实尺寸保持不变。本节主要介绍缩放视图等内容。

4.1.1 新手练兵——放大视图

在 AutoCAD 2016 中，可以通过"放大"命令更改图形比例，不改变对象的绝对大小。

素材文件	光盘\素材\第 4 章\轴零件.dwg
效果文件	无
视频文件	光盘\视频\第 4 章\4.1.1 新手练兵——放大视图.mp4

步骤 01 单击"菜单浏览器"按钮，在弹出的菜单列表中选择"打开"|"图形"命令，如图 4-1 所示。

步骤 02 执行操作后，打开素材图形，如图 4-2 所示。

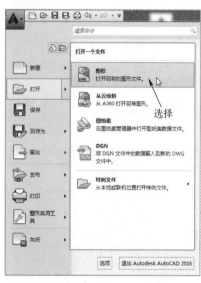

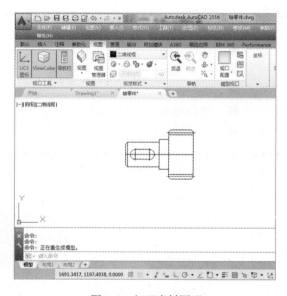

图 4-1　选择"打开"|"图形"命令　　　　图 4-2　打开素材图形

步骤 03 单击"功能区"选项板中的"视图"选项卡，在"导航"面板上，单击"范围"右侧的下拉按钮，在弹出的列表框中单击"放大"按钮，如图 4-3 所示。

步骤 04 执行操作后，即可放大视图，如图 4-4 所示。

▶ **专家指点**

用户还可以通过以下方法放大视图。

➢ **导航面板**：在绘图区右侧单击导航面板中的"范围缩放"中间的下拉按钮，在弹出列表框中选择"放大"选项。

➢ **菜单栏**：选择菜单栏中的"视图"|"缩放"|"放大"命令。

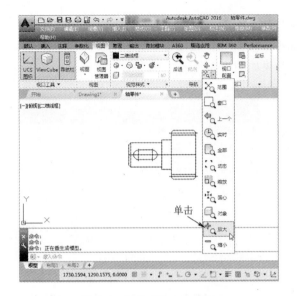

图 4-3 单击"放大"按钮

图 4-4 放大视图

4.1.2 新手练兵——缩小视图

在 AutoCAD 2016 中，可以根据需要将视图缩小到合适大小。

素材文件	光盘\素材\第 4 章\拔叉轮.dwg
效果文件	无
视频文件	光盘\视频\第 4 章\4.1.2 新手练兵——缩小视图.mp4

步骤 01 单击"菜单浏览器"按钮，在弹出的菜单列表中选择"打开"|"图形"命令，如图 4-5 所示。

步骤 02 执行操作后，打开素材图形，如图 4-6 所示。

图 4-5 选择"打开"|"图形"命令

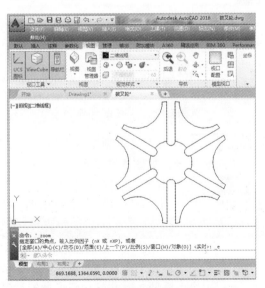

图 4-6 打开素材图形

步骤 **03** 在"功能区"选项板的"视图"选项卡中,单击"导航"面板中"范围"右侧的下拉按钮,在弹出的列表框中,单击"缩小"按钮 ,如图 4-7 所示。

步骤 **04** 执行操作后,即可缩小视图,效果如图 4-8 所示。

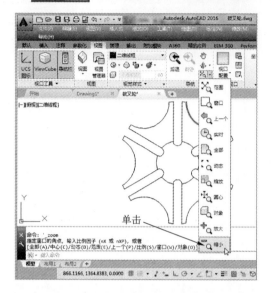

图 4-7 单击"缩小"按钮

图 4-8 缩小视图

▶ **专家指点**

用户还可以通过以下方法缩小视图。

➤ 导航面板:在绘图区右侧单击导航面板中的"范围缩放"中间的下拉按钮,在弹出列表框中选择"缩小"选项。

➤ 菜单栏:选择菜单栏中的"视图"|"缩放"|"缩小"命令。

4.1.3 新手练兵——实时缩放

在 AutoCAD 2016 中,用户可以使用实时缩放功能,对图形进行缩放操作。下面介绍使用实时缩放的方法。

素材文件	光盘\素材\第 4 章\洗衣机.dwg
效果文件	无
视频文件	光盘\视频\第 4 章\4.1.3 新手练兵——实时缩放.mp4

步骤 **01** 单击"菜单浏览器"按钮,在弹出的菜单列表中选择"打开"|"图形"命令,打开素材图形,如图 4-9 所示。

步骤 **02** 单击"功能区"选项板中的"视图"选项卡,在"导航"面板上单击"范围"右侧的下拉按钮,在弹出的列表框中单击"实时"按钮 ,如图 4-10 所示。

▶ **专家指点**

用户实时缩放图形时,需要注意以下两点因素。

➤ 在绘图窗口中单击鼠标左键并垂直移动到窗口顶部则放大 100%,反之,在绘图窗口中单击鼠标左键并垂直向下移动到窗口底部则缩小 100%。

> 达到放大极限时，光标上的加号将消失，表示无法继续放大。达到缩小极限时，光标上的减号将消失，表示无法继续缩小。

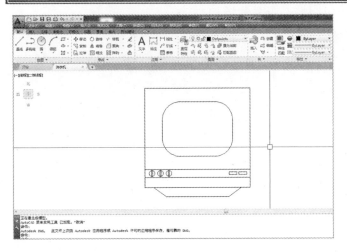

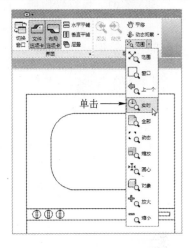

图 4-9　打开素材图形　　　　　　　　　　图 4-10　单击"实时"按钮

步骤 03　当鼠标指针呈放大镜形状时，在绘图区中单击鼠标左键并向上拖曳，即可放大图形，如图 4-11 所示。

步骤 04　单击鼠标左键并向下拖曳，即可缩小图形，如图 4-12 所示。

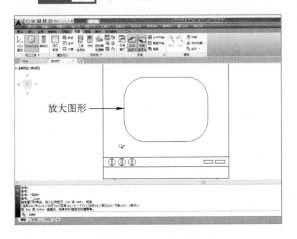

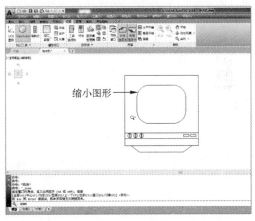

图 4-11　放大图形　　　　　　　　　　图 4-12　缩小图形

4.1.4　新手练兵——圆心缩放

中心点缩放是指可以使图形以某一位置为中心，按照指定的缩放比例因子进行缩放。下面介绍使用圆心缩放的方法。

素材文件	光盘\素材\第 4 章\垫圈.dwg
效果文件	无
视频文件	光盘\视频\第 4 章\4.1.4　新手练兵——圆心缩放.mp4

步骤 01 单击"菜单浏览器"按钮，在弹出的菜单列表中选择"打开"|"图形"命令，如图 4-13 所示。

步骤 02 执行操作后，打开素材图形，如图 4-14 所示。

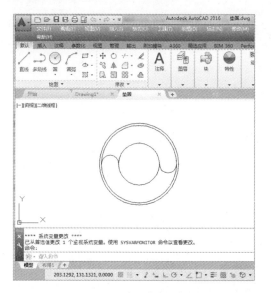

图 4-13　选择"打开"|"图形"命令　　　　　图 4-14　打开素材图形

步骤 03 单击"功能区"选项板中的"视图"选项卡，在"导航"面板上，单击"范围"右侧的下拉按钮，在弹出的列表框中单击"圆心"按钮 🔍，如图 4-15 所示。

步骤 04 根据命令行提示进行操作，按〈Enter〉键确认，输入"100"并确认，即可按圆心缩放图形，如图 4-16 所示。

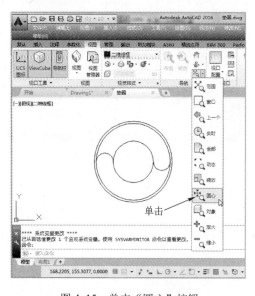

图 4-15　单击"圆心"按钮　　　　　　图 4-16　按圆心缩放图形

执行"圆心缩放"命令后，命令行中的提示如下。

指定窗口的角点，输入比例因子 (nX 或 nXP)，或者[全部(A)/中心(C)/动态(D)/范围(E)/上一个(P)/比例(S)/窗口(W)/对象(O)] <实时>：按〈Enter〉键确认指定"中心"缩放的类型。

指定中心点：用于指定点为中心点位置。

输入比例或高度 <834.1140>：用于指定比例参数或高度参数。

▶ **专家指点**

单击快速访问工具栏右侧的下拉按钮，弹出列表框，选择"显示菜单栏"选项，显示菜单栏，然后选择"视图"|"缩放"|"圆心"命令，也可以按中心点缩放显示图形效果，达到同样的效果。

4.1.5 新手练兵——动态缩放

在 AutoCAD 2016 中，当进入动态缩放模式时，在绘图区中将会显示一个带有×标记的矩形方框。

素材文件	光盘\素材\第 4 章\灶台.dwg
效果文件	无
视频文件	光盘\视频\第 4 章\4.1.5　新手练兵——动态缩放.mp4

步骤 **01** 单击"菜单浏览器"按钮，在弹出的菜单列表中选择"打开"|"图形"命令，打开素材图形，如图 4-17 所示。

步骤 **02** 单击"功能区"选项板中的"视图"选项卡，在"导航"面板上单击"范围"右侧的下拉按钮，在弹出的列表框中单击"动态"按钮，如图 4-18 所示。

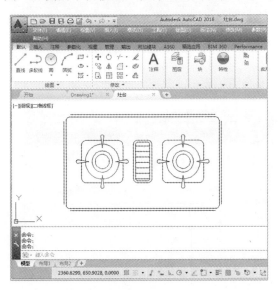

图 4-17　打开素材图形

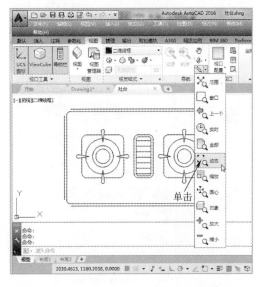

图 4 18　单击"动态"按钮

步骤 **03** 此时，鼠标指针呈带有×标记的矩形形状，如图 4-19 所示。

步骤 **04** 将矩形框移至合适位置，按〈Enter〉键确认，即可运用动态缩放显示图形，效果如图 4-20 所示。

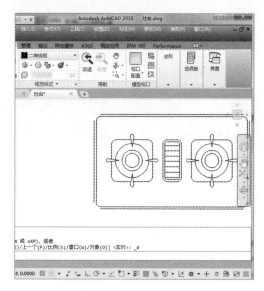

图 4-19　鼠标呈带有×标记的形状　　　　　　　图 4-20　运用动态缩放显示图形

4.1.6　新手练兵——比例缩放

在 AutoCAD 2016 中，用户可以按照指定的缩放比例缩放视图。

素材文件	光盘\素材\第 4 章\橱柜.dwg
效果文件	无
视频文件	光盘\视频\第 4 章\4.1.6　新手练兵——比例缩放.mp4

步骤 01　单击"菜单浏览器"按钮，在弹出的菜单列表中选择"打开"|"图形"命令，如图 4-21 所示。

步骤 02　执行操作后，打开素材图形，如图 4-22 所示。

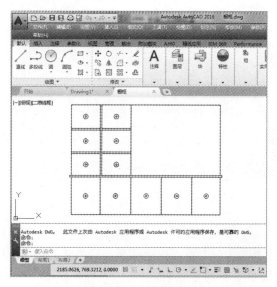

图 4-21　选择"打开"|"图形"命令　　　　　　图 4-22　打开素材图形

步骤 03 单击"功能区"选项板中的"视图"选项卡，在"导航"面板上单击"范围"右侧的下拉按钮，在弹出的列表框中单击"缩放"按钮，如图 4-23 所示。

步骤 04 根据命令行提示进行操作，输入"0.05"，按〈Enter〉键确认，即可按比例缩放图形，效果如图 4-24 所示。

图 4-23 单击"缩放"按钮   图 4-24 按比例缩放图形

输入比例因子有以下 3 种格式。

➢ 比例因子值：直接输入比例因子值，保持显示中心不变，相对于图形界限缩放图形。

➢ 相对比例因子：在输入的比例因子后加上扩展名 X，则保持显示中心不变，相对于当前视口缩放图形。

➢ 相对于图纸空间比例因子：在比例因子后面加上扩展名 XP，表示相对于图纸空间的浮动视口缩放图形。

▶ 专家指点

用户还可以通过以下方法，比例缩放视图。

➢ 导航面板：在绘图区右侧单击导航面板中的"范围缩放"中间的下拉按钮，在弹出列表框中选择"缩放比例"选项。

➢ 菜单栏：选择菜单栏中的"视图"｜"缩放"｜"比例"命令。

4.1.7 新手练兵——窗口缩放

在 AutoCAD 2016 中，使用窗口缩放可以放大某一指定区域。在使用窗口缩放视图命令时，尽量使所绘制矩形框的对角点与屏幕成一定比例，并非一定是正方形。

	素材文件	光盘\素材\第 4 章\扇形零件.dwg
	效果文件	无
	视频文件	光盘\视频\第 4 章\4.1.7　新手练兵——窗口缩放.mp4

步骤 01 单击"菜单浏览器"按钮，在弹出的菜单列表中选择"打开"|"图形"命令，如图 4-25 所示。

步骤 02 执行操作后，打开素材图形，如图 4-26 所示。

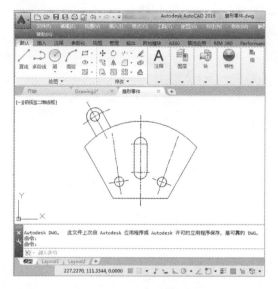

图 4-25 选择"打开"|"图形"命令   图 4-26 打开素材图形

步骤 03 单击"功能区"选项板中的"视图"选项卡，在"导航"面板上单击"范围"右侧的下拉按钮，在弹出的列表框中单击"窗口"按钮，如图 4-27 所示。

步骤 04 根据命令行提示进行操作，在合适的位置单击鼠标左键，确定第一点，并拖曳鼠标，选取要进行窗口缩放的对象区域，在合适位置单击左键，即可完成对图形的窗口缩放，如图 4-28 所示。

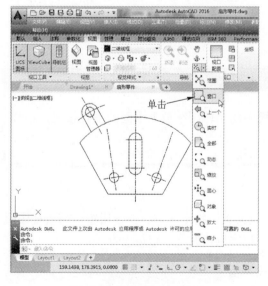

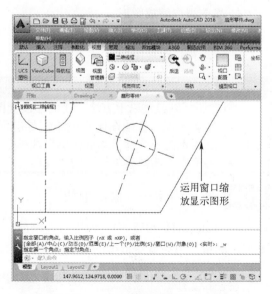

图 4-27 单击"窗口"按钮   图 4-28 运用窗口缩放显示图形

> ▶ 专家指点
>
> 　　除了运用上述方法可以调用"窗口"命令外，还可以选择"工具"｜"工具栏"｜"AutoCAD"｜"标准"命令，弹出"标准"工具栏，单击"窗口缩放"按钮 即可。

4.1.8 新手练兵——范围缩放

　　范围缩放图形可以在绘图区中尽可能大地显示图形对象，使用的显示边界只是显示图形，而不是显示图形界限。

素材文件	光盘\素材\第 4 章\装饰画.dwg
效果文件	无
视频文件	光盘\视频\第 4 章\4.1.8 新手练兵——范围缩放.mp4

　　步骤 01 单击"菜单浏览器"按钮，在弹出的菜单列表中选择"打开"｜"图形"命令，如图 4-29 所示。

　　步骤 02 执行操作后，打开素材图形，如图 4-30 所示。

图 4-29 选择"打开"｜"图形"命令　　　　图 4-30 打开素材图形

> ▶ 专家指点
>
> 　　用户还可以通过以下方法，范围缩放视图。
> 　　➢ 导航面板：在绘图区右侧单击导航面板中的"范围缩放"按钮。
> 　　➢ 菜单栏：选择菜单栏中的"视图"｜"缩放"｜"范围"命令。
> 　　➢ 命令行：输入 ZOOM 命令。
> 　　➢ 按钮法：在"视图"选项卡的"导航"面板上单击"范围"按钮。
> 　　执行以上任意一种方法，均可范围缩放视图。

　　步骤 03 单击"功能区"选项板中的"视图"选项卡，在"导航"面板上单击"范围"右侧的下拉按钮，在弹出的列表框中单击"范围"按钮 ，如图 4-31 所示。

　　步骤 04 执行操作后，即可显示范围缩放后的图形，如图 4-32 所示。

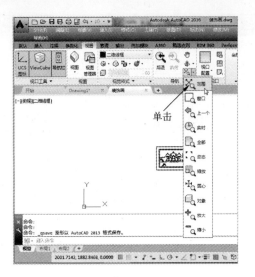

图 4-31　单击"范围"按钮

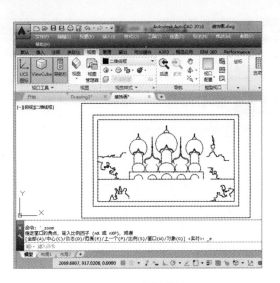

图 4-32　范围缩放

4.1.9　新手练兵——对象缩放

使用对象缩放图形时，可以尽可能大地显示一个或多个选定的对象并使其位于绘图区的中心。

素材文件	光盘\素材\第 4 章\拼花.dwg
效果文件	无
视频文件	光盘\视频\第 4 章\4.1.9　新手练兵——对象缩放.mp4

步骤 01　单击"菜单浏览器"按钮，在弹出的菜单列表中选择"打开"|"图形"命令，打开素材图形，如图 4-33 所示。

步骤 02　单击"功能区"选项板中的"视图"选项卡，在"导航"面板上单击"范围"右侧的下拉按钮，在弹出的列表框中单击"对象"按钮，如图 4-34 所示。

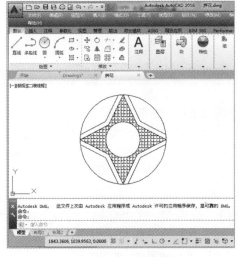

图 4-33　打开素材图形

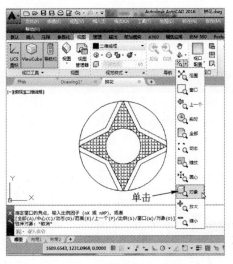

图 4-34　单击"对象"按钮

步骤 **03** 根据命令行提示进行操作，选择中间圆形为缩放对象，如图 4-35 所示。

步骤 **04** 按〈Enter〉键确认，即可完成对象缩放图形操作，如图 4-36 所示。

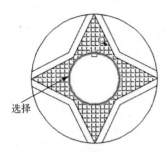

图 4-35 选择缩放对象

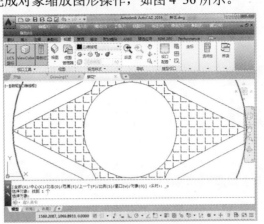

图 4-36 对象缩放图形

命令：ZOOM

指定窗口的角点，输入比例因子 (nX 或 nXP)，或者[全部(A)/中心(C)/动态(D)/范围(E)/上一个 (P)/比例(S)/窗口(W)/对象(O)] <实时>：输入相应选项以选择缩放视图模式。

选择对象：选择要缩放的对象。

命令行中各选项的含义如下。

➢ 全部：在当前窗口显示全部图形。

➢ 中心：以指定的点为中心进行缩放，然后相对于中心点指定比例缩放图形。

➢ 动态：对图形进行动态缩放。

➢ 范围：将当前窗口中的所有图形尽可能大地显示在屏幕上。

➢ 上一个：返回前一个视图。

➢ 比例：根据输入比例值缩放图形。

➢ 窗口：可以用鼠标指定一个矩形区域，在该范围内的图形对象将最大化地显示在绘图区。

➢ 对象：选择该选项后再选择要显示的图形对象，则所选择的图形对象将尽可能大地显示在屏幕上。

➢ 实时：该选项为默认选项，在命令行中输入"ZOOM"命令后就可使用该选项。

4.2 平移视图

在 AutoCAD 2016 中，平移功能通常又称为"摇镜"。使用平移视图命令，可以移动视图显示的区域，以便更好地查看其他部分的图形，并不会改变图形中对象的位置和显示比例。本节主要介绍平移视图的操作方法。

4.2.1 新手练兵——实时平移

在 AutoCAD 2016 中，实时平移相当于一个镜头对准视图，当移动镜头时，视口中的图形也跟着移动。

	素材文件	光盘\素材\第 4 章\沙发.dwg
	效果文件	无
	视频文件	光盘\视频\第 4 章\4.2.1　新手练兵——实时平移.mp4

步骤 **01** 单击"菜单浏览器"按钮,在弹出的菜单列表中选择"打开"|"图形"命令,打开素材图形,如图 4-37 所示。

步骤 **02** 单击"功能区"选项板中的"视图"选项卡,在"导航"面板上单击"平移"按钮,如图 4-38 所示。

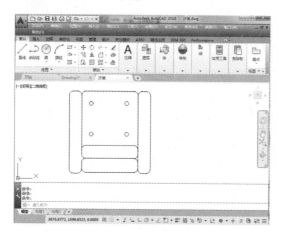

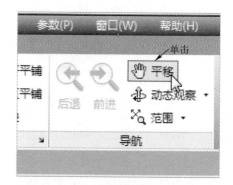

图 4-37　打开素材图形　　　　　　　　　　图 4-38　单击"平移"按钮

步骤 **03** 将鼠标移至绘图区,当鼠标指针呈小手形状🖐时,单击鼠标左键并拖曳至合适位置,即可实时平移视图。

▶ **专家指点**

用户还可以通过以下方法,调用"实时"命令:

➢ 命令:在命令行中输入"PAN"(实时)命令,并按〈Enter〉键确认。

➢ 菜单栏:显示菜单栏,选择"视图"|"平移"|"实时"命令。

➢ 按钮:显示菜单栏,选择"工具"|"工具栏"|AutoCAD|"标准"命令,弹出"标准"工具栏,单击"实时平移"按钮。

➢ 选项:在绘图区中的任意空白位置单击鼠标右键,在弹出的快捷菜单中选择"平移"选项。

4.2.2　新手练兵——定点平移

在 AutoCAD 2016 中,使用定点平移可以将视图按照两点间的距离进行平移。下面介绍定点平移的使用方法。

	素材文件	光盘\素材\第 4 章\播放机.dwg
	效果文件	无
	视频文件	光盘\视频\第 4 章\4.2.2　新手练兵——定点平移.mp4

步骤 **01** 单击"菜单浏览器"按钮,在弹出的菜单列表中选择"打开"|"图形"命令,打开素材图形,如图 4-39 所示。

步骤 **02** 在命令行中输入"-PAN"(定点平移)命令,按〈Enter〉键确认,根据命令行提示进行操作,输入"200",按〈Enter〉键确认,再次在命令行中输入"300",按〈Enter〉键确认,即可定点平移视图,效果如图 4-40 所示。

图 4-39 打开素材图形

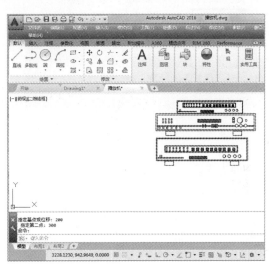

图 4-40 定点平移视图

执行"定点"命令后,命令行中的提示如下。

命令:-PAN
指定基点或位移:指定定点平移图形的基点坐标或者位移距离。
指定第二点:指定第二点,以确定位移距离和方向。

▶ 专家指点

定点平移图形可以重新定位图形的观察点,以便看清图形的其他部分,用户可根据需要向任意方向移动图形。

4.3 设置平铺视口

在 AutoCAD 2016 中,为了便于编辑图形,常常需要对图形的局部进行放大,以显示其细节。当需要观察图形的整体效果时,仅使用单一的绘图视口已无法满足需要,此时可使用 AutoCAD 2016 的平铺视口功能,将绘图窗口划分为若干视口。

4.3.1 新手练兵——创建平铺视口

平铺视口是指把绘图窗口分为多个矩形区域,从而创建多个不同的绘图区域,其中每一个区域都可用来查看图形的不同部分。在 AutoCAD 2016 中,可以同时打开多个视口,屏幕上还可以保留"功能区"选项板和命令提示窗口。

素材文件	光盘\素材\第 4 章\衣柜.dwg
效果文件	无
视频文件	光盘\视频\第 4 章\4.3.1　新手练兵——创建平铺视口.mp4

步骤 01 单击"菜单浏览器"按钮，在弹出的菜单列表中选择"打开"|"图形"命令，打开素材图形，如图 4-41 所示。

步骤 02 在菜单栏中选择"视图"|"视口"|"新建视口"命令，如图 4-42 所示。

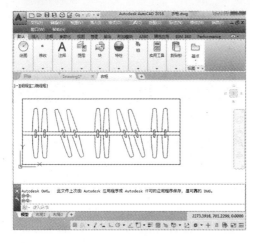

图 4-41　打开素材图形

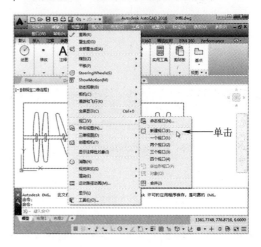

图 4-42　执行"新建视口"命令

步骤 03 弹出"视口"对话框，在"新名称"文本框中输入"平铺视口"，在"标准视口"列表框中选择"两个：水平"选项，如图 4-43 所示。

步骤 04 设置完成后，单击"确定"按钮，关闭该对话框，返回绘图窗口，即可创建平铺视口，如图 4-44 所示。

图 4-43　选择"两个：水平"选项

图 4-44　新建平铺视口

"视口"对话框中各选项的含义如下。

➢ "新名称"文本框：在该文本框中，可以设置新创建的平铺视口名称。

➢ "标准视口"列表框：用于显示用户可用的标准视口。

> ➤ "预览"显示区：用于预览所选的视口配置。
> ➤ "应用于"下拉列表框：用于设置将所选的视口配置是用于整个显示屏还是当前视口。其中，"显示"选项用于设置将所选的视口配置应用于模型空间中的整个显示区域，为默认选项；"当前视口"选项用于设置将所选的视口配置为当前视口。
> ➤ "设置"下拉列表框：如果用户选择"二维"选项，则使用窗口中的当前视图来初始化视口配置；如果选择"三维"选项，则使用正交视图来配置视口。
> ➤ "修改视图"下拉列表框：在该下拉列表框中，可以选择一个视口配置代替已选择的视口配置。
> ➤ "视觉样式"下拉列表框：在该下拉列表框中，选择相应的视觉样式，可以将视觉样式应用到视口中。

▶ **专家指点**

　　在 AutoCAD 中，一般把绘图区称为视口，而将绘图区中的显示内容称为视图。如果图形比较复杂，用户可以在绘图区中创建或分割多个视口，从而方便观察图形的不同效果。

4.3.2 新手练兵——分割平铺视口

在 AutoCAD 2016 中，用户还可以根据需要分割平铺视口。

素材文件	光盘\素材\第 4 章\手机模型.dwg
效果文件	无
视频文件	光盘\视频\第 4 章\4.3.2　新手练兵——分割平铺视口.mp4

　　步骤 **01**　打开素材图形，单击"功能区"选项板中的"视图"选项卡，在"模型视口"面板上单击"视口配置"的下拉按钮，在弹出的列表框中选择"四个：右"选项，如图 4-45 所示。

　　步骤 **02**　执行操作后，即可分割平铺视口，如图 4-46 所示。

图 4-45　选择"四个：右"选项

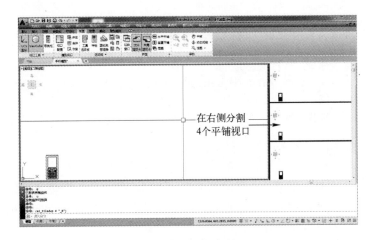

图 4-46　分割平铺视口

4.3.3 新手练兵——合并平铺视口

用户在观察图形对象时，如果不再需要某个视口，可以从绘图区中将该视口减去，该视口将合并到与之相邻的视口中。

素材文件	光盘\素材\第 4 章\U 盘.dwg	
效果文件	无	
视频文件	光盘\视频\第 4 章\4.3.3　新手练兵——合并平铺视口.mp4	

步骤 01　启动 AutoCAD 2016，打开素材图形，如图 4-47 所示。

步骤 02　在命令行中输入"-VPORTS"（合并视口）命令，按〈Enter〉键确认，根据命令行提示进行操作，选择"J（合并）"选项，在右上角的视口单击鼠标左键，指定该视口为主视口，在右侧中间的视口中单击鼠标左键，即可完成合并平铺视口的操作，如图 4-48 所示。

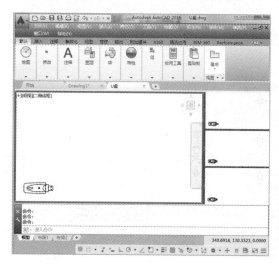

图 4-47　打开素材图形

图 4-48　合并平铺视口的

执行"合并视口"命令后，命令行中的提示如下。

命令：-VPORTS
输入选项[保存(S)/恢复(R)/删除(D)/合并(J)/单一(SI)/1/2/3/4/切换(T)/模式(MO)]<3>：输入相应选项。
选择主视口 <当前视口>：

命令行中各选项的含义如下。

➢ 保存：输入新视口配置名称进行保存。
➢ 恢复：用于输入要进行恢复的视口配置名称，并恢复选定视口显示。
➢ 删除：输入要进行删除的视口配置名称，进行删除指定视口操作。
➢ 合并：用于指定视口合并视口显示。
➢ 单一：快速切换为一个视口。
➢ 1：显示活动视口标识号和屏幕位置。

> ➢ 2：将当前视口分为大小相同的两个视口。
> ➢ 3：将当前视口拆分为大小相同的 3 个视口。
> ➢ 4：将当前视口拆分为大小相同的 4 个视口。
> ➢ 切换：与最近一次操作进行切换。
> ➢ 模式：用于设置将视口配置应用到显示或当前视口中。

4.4　运用视图管理器

运用"视图管理器"命令，可以对绘图区中的视图进行管理，为其中的任意视图指定名称，并在以后的操作过程中将其恢复。本节主要介绍使用命名视图的方法。

4.4.1　新手练兵——新建命名视图

在 AutoCAD 2016 中，新建命名视图时，将保存该视图的中点、位置、缩放比例和透视设置等。

	素材文件	光盘\素材\第 4 章\键盘.dwg
	效果文件	无
	视频文件	光盘\视频\第 4 章\4.4.1　新手练兵——新建命名视图.mp4

　步骤 01　单击"菜单浏览器"按钮，在弹出的菜单列表中选择"打开"|"图形"命令，如图 4-49 所示。

　步骤 02　执行操作后，打开素材图形，如图 4-50 所示。

图 4-49　选择"打开"|"图形"命令

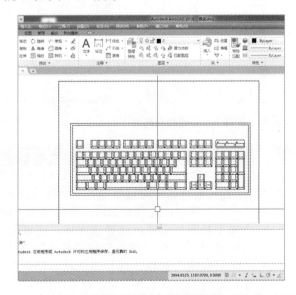

图 4-50　打开素材图形

　步骤 03　单击"功能区"选项板中的"视图"选项卡，在"视图"面板中单击"视图管理器"按钮，如图 4-51 所示。

　步骤 04　弹出"视图管理器"对话框，单击"新建"按钮，如图 4-52 所示。

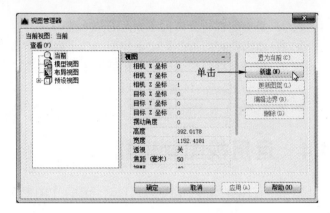

图 4-51 单击"视图管理器"按钮　　　　　　图 4-52 单击"新建"按钮

步骤 **05** 弹出"新建视图/快照特性"对话框，在"视图名称"文本框中输入"键盘"，在"视觉样式"列表框中选择"二维线框"选项，如图 4-53 所示。

步骤 **06** 单击"确定"按钮，返回到"视图管理器"对话框，在"查看"列表框中将显示"键盘"视图，如图 4-54 所示，单击"确定"按钮。

图 4-53 选择"二维线框"选项　　　　　　图 4-54 显示"键盘"视图

▶ 专家指点

　　在命令行中输入"VIEW"命令，按〈Enter〉键确认，也可以弹出"视图管理器"对话框。在"视图管理器"对话框中各主要选项的含义如下。

➤ "当前"选项：选择该选项，可以显示当前视图及其"查看"和"剪裁"特性。
➤ "模型视图"选项：选择该选项，可以显示命名视图和相机视图列表，并列出选定视图的"基本""查看"和"剪裁"特性。
➤ "布局视图"选项：选择该选项，可以在定义视图的布局上显示视口列表，并列出选定视图的"基本"和"查看"特性。

4.4.2 新手练兵——删除命名视图

　　在 AutoCAD 2016 中，当不再需要一个已命名的视图时，用户可以将其删除。

素材文件	光盘\素材\第 4 章\键盘.dwg
效果文件	无
视频文件	光盘\视频\第 4 章\4.4.2 新手练兵——删除命名视图.mp4

步骤 01 以上一个效果图为例，单击"功能区"选项板中的"视图"选项卡，在"视图"面板中单击"视图管理器"按钮，弹出"视图管理器"对话框，在"查看"列表框中选择"键盘"选项，如图 4-55 所示。

步骤 02 单击对话框右侧的"删除"按钮，即可删除命名视图，如图 4-56 所示。

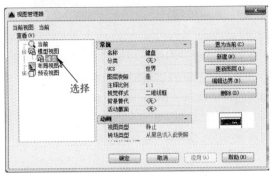

图 4-55 选择"键盘"选项

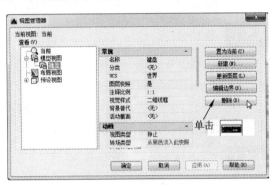

图 4-56 删除命名视图

4.4.3 新手练兵——恢复命名视图

在 AutoCAD 2016 中，可以一次性命名多个视图，当需要重新使用一个已命名的视图时，只需将该视图恢复到当前视口即可。

素材文件	光盘\素材\第 4 章\多用扳手.dwg
效果文件	光盘\效果\第 4 章\多用扳手.dwg
视频文件	光盘\视频\第 4 章\4.4.3 新手练兵——恢复命名视图.mp4

步骤 01 打开素材文件，单击"功能区"选项板中的"视图"选项卡，在"视图"面板中单击"视图管理器"按钮，弹出"视图管理器"对话框，在"查看"列表框中选择"多用扳手"选项，并单击"置为当前"按钮，如图 4-57 所示。

步骤 02 依次单击"应用"和"确定"按钮，即可恢复命名视图，如图 4-58 所示。

图 4-57 单击"置为当前"按钮

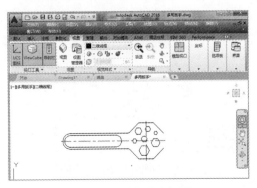

图 4-58 恢复命名视图

▶ 专家指点

　　如果绘图区中包含多个视口，也可以将视图恢复到活动视口中，或将不同的视图恢复到不同的视口中，以同时显示模型的多个视图。

4.5　重画与重生图形

　　在 AutoCAD 2016 中，重画和重生成功能可以更新屏幕和重生成屏幕显示，使屏幕清晰明了，方便绘图。本节主要介绍重画与重生成图形的方法。

4.5.1　重画图形

　　执行"重画"命令，系统将在显示内存中更新屏幕显示，不仅可以清除临时标记，删除进行某些编辑操作时留在显示区域中的加号形状的标记，还可以更新用户当前的视口。

　　打开图形文件，在命令行中输入"REDRAWALL"（重画）命令，按〈Enter〉键确认，即可更新当前视口，重画图形。

4.5.2　新手练兵——重生图形

　　使用"重生成"命令，可以重生成屏幕，此时系统将从磁盘中调用当前图形的数据。

素材文件	光盘\素材\第 4 章\抱枕.dwg
效果文件	光盘\效果\第 4 章\抱枕.dwg
视频文件	光盘\视频\第 4 章\4.5.2　新手练兵——重生图形.mp4

　　步骤 01　启动 AutoCAD 2016，打开素材图形，如图 4-59 所示。

　　步骤 02　单击"菜单浏览器"按钮，在弹出的菜单列表中单击"选项"按钮，如图 4-60 所示。

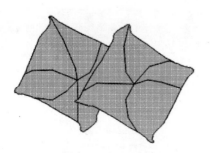

图 4-59　打开素材图形

图 4-60　单击"选项"按钮

步骤 03 弹出"选项"对话框，切换至"显示"选项卡，在"显示性能"选项区中，取消勾选"应用实体填充"复选框，如图 4-61 所示。

　　步骤 04 单击"确定"按钮，返回绘图区，在命令行中输入"REGEN"（重生）命令，按〈Enter〉键确认，即可重生成图形，如图 4-62 所示。

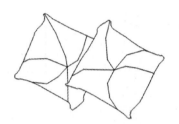

图 4-61　取消选中"应用实体填充"复选框　　　　　　图 4-62　重生成图形

▶ **专家指点**

　　如果一直使用某个命令编辑图形，而该图形似乎没有发生什么变化，此时可以使用"重生"命令重生成屏幕显示。

4.6　控制图形显示

　　本节主要向用户介绍控制图形可见元素的显示操作。

4.6.1　新手练兵——控制填充显示

　　在 AutoCAD 2016 中，用户可以根据需要控制图形的填充显示，与删除填充不同的是，填充依然存在，仅是未显示。

素材文件	光盘\素材\第 4 章\客厅组件.dwg
效果文件	光盘\效果\第 4 章\客厅组件.dwg
视频文件	光盘\视频\第 4 章\4.6.1　新手练兵——控制填充显示.mp4

　　步骤 01 单击"菜单浏览器"按钮，在弹出的菜单列表中选择"打开"|"图形"命令，打开素材图形，如图 4-63 所示。

　　步骤 02 单击"菜单浏览器"按钮，在弹出的菜单列表中单击"选项"按钮，如图 4-64 所示。

　　步骤 03 弹出"选项"对话框，切换至"显示"选项卡，在"显示性能"选项区中，勾选"应用实体填充"复选框，如图 4-65 所示。

　　步骤 04 单击"确定"按钮，返回绘图区，在命令行中输入"REGEN"（重生）命令，按〈Enter〉键确认，即可控制填充显示，效果如图 4-66 所示。

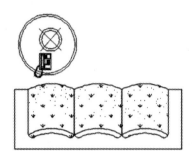

图 4-63 打开素材图形

图 4-64 单击"选项"按钮

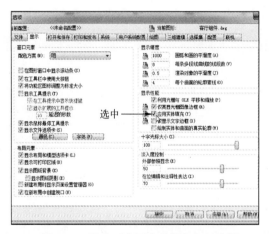

图 4-65 选中"应用实体填充"复选框

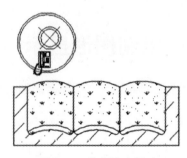

图 4-66 控制填充显示

4.6.2 新手练兵——控制文字显示

在 AutoCAD 2016 中，文字未显示，仅显示文本外框代替文字，此时用户可以使用文字快速显示命令来显示文字。

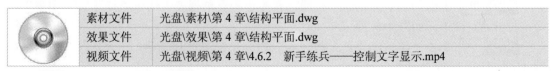

	素材文件	光盘\素材\第 4 章\结构平面.dwg
	效果文件	光盘\效果\第 4 章\结构平面.dwg
	视频文件	光盘\视频\第 4 章\4.6.2 新手练兵——控制文字显示.mp4

步骤 01 单击"菜单浏览器"按钮，在弹出的菜单列表中选择"打开"|"图形"命令，打开素材图形，如图 4-67 所示。

步骤 02 单击"菜单浏览器"按钮▲，在弹出的菜单列表中单击"选项"按钮，如图 4-68 所示。

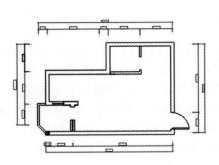

图 4-67 打开素材图形

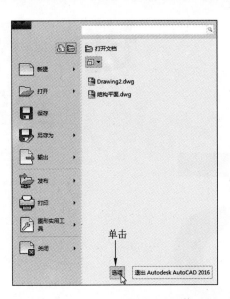

图 4-68 单击"选项"按钮

步骤 03 弹出"选项"对话框，切换至"显示"选项卡，在"显示性能"选项区中，取消勾选"仅显示文字边框"复选框，如图 4-69 所示。

步骤 04 单击"确定"按钮，返回绘图区，在命令行中输入"REGEN"（重生）命令，按〈Enter〉键确认，即可控制文字显示，如图 4-70 所示。

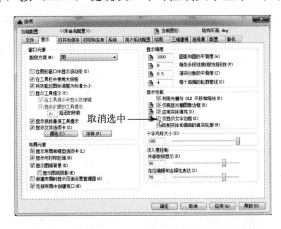

图 4-69 取消选中"仅显示文字边框"复选框

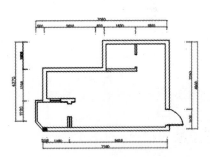

图 4-70 控制文字显示

进 阶 篇
绘制二维图形

5

学习提示

绘图是 AutoCAD 的主要功能，也是最基本的功能。二维平面图形的形状都很简单，创建起来也很容易，创建二维平面图形是 AutoCAD 的绘图基础。只有熟练地掌握二维平面图形的绘制方法和技巧，才能更好地绘制出复杂的图形。本节主要介绍绘制二维图形的各种操作方法。。

本章案例导航

- 绘制单点
- 绘制多点
- 绘制直线
- 绘制射线
- 绘制圆弧

- 绘制定数等分点
- 绘制定距等分点
- 绘制正多边形
- 绘制构造线
- 绘制多段线

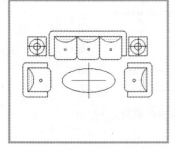
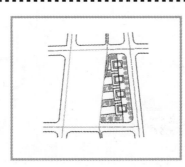

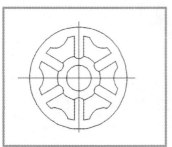
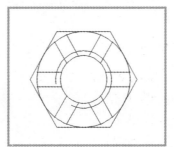
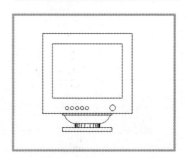

5.1 绘制点

在 AutoCAD 2016 中，点对象可用作捕捉和偏移对象的节点和参考点，可以通过"单击""多点""定数等分"和"定距等分"4 种方法创建点对象。

5.1.1 新手练兵——绘制单点

在 AutoCAD 2016 中，作为节点或参照几何图形的点对象，对于对象捕捉和相对偏移是非常有用的。使用"单点"命令可以绘制单点图形，绘制单点就是执行一次命令后只能指定一个点。

素材文件	光盘\素材\第 5 章\圆桌.dwg
效果文件	光盘\效果\第 5 章\圆桌.dwg
视频文件	光盘\视频\第 5 章\5.1.1 新手练兵——绘制单点.mp4

步骤 **01** 单击"菜单浏览器"按钮，在弹出的菜单列表中选择"打开"|"图形"命令，打开素材图形，如图 5-1 所示。

步骤 **02** 在"功能区"选项板中的"默认"选项卡中，单击"实用工具"面板按钮，在展开的面板上，单击"点样式"按钮 ，如图 5-2 所示。

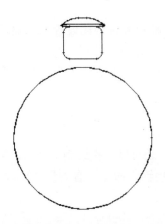

图 5-1 打开素材图形

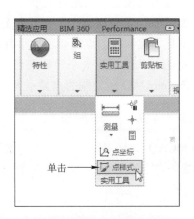

图 5-2 单击"点样式"按钮

> ▶ 专家指点
>
> 在 AutoCAD 2016 中，用户还可以通过以下两种方法，调用"点样式"命令：
> - ➢ 命令：在命令行中输入"DDPTYPE"（点样式）命令，按〈Enter〉键确认。
> - ➢ 菜单栏：显示菜单栏，选择"格式"|"点样式"命令。
>
> 执行以上任意一种操作，均可调用"点样式"命令。

步骤 **03** 弹出"点样式"对话框，选择点样式第 2 行的第 4 个，如图 5-3 所示。

步骤 **04** 单击"确定"按钮，即可设置点样式，在命令行中输入"POINT"（单点）命令，按〈Enter〉键确认，在绘图区中的圆心点上单击鼠标左键，即可绘制单点，效果如

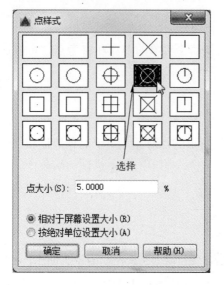

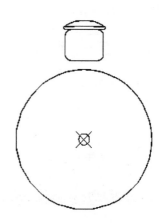

图 5-4 所示。

图 5-3　弹出"点样式"对话框　　　　　图 5-4　绘制单点

在"点样式"对话框中，各主要选项的含义如下。

➤ "点大小"数值框：用于设置点的显示大小，可以相对于屏幕尺寸来设置点的大小，也可以设置点的绝对大小。

➤ "相对于屏幕设置大小"单选按钮：用于按屏幕尺寸百分比设置点的显示大小，当改变显示比例时，点的显示大小并不改变。

➤ "按绝对单位设置大小"单选按钮：使用实际单位设置点的大小。当改变显示比例时，AutoCAD 所绘制的点显示大小随之改变。

5.1.2　新手练兵——绘制多点

在 AutoCAD 2016 中，不仅可以一次绘制一个点，还可以一次绘制多个点。绘制多点就是指输入绘制命令后可以一次指定多个点，而不需要再输入命令，直到按〈Esc〉键退出，才结束多点的输入状态。

素材文件	光盘\素材\第 5 章\圆桌 1.dwg
效果文件	光盘\效果\第 5 章\圆桌 1.dwg
视频文件	光盘\视频\第 5 章\5.1.2　新手练兵——绘制多点.mp4

步骤 01　以上一个效果图形为例，在"功能区"选项板中的"默认"选项卡中，单击"绘图"面板中间的下拉按钮，在展开的面板上单击"多点"按钮，如图 5-5 所示。

步骤 02　根据命令行提示进行操作，依次在绘图区中的合适位置单击鼠标左键，绘制多点，按〈Esc〉键可退出命令，完成多点的绘制操作，效果如图 5-6 所示。

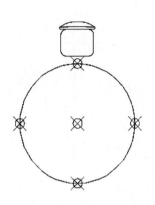

图 5-5 单击"多点"按钮　　　　　　图 5-6 完成多点的绘制操作

▶ 专家指点

用户还可以通过以下两种方法，调用"多点"命令。

➤ 命令：在命令行中输入"MULTIPLE"命令，并按〈Enter〉键确认，然后输入"POINT"命令，并按〈Enter〉键确认。

➤ 菜单栏：显示菜单栏，选择"绘图"|"点"|"多点"命令。

执行以上任意一种方法，均可调用"多点"命令。

5.1.3 新手练兵——绘制定数等分点

定数等分点就是将点或块沿图形对象的长度间隔排列。在绘制定数等分点之前，注意在命令行中输入的是等分数，而不是点的个数，如果要将所选对象分成 N 等份，有时将生成 N-1 个点。下面介绍创建定数等分点的方法。

素材文件	光盘\素材\第 5 章\圆.dwg
效果文件	光盘\效果\第 5 章\圆.dwg
视频文件	光盘\视频\第 5 章\5.1.3 新手练兵——绘制定数等分点.mp4

步骤 01 单击"菜单浏览器"按钮，在弹出的菜单列表中选择"打开"|"图形"命令，打开素材图形，如图 5-7 所示。

步骤 02 在"功能区"选项板中的"默认"选项卡中，单击"绘图"面板中间的下拉按钮，在展开的面板上单击"定数等分"按钮，如图 5-8 所示。

▶ 专家指点

用户还可以通过以下 3 种方法，调用"定数等分点"命令。

➤ 命令 1：在命令行中输入"DIVIDE"（定数等分）命令，并按〈Enter〉键确认。

➤ 命令 2：在命令行中输入"DIV"（定数等分）命令，并按〈Enter〉键确认。

➤ 菜单栏：显示菜单栏，选择"绘图"|"点"|"定数等分"命令。

执行以上任意一种方法，均可调用"定数等分点"命令。

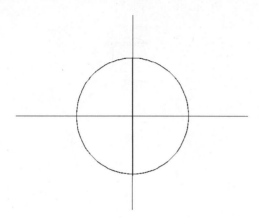

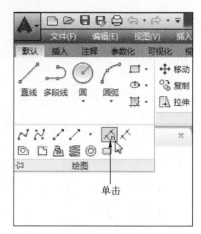

单击

图 5-7　打开素材图形　　　　　　　　　图 5-8　单击"定数等分"按钮

步骤 03 在绘图区中拾取水平直线为定数等分对象，如图 5-9 所示。

步骤 04 在命令行中输入"6"，按〈Enter〉键确认，执行操作后，即可绘制定数等分点，如图 5-10 所示。

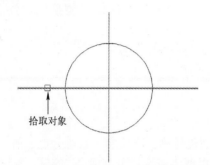

拾取对象

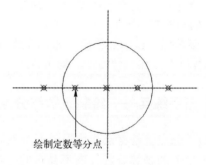

绘制定数等分点

图 5-9　拾取水平直线为定数等分对象　　　　图 5-10　绘制定数等分点

执行"定数等分"命令后，命令行中的提示如下。

命令：DIVIDE
选择要定数等分的对象：选择需要进行定数等分的图形对象。
指定线段数目或[块(B)]：指定图形的线段数目，或输入 B 选项，以在等分点处插入相应块。

5.1.4 新手练兵——绘制定距等分点

"定距等分"命令用于将一个对象以指定的间距放置点或块，使用的对象可以是直线、圆、圆弧、多段线和样条曲线等。

素材文件	光盘\素材\第 5 章\双肋木架.dwg
效果文件	光盘\效果\第 5 章\双肋木架.dwg
视频文件	光盘\视频\第 5 章\5.1.4　新手练兵——绘制定距等分点.mp4

步骤 01 单击"菜单浏览器"按钮，在弹出的菜单列表中选择"打开"|"图形"命令，打开素材图形，如图 5-11 所示。

步骤 02 在"功能区"选项板中单击"默认"选项卡，单击"绘图"面板中间的下拉按钮，在展开的面板上单击"定距等分"按钮，如图 5-12 所示。

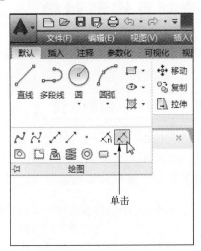

图 5-11　打开素材图形 　　　　　图 5-12　单击"定距等分"按钮

步骤 03 根据命令行提示进行操作，选择图形最左边垂直直线为定距等分对象，如图 5-13 所示。

步骤 04 输入指定线段长度值为"450"，按〈Enter〉键确认，即可完成定距等分点的绘制，如图 5-14 所示。

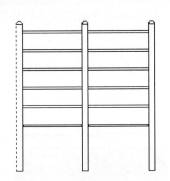

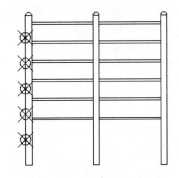

图 5-13　选择定距等分对象 　　　　　图 5-14　绘制定距等分点

执行"定距等分点"命令后，命令行中的提示如下。

命令：MEASURE
选择要定距等分的对象：选择要进行定距等分的图形对象。
指定线段长度或 [块(B)]：指定图形的等分数，或选择 B 选项，以便在等分点处插入相应块。

▶ 专家指点

用户还可以通过以下 3 种方法，调用"定距等分点"命令。
➤ 命令 1：在命令行中输入"MEASURE"（定距等分）命令，并按〈Enter〉键确认。
➤ 命令 2：在命令行中输入"ME"（定距等分）命令，并按〈Enter〉键确认。
➤ 菜单栏：显示菜单栏，选择"绘图"|"点"|"定距等分"命令。
执行以上任意一种方法，均可调用"定距等分点"命令。

5.2 绘制直线型对象

直线型对象是所有图形的基础，在 AutoCAD 2016 中，直线型包括"直线""射线"和"构造线"等。各线型具有不同的特征，用户应根据实际绘制需要选择线型。

5.2.1 新手练兵——绘制直线

直线是各种绘图中最常用、最简单的一类图形对象，只要指定了起点和终点即可绘制一条直线。在 AutoCAD 2016 中，可以用二维坐标（x，y）或三维坐标（x，y，z），也可以混合使用二维坐标和三维坐标来指定端点，以绘制直线。

素材文件	光盘\素材\第 5 章\浴霸.dwg	
效果文件	光盘\效果\第 5 章\浴霸.dwg	
视频文件	光盘\视频\第 5 章\5.2.1　新手练兵——绘制直线.mp4	

步骤 **01** 单击"菜单浏览器"按钮，在弹出的菜单列表中选择"打开"|"图形"命令，打开素材图形，如图 5-15 所示。

步骤 **02** 单击"功能区"选项板中的"默认"选项卡，在"绘图"面板上单击"直线"按钮 ，如图 5-16 所示。

> ▶ **专家指点**
>
> 直线是绘图中最常用的实体对象，在一条由多条线段连接而成的简单直线中，每条线段都是一个单独的直线对象。
>
> 用户还可以通过以下 3 种方法，调用"直线"命令。
> ➢ 命令 1：在命令行中输入"LINE"（直线）命令，并按〈Enter〉键确认。
> ➢ 命令 2：在命令行中输入"L"（直线）命令，并按〈Enter〉键确认。
> ➢ 菜单栏：显示菜单栏，选择"绘图"|"直线"命令。
> 执行以上任意一种方法，均可调用"直线"命令。

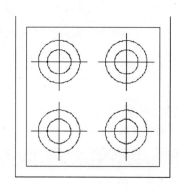

图 5-15　打开素材图形

图 5-16　单击"直线"按钮

步骤 **03** 在命令行提示下，捕捉左上方的端点作为直线的第一点，向右引导光标，如图 5-17 所示。

步骤 **04** 捕捉右上方的端点作为直线的第二点，按〈Enter〉键确认，即可绘制直线，效果如图 5-18 所示。

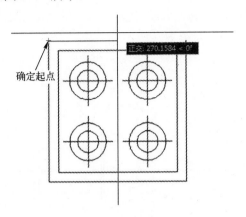

图 5-17 捕捉端点

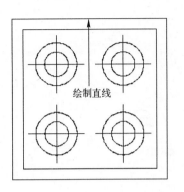

图 5-18 绘制直线

5.2.2 新手练兵——绘制射线

射线是一条只有起点没有终点的直线，即一种一端固定而另一端无限延伸的直线，射线一般也作为辅助线应用。

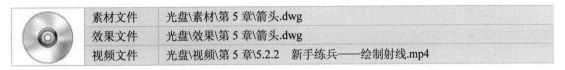

素材文件	光盘\素材\第 5 章\箭头.dwg	
效果文件	光盘\效果\第 5 章\箭头.dwg	
视频文件	光盘\视频\第 5 章\5.2.2 新手练兵——绘制射线.mp4	

步骤 **01** 单击"菜单浏览器"按钮，在弹出的菜单列表中选择"打开"|"图形"命令，打开素材图形，如图 5-19 所示。

步骤 **02** 单击"功能区"选项板中的"默认"选项卡，单击"绘图"面板中间的下拉按钮，在展开的面板上单击"射线"按钮，如图 5-20 所示。

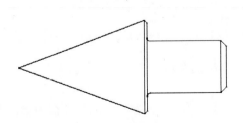

图 5-19 打开素材图形

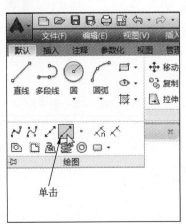

图 5-20 单击"射线"按钮

步骤 **03** 根据命令行提示进行操作，在绘图区中合适的端点上单击鼠标左键，确定射线的起始点，如图 5-21 所示。

步骤 **04** 向右引导光标，在绘图区中的合适位置上单击鼠标左键，按〈Enter〉键确认，即可绘制一条射线，效果如图 5-22 所示，绘制完成后，按〈Esc〉键，即可退出绘制状态。

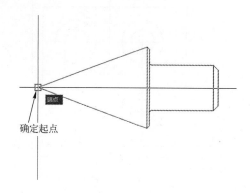

确定起点

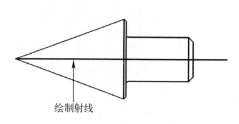

绘制射线

图 5-21　确定线段的起始点　　　　图 5-22　绘制一条射线

执行"射线"命令后，命令行中的提示如下。

命令：RAY
指定起点：指定射线的起始点。
指定通过点：指定射线需要通过第二个点。

▶ 专家指点

用户还可以通过以下两种方法，调用"射线"命令。
➢ 命令：在命令行中输入"RAY"（射线）命令，并按〈Enter〉键确认。
➢ 菜单栏：显示菜单栏，选择"绘图"|"射线"命令。
执行以上任意一种方法，均可调用"射线"命令。

5.2.3 新手练兵——绘制构造线

构造线是一条没有起点和终点的无限延伸的直线，它通常会被用作辅助绘图线。构造线具有普通 AutoCAD 图形对象的各项属性，如图层、颜色、线型等，还可以通过修改变成射线和直线。

素材文件	光盘\素材\第 5 章\法兰盘.dwg
效果文件	光盘\效果\第 5 章\法兰盘.dwg
视频文件	光盘\视频\第 5 章\5.2.3　新手练兵——绘制构造线.mp4

步骤 **01** 单击"菜单浏览器"按钮，在弹出的菜单列表中选择"打开"|"图形"命令，打开素材图形，如图 5-23 所示。

步骤 **02** 单击"功能区"选项板中的"默认"选项卡，在"绘图"面板中单击中间的下拉按钮，在展开的面板上单击"构造线"按钮，如图 5-24 所示。

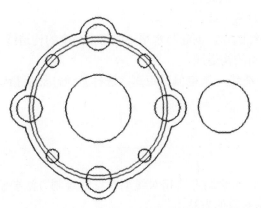

图 5-23 打开素材图形

图 5-24 单击"构造线"按钮

▶ 专家指点

　　用户还可以通过以下 3 种方法，调用"构造线"命令。

➤ 命令 1：在命令行中输入"XLINE"命令，并按〈Enter〉键确认。

➤ 命令 2：在命令行中输入"XL"命令，并按〈Enter〉键确认。

➤ 菜单栏：显示菜单栏，选择"绘图"|"构造线"命令。

执行以上任意一种方法，均可调用"构造线"命令。

　　步骤 03　根据命令行提示进行操作，在命令行中输入"H"，按〈Enter〉键确认，捕捉图形圆心点，如图 5-25 所示。

　　步骤 04　单击鼠标左键，按〈Enter〉键确认，即可绘制构造线，效果如图 5-26 所示，绘制完成后，按〈Esc〉键，即可退出绘制状态。

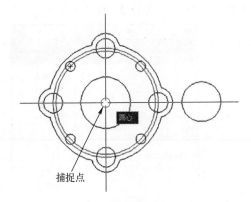

图 5-25 捕捉圆心点

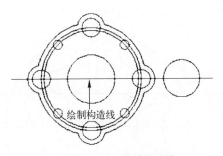

图 5-26 绘制构造线

执行"构造线"命令后，命令行中提示如下。

命令：XLINE

指定点或 [水平(H)/垂直(V)/角度(A)/二等分(B)/偏移(O)]：指定构造线起点或绘制构造线其他方式。

输入构造线的角度 (0) 或 [参照(R)]：输入绘制构造线的角度值。

指定通过点：指定构造线经过的点。

命令行中各选项的含义如下。

➢ 水平（H）：创建一条经过指定点的水平构造线。

➢ 垂直（V）：创建一条经过指定点的垂直构造线。

➢ 角度（A）：通过指定角度和构造线必经的点，创建与水平轴成指定角度的构造线。

➢ 二等分（B）：创建二等分，用于指定角的构造线。

➢ 偏移（O）：创建平行于指定基线的构造线。指定偏移距离，选择基线，然后指明构造线位于基线的哪一侧。

5.3 绘制弧型对象

圆弧类对象主要包括圆、圆弧和椭圆，它的绘制方法相对线型对象的绘制方法要复杂些，但方法也比较多。本节主要介绍创建弧型对象的方法。

5.3.1 新手练兵——绘制圆

圆是简单的二维图形，圆的绘制在 AutoCAD 中使用非常频繁，可以用来表示柱、轴、孔等特征。在绘图过程中，圆是使用最多的基本图形元素之一。

素材文件	光盘\素材\第 5 章\间歇轮.dwg
效果文件	光盘\效果\第 5 章\间歇轮.dwg
视频文件	光盘\视频\第 5 章\5.3.1　新手练兵——绘制圆.mp4

步骤 01 单击"菜单浏览器"按钮，在弹出的菜单列表中选择"打开"|"图形"命令，打开素材图形，如图 5-27 所示。

步骤 02 在"功能区"选项板的"默认"选项卡中，单击"绘图"面板中"圆"下方的下拉按钮，在弹出的列表框中单击"圆心，半径"按钮，如图 5-28 所示。

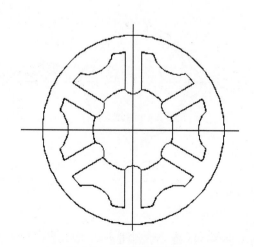

图 5-27　打开素材图形

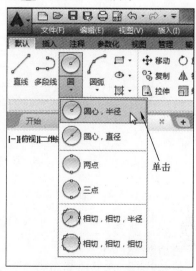

图 5-28　单击"圆心，半径"按钮

步骤 `03` 根据命令行提示进行操作，在图形圆心点上单击鼠标左键，确定圆心点，如图 5-29 所示。

步骤 `04` 输入半径值 8，并按〈Enter〉键确认，即可绘制一个半径为 8 的圆，效果如图 5-30 所示。

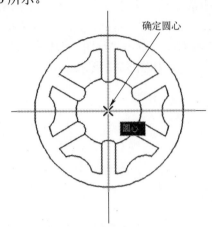

图 5-29 确定圆心点

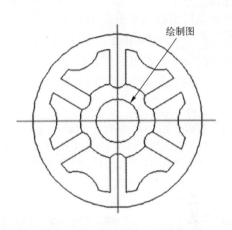

图 5-30 绘制一个半径为 8 的圆

执行"圆"命令后，命令行中提示如下。

> 命令：CIRCLE
> 指定圆的圆心或 [三点(3P)/两点(2P)/切点、切点、半径(T)]：指定圆心点。
> 指定圆的半径或 [直径(D)]：直接输入半径数值或在绘图区拾取点指定半径长度。

单击"绘图"面板中"圆"下方的下拉按钮，在弹出的列表框中提供了 6 种绘制圆的方法，其中各按钮的含义如下。

➢ 圆心，半径：通过确定圆心和半径的方式来绘制圆。
➢ 圆心，直径：通过确定圆心和直径的方式来绘制圆。
➢ 两点：通过确定直径的两个端点来绘制圆。
➢ 三点：通过确定圆周上的任意三个点来绘制圆。
➢ 相切，相切，半径：通过确定与已知的两个图形对象相切的切点和半径来绘制圆。
➢ 相切，相切，相切：通过确定与已知的三个图形对象相切的切点来绘制圆。

▶ 专家指点

用户还可以通过以下 3 种方法来调用"圆"命令。
➢ 命令 1：在命令行中输入"CIRCLE"命令，并按〈Enter〉键确认。
➢ 命令 2：在命令行中输入"C"命令，并按〈Enter〉键确认。
➢ 菜单栏：显示菜单栏，选择"绘图"|"圆"|"圆心，半径"命令。
执行以上任意一种方法，均可调用"圆"命令。

5.3.2 新手练兵——绘制圆弧

圆弧是圆的一部分，它也是一种简单图形。绘制圆弧与绘制圆相比，相对要困难一些，除了圆心和半径外，圆弧还需要指定起始角和终止角。

素材文件	光盘\素材\第 5 章\吊钩.dwg
效果文件	光盘\效果\第 5 章\吊钩.dwg
视频文件	光盘\视频\第 5 章\5.3.2　新手练兵——绘制圆弧.mp4

步骤 01　单击"菜单浏览器"按钮，在弹出的菜单列表中选择"打开"|"图形"命令，打开素材图形，如图 5-31 所示。

步骤 02　在"功能区"选项板的"默认"选项卡中，单击"绘图"面板中"圆弧"下方的下拉按钮，在弹出的列表框中单击"三点"按钮，如图 5-32 所示。

执行"圆弧"命令后，命令行中的提示如下。

　　命令：ARC
　　圆弧创建方向：逆时针（按住 Ctrl 键可切换方向）。
　　指定圆弧的起点或 [圆心(C)]：指定起点。
　　指定圆弧的第二个点或 [圆心(C)/端点(E)]：指定第二个点、圆心或端点。
　　指定圆弧的端点或 [角度(A)/弦长(L)]：指定末端点、角度或弦长。
　　指定包含角：指定圆弧绘制角度。

▶ **专家指点**

用户还可以通过以下两种方法来调用"圆弧"命令。

➢ 命令 1：在命令行中输入"ARC"命令，并按〈Enter〉键确认。

➢ 命令 2：显示菜单栏，选择"绘图"|"圆弧"|"三点"命令。

执行以上任意一种方法，均可调用"圆弧"命令。

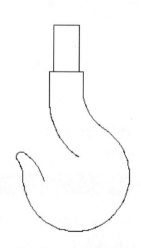

图 5-31　打开素材图形

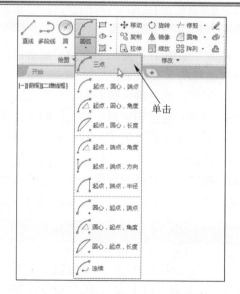

图 5-32　单击"三点"按钮

步骤 03　在命令行提示下，捕捉合适的起点，如图 5-33 所示，输入圆弧的第二点坐标"(@39，-30)"，按〈Enter〉键确认，并捕捉圆弧的端点。

步骤 04　执行操作后，即可绘制圆弧，效果如图 5-34 所示。

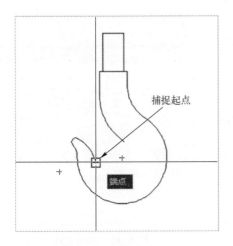

图 5-33　捕捉起点

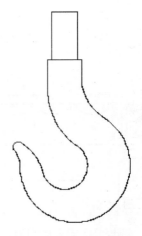

图 5-34　绘制圆弧

选择菜单栏中的"绘图"｜"圆弧"命令后，在弹出的子菜单中提供了 11 种绘制圆弧的方法，如图 5-43 所示，其中各命令的含义如下。

➢ 三点：通过三点确定一条圆弧。
➢ 起点、圆心、端点：以起点、圆心、端点绘制圆弧。
➢ 起点、圆心、角度：以起点、圆心、圆心角绘制圆弧。
➢ 起点、圆心、长度：以起点、圆心、弦长绘制圆弧。
➢ 起点、端点、角度：以起点、终点、圆心角绘制圆弧。
➢ 起点、端点、方向：以起点、终点、圆弧起点的切线方向绘制圆弧。
➢ 起点、端点、半径：以起点、终点、半径绘制圆弧。
➢ 圆心、起点、端点：以圆心、起点、终点绘制圆弧。
➢ 圆心、起点、角度：以圆心、起点、圆心角绘制圆弧。
➢ 圆心、起点、长度：以圆心、起点、弦长绘制圆弧。
➢ 继续：从一段已有的圆弧开始绘制圆弧，此选项绘制的圆弧与已有圆弧沿切线方向相接。

5.3.3　新手练兵——绘制椭圆

在 AutoCAD 2016 中，椭圆由定义其长度和宽度的两条轴决定，较长的轴称长轴，较短的轴称短轴。

	素材文件	光盘\素材\第 5 章\茶几.dwg
	效果文件	光盘\效果\第 5 章\茶几.dwg
	视频文件	光盘\视频\第 5 章\5.3.3　新手练兵——绘制椭圆.mp4

步骤 01　单击"菜单浏览器"按钮，在弹出的菜单列表中选择"打开"｜"图形"命令，打开素材图形，如图 5-35 所示。

步骤 02　单击"功能区"选项板中的"默认"选项卡，在"绘图"面板上单击"圆心"按钮⊙，如图 5-36 所示。

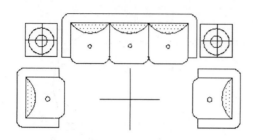

图 5-35　打开素材图形

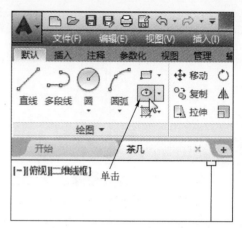

图 5-36　单击"圆心"按钮

步骤 03 根据命令行提示进行操作，在绘图区中的合适位置单击鼠标左键，确定圆心，如图 5-37 所示。

步骤 04 向下引导光标，输入"300"，按〈Enter〉键确认，向右引导光标，输入"700"，按〈Enter〉键确认，即可绘制一个椭圆，效果如图 5-38 所示。

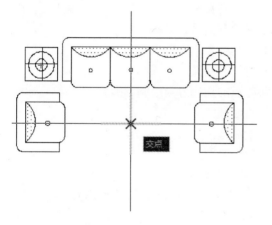

图 5-37　确定圆心

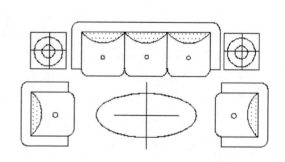

图 5-38　绘制椭圆

执行"椭圆"命令后，命令行中的提示如下。

命令：ELLIPSE
指定椭圆的轴端点或[圆弧(A)/中心点(C)]：指定第一个轴端点，或者选择相应选项。
指定椭圆的中心点：选择 C 选项后，将提示指定中心点。
指定轴的端点：指定一个轴端点。
指定另一条半轴长度或 [旋转(R)]：指定另一条半轴长度，或选择 R 选项。

命令行中各选项的含义如下。

➢ 圆弧（A）：绘制一段椭圆弧，第一条轴的角度决定了椭圆弧的角度，第一条轴既可以定义椭圆弧长半轴，也可以定义椭圆弧短半轴。
➢ 中心点（C）：通过指定椭圆的中心点绘制椭圆。
➢ 旋转（R）：通过绕第一条轴旋转，定义椭圆的长半轴和短半轴比例。

用户还可以通过以下 3 种方法来调用"椭圆"命令。
- 命令 1：在命令行中输入"ELLIPSE"命令，并按〈Enter〉键确认。
- 命令 2：在命令行中输入"EL"命令，并按〈Enter〉键确认。
- 命令 3：显示菜单栏，选择"绘图"|"椭圆"|"圆心"命令。
执行以上任意一种方法，均可调用"椭圆"命令。

5.3.4 绘制椭圆弧

椭圆弧是椭圆上的部分线段，绘制椭圆和椭圆弧的命令都是一样的，只是相应内容不同。

在"功能区"选项板的"默认"选项卡中，单击"绘图"面板中"圆心"右侧的下拉按钮，在弹出的列表框中单击"椭圆弧"按钮，如图 5-39 所示。

绘图区中任取两点，单击鼠标左键，确定椭圆弧的长半轴和短半轴，在椭圆上任取两点作为椭圆弧的起点和端点，即可完成椭圆弧的绘制，效果如图 5-40 所示。

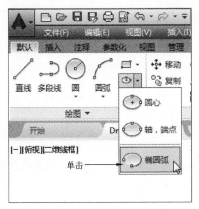

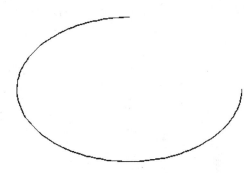

图 5-39 单击"椭圆弧"按钮　　　　　　　　图 5-40 绘制椭圆弧

单击"圆心"右侧的下拉按钮，在弹出的列表框中提供了 3 种绘制椭圆或椭圆弧的方法，其中，各按钮的含义如下。
- 圆心：通过指定椭圆圆心和两轴端点绘制椭圆。
- 轴，端点：通过指定椭圆轴的端点绘制椭圆。
- 椭圆弧：通过指定长半轴、起点角度和端点角度绘制椭圆弧。

5.4 绘制与编辑其他图形

除了以上绘制点、线型图形和曲线型图形外，AutoCAD 2016 还提供了很多绘制二维图形的命令，包括矩形、圆环、多段线、样条曲线以及修订云线等。

5.4.1 新手练兵——绘制矩形

矩形是绘制平面图形时常用的简单图形，也是构成复杂图形的基本图形元素，在各种图形中都可作为组成元素。使用"矩形"命令，除了能绘制常规矩形图形之外，还可绘制倒角矩形、圆角矩形、有厚度的矩形以及有宽度的矩形等。

素材文件	光盘\素材\第 5 章\显示器.dwg
效果文件	光盘\效果\第 5 章\显示器.dwg
视频文件	光盘\视频\第 5 章\5.4.1　新手练兵——绘制矩形.mp4

步骤 01 单击"菜单浏览器"按钮，在弹出的菜单列表中选择"打开"|"图形"命令，打开素材图形，如图 5-41 所示。

步骤 02 在命令行中输入"REC"（矩形）命令，按〈Enter〉键确认，根据命令行提示进行操作，输入第一个角点坐标"（878，725）"，按〈Enter〉键确认，再输入另一个角点坐标"（1438，305）"并确认，即可绘制矩形，如图 5-42 所示。

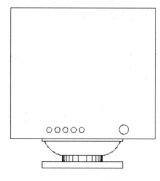

图 5-41　打开素材图形

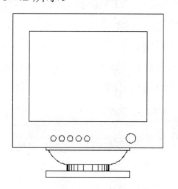

图 5-42　绘制矩形

执行"矩形"命令后，命令行中的提示如下。

命令：RECTANG
指定第一个角点或 [倒角(C)/标高(E)/圆角(F)/厚度(T)/宽度(W)]：输入坐标值或直接单击绘图区中相应点，以指定矩形第一个角点。
指定另一个角点或 [面积(A)/尺寸(D)/旋转(R)]：输入坐标值或直接单击绘图区中的端点，以指定矩形的另一个角点。

命令行中各选项含义如下。

➢ 倒角（C）：设置矩形的四个角为倒角并指定大小。
➢ 标高（E）：指定矩形的标高，即所绘制的矩形在 Z 轴方向的高度。
➢ 圆角（F）：设置矩形的四个角为圆角并指定圆角半径。
➢ 厚度（T）：指定矩形的厚度，即 Z 轴方向的高度。
➢ 宽度（W）：为要绘制的矩形指定线条宽度。
➢ 面积（A）：使用面积与长度或宽度创建矩形。
➢ 尺寸（D）：使用长和宽的尺寸创建矩形。
➢ 旋转（R）：按指定旋转角度创建矩形。

▶ 专家指点

用户还可以通过以下 3 种方法来调用"矩形"命令。
➢ 命令 1：在命令行中输入"RECTANGLE"命令，并按〈Enter〉键确认。
➢ 命令 2：在命令行中输入"REC"命令，并按〈Enter〉键确认。
➢ 菜单栏：显示菜单栏，选择"绘图"|"矩形"命令。
执行以上任意一种方法，均可调用"矩形"命令。

5.4.2 新手练兵——绘制正多边形

正多边形是绘图中常用的一种简单图形，可以使用其外接圆与内切圆来进行绘制，并规定可以绘制边数为 3～1024 的正多边形，默认情况下，正多边形的边数为 4。

素材文件	光盘\素材\第 5 章\开槽螺母.dwg
效果文件	光盘\效果\第 5 章\开槽螺母.dwg
视频文件	光盘\视频\第 5 章\5.4.2　新手练兵——绘制正多边形.mp4

步骤 01　单击"菜单浏览器"按钮，在弹出的菜单列表中选择"打开"|"图形"命令，打开素材图形，如图 5-43 所示。

步骤 02　在"功能区"选项板中的"默认"选项卡中，单击"绘图"面板中"矩形"右侧的下拉按钮，在弹出的下拉列表中单击"多边形"按钮，如图 5-44 所示。

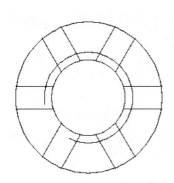

图 5-43　打开素材图形

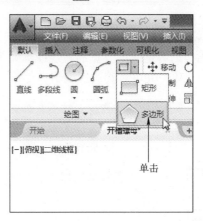

图 5-44　单击"多边形"按钮

步骤 03　根据命令行提示，输入边数为"6"，按〈Enter〉键确认，捕捉圆心点为正多边形的中心点，如图 5-45 所示。

步骤 04　单击鼠标左键，输入"C"（外切于圆），按〈Enter〉键确认，输入圆的半径为"10"并确认，即可绘制正多边形，效果如图 5-46 所示。

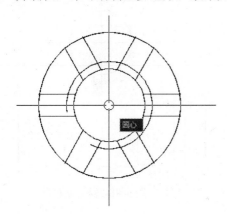

图 5-45　捕捉圆心点

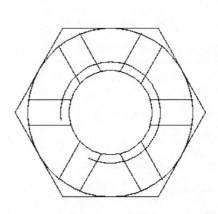

图 5-46　绘制正多边形

执行"多边形"命令后，命令行中提示如下。

命令：POLYGON
输入侧面数 <4>：输入正多边形的边数。
指定正多边形的中心点或 [边(E)]：指定正多边形的中心点。
输入选项 [内接于圆(I)/外切于圆(C)] <I>：选择绘制正多边形内接于圆或外切于圆。
指定圆的半径：指定正多边形内接于圆或外切于圆的半径。

▶ 专家指点

用户还可以通过以下 3 种方法来调用"正多边形"命令。
➤ 命令 1：在命令行中输入"POLYGON"命令，并按〈Enter〉键确认。
➤ 命令 2：在命令行中输入"POL"命令，并按〈Enter〉键确认。
➤ 菜单栏：显示菜单栏，选择"绘图"|"正多边形"命令。
执行以上任意一种方法，均可调用"正多边形"命令。

5.4.3 新手练兵——绘制多段线

多段线是由等宽或不等宽的直线或圆弧等多条线段构成的特殊线段，这些线段所构成的图形是一个整体，并可对其进行编辑。

素材文件	光盘\素材\第 5 章\支架.dwg
效果文件	光盘\效果\第 5 章\支架.dwg
视频文件	光盘\视频\第 5 章\5.4.3　新手练兵——绘制多段线.mp4

步骤 01 单击"菜单浏览器"按钮，在弹出的菜单列表中选择"打开"|"图形"命令，如图 5-47 所示。

步骤 02 执行操作后，打开素材图形，如图 5-48 所示。

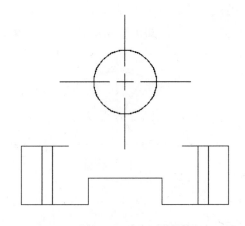

图 5-47　选择"打开"|"图形"命令　　　　图 5-48　打开素材图形

步骤 03 单击"功能区"选项板中的"默认"选项卡，在"绘图"面板上单击"多段线"按钮,如图 5-49 所示。

步骤 04 根据命令行提示进行操作,指定起点,如图 5-50 所示。

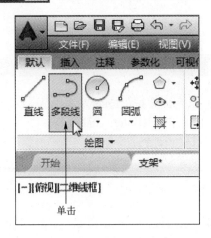

图 5-49 单击"多段线"按钮

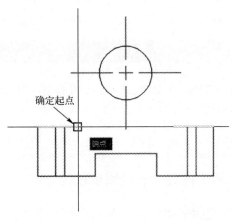

图 5-50 指定起点

步骤 05 单击鼠标左键确认,向上引导光标,输入"24",按〈Enter〉键确认,再向右引导光标,输入"A"(圆弧),按〈Enter〉键确认,输入"44"并确认,绘制圆弧,如图 5-51 所示。

步骤 06 向下引导光标,输入"L",按〈Enter〉键确认,输入长度值为"24"并确认,完成多段线的绘制,如图 5-52 所示。

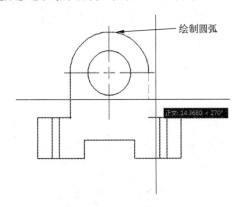

图 5-51 绘制圆弧

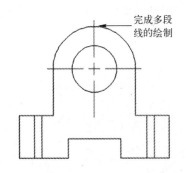

图 5-52 完成多段线的绘制

执行"多段线"命令后,命令行中提示如下。

命令:PLINE
指定起点:指定多段线的起点。
当前线宽为 0.0000。
指定下一个点或 [圆弧(A)/半宽(H)/长度(L)/放弃(U)/宽度(W)]:指定多段线下一点。

命令行中各选项的含义如下。

➢ 圆弧(A):选择该选项,将从绘制直线方式切换到绘制圆弧的方式。
➢ 半宽(H):通过指定多段线的中心到外边缘的距离来设置宽度。

➤ 长度（L）：以指定的长度绘制直线段。如果前一个绘制的多段线对象是圆弧，则该段直线的方向为上一圆弧端点的切线方向。

➤ 放弃（U）：删除前一步所添加的多段线。

➤ 宽度（W）：指定下一条直线段的宽度。

▶ **专家指点**

用户还可以通过以下 3 种方法，调用"多段线"命令：

➤ 命令 1：在命令行中输入 PLINE（多段线）命令，并按〈Enter〉键确认。

➤ 命令 2：在命令行中输入 PL（多段线）命令，并按〈Enter〉键确认。

➤ 菜单栏：显示菜单栏，单击"绘图"|"多段线"命令。

执行以上任意一种方法，均可调用"多段线"命令。

5.4.4 新手练兵——编辑多段线

在 AutoCAD 2016 中，使用 PEDIT 命令可以编辑多段线。二维多段线、三维多段线、矩形、正多边形和三维多边形网格都是多段线的变形，均可使用该命令进行编辑。

素材文件	光盘\素材\第 5 章\鼠标.dwg
效果文件	光盘\效果\第 5 章\鼠标.dwg
视频文件	光盘\视频\第 5 章\5.4.4　新手练兵——编辑多段线.mp4

步骤 01 单击"菜单浏览器"按钮，在弹出的菜单列表中选择"打开"|"图形"命令，打开素材图形，如图 5-53 所示。

步骤 02 在"功能区"选项板中的"默认"选项卡中，单击"修改"面板中间的下拉按钮，在展开的面板上单击"编辑多段线"按钮，如图 5-54 所示。

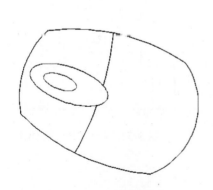

图 5-53　打开素材图形　　　　图 5-54　单击"编辑多段线"按钮

步骤 03 根据命令行提示进行操作，在绘图区选择多段线为编辑对象，如图 5-55 所示。

步骤 04 单击鼠标左键确认，输入"W"，按〈Enter〉键确认，输入"3"，连按两次〈Enter〉键确认，即可编辑多段线，效果如图 5-56 所示。

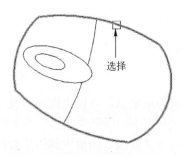 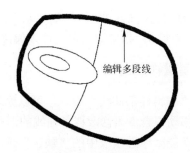

图 5-55　选择多段线为编辑对象　　　　图 5-56　编辑多段线

> ▶ 专家指点
>
> 　　用户还可以通过以下 3 种方法来调用"编辑多段线"命令。
> ➢ 命令 1：在命令行中输入"PEDIT"（编辑多段线）命令，并按〈Enter〉键确认。
> ➢ 命令 2：在命令行中输入"PE"（编辑多段线）命令，并按〈Enter〉键确认。
> ➢ 菜单栏：显示菜单栏，选择"修改"|"对象"|"多段线"命令。
> 　　执行以上任意一种方法，均可调用"编辑多段线"命令。

5.4.5　绘制样条曲线

　　样条曲线是通过拟合数据点绘制而成的光滑曲线，是曲线中较为特殊的造型，相当于手工绘图的软尺或曲线板工具，通过定位几个点去拟合一条曲线。

　　在"功能区"选项板的"默认"选项卡中，单击"绘图"面板中的下拉按钮，在展开的面板中单击"样条曲线拟合"按钮 ∿，根据命令行提示进行操作，在绘图区 A 点位置上，单击鼠标左键，指定样条曲线起点，向右下方引导光标，任意捕捉其他的点，以 B 点为终点，按〈Enter〉键确认，即可完成样条曲线的绘制，效果如图 5-57 所示。

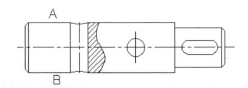 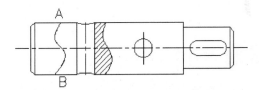

图 5-57　绘制样条曲线

执行"样条曲线"命令后，命令行中的提示如下。

　　命令：SPLINE
　　当前设置：方式＝拟合　节点＝弦
　　指定第一个点或 [方式（M）/节点（K）/对象（O）]：指定第一个端点。
　　输入下一个点或 [起点切向（T）/公差（L）]：指定下一端点。

命令行中各选项的含义如下。
➢ 方式（M）：控制是使用拟合点还是使用控制点来创建样条曲线。
➢ 节点（K）：通过指定节点参数化的方法来确定样条曲线中连续拟合点之间的零部件曲线如何过渡。
➢ 对象（O）：将二维的二次或三次样条曲线拟合多段线转换成等效样条曲线。

➢ 起点切向（T）：指定样条曲线起始点处的切线方向。
➢ 公差（L）：指定样条曲线可以偏离指定拟合点的距离。

5.4.6 编辑样条曲线

使用"编辑样条曲线"命令，可以删除样条曲线的拟合点，可以为提高精度而添加拟合点，或者移动拟合点来修改样条曲线的形状。

在"功能区"选项板中的"默认"选项卡中，单击"修改"面板中间的下拉按钮，在展开的面板上单击"编辑样条曲线"按钮 █，根据命令行提示进行操作，选择样条曲线，选择"F（拟合数据）"选项，选择"T（切线）"选项，捕捉右上方端点，确定起点切向，捕捉右下方端点，选择"A（添加）"选项，连续按 3 次〈Enter〉键确认，即可完成样条曲线的编辑，效果如图 5-58 所示。

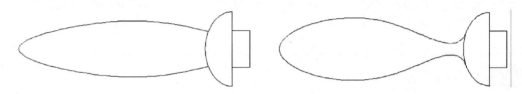

图 5-58 编辑样条曲线

▶ **专家指点**

用户还可以通过以下 3 种方法来调用"编辑样条曲线"命令。
➢ 命令 1：在命令行中输入"SPLINEDIT"（编辑样条曲线）命令，按〈Enter〉键确认。
➢ 命令 2：在命令行中输入"SPL"（编辑样条曲线）命令，并按〈Enter〉键确认。
➢ 菜单栏：显示菜单栏，选择"修改"|"对象"|"样条曲线"命令。
执行以上任意一种方法，均可调用"编辑样条曲线"命令。

5.4.7 绘制修订云线

修订云线的形状类似云朵，主要用于突出显示图样中已修改的部分，它包括多个控制点和最大弧长、最小弧长等。

在"功能区"选项板中的"默认"选项卡中，单击"绘图"面板中间的下拉按钮，在展开的面板上单击"修订云线"按钮 █，根据命令行提示进行操作，在命令行中输入"A"，如图 5-59 所示，并按〈Enter〉键确认。

输入"50"，指定最小弧长，按〈Enter〉键确认，输入"100"，指定最大弧长，如图 5-60所示，并按〈Enter〉键确认。

```
☐ ▾ REVCLOUD 指定第一个点或 [
弧长(A) 对象(O) 矩形(R)
多边形(P) 徒手画(F) 样式(S)
修改(M)] <对象>: A ←——输入
```

```
指定第一个点或 [弧长(A)/对象
(O)/矩形(R)/多边形(P)/徒手画
(F)/样式(S)/修改(M)] <对象>: A
指定最小弧长 <50>: 50
☐ ▾ REVCLOUD
指定最大弧长 <100>: 100 ←——输入
```

图 5-59 输入"A"   图 5-60 输入"100"

在绘图区中合适位置单击鼠标左键，确定起点，移动鼠标指针，在图形右侧的位置单击鼠标左键，并按〈Enter〉键确认，即可完成修订云线的绘制，效果如图 5-61 所示。

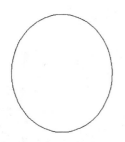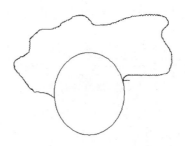

图 5-61 绘制修订云线

▶ 专家指点

用户还可以通过以下两种方法来调用"修订云线"命令。

➤ 命令：在命令行中输入"REVCLOUD"（修订云线）命令，并按〈Enter〉键确认。

➤ 菜单栏：显示菜单栏，选择"绘图"|"修订云线"命令。

执行以上任意一种方法，均可调用"修订云线"命令。

5.4.8 新手练兵——绘制区域覆盖对象

区域覆盖可以在现有的对象上生成一个空白区域，用于添加注释或详细的屏蔽信息。该区域与区域覆盖边框进行绑定，可以打开此区域进行编辑，也可以关闭此区域进行打印。

素材文件	光盘\素材\第 5 章\道路.dwg
效果文件	光盘\效果\第 5 章\道路.dwg
视频文件	光盘\视频\第 5 章\5.4.8 新手练兵——绘制区域覆盖对象.mp4

步骤 01 单击"菜单浏览器"按钮，在弹出的菜单列表中选择"打开"|"图形"命令，打开素材图形，如图 5-62 所示。

步骤 02 在"功能区"选项板中的"默认"选项卡中，单击"绘图"面板中间的下拉按钮，在展开的面板上单击"区域覆盖"按钮，如图 5-63 所示。

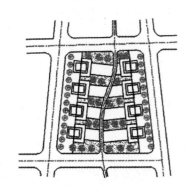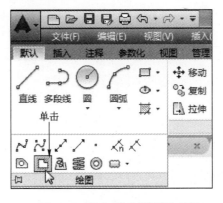

图 5-62 打开素材图形 　　图 5-63 单击"区域覆盖"按钮

步骤 03 根据命令行提示进行操作，在绘图区中指定需要覆盖区域的边界点，依次单击鼠标左键，如图 5-64 所示。

步骤 04 按〈Enter〉键确认，即可绘制区域覆盖对象，如图 5-65 所示。

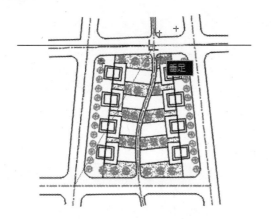

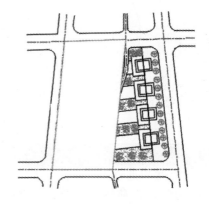

图 5-64　指定覆盖区域　　　　　　　　图 5-65　绘制区域覆盖对象

编辑二维图形

学习提示

在 AutoCAD 2016 中，单纯地使用绘图命令或绘图工具只能绘制一些基本的图形对象，为了绘制复杂图形，很多情况下都必须借助图形编辑命令。AutoCAD 2016 提供了丰富的图形编辑命令，使用这些命令，可以修改已有图形为复杂的图形。本章主要介绍编辑二维图形等内容。

本章案例导航

- ■ 复制图形
- ■ 镜像图形
- ■ 偏移图形
- ■ 环形阵列
- ■ 矩形阵列

- ■ 延伸图形
- ■ 拉长图形
- ■ 拉伸图形
- ■ 修剪图形
- ■ 缩放图形

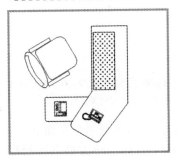
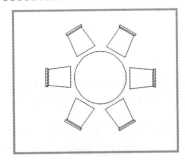
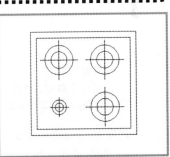
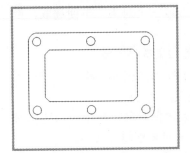
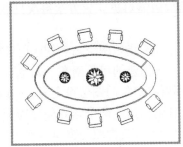
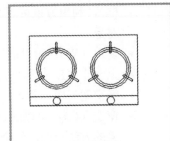

6.1 选择编辑对象

在编辑图形之前，首先需要选择编辑的对象。AutoCAD 用虚线亮显所选的对象，这些对象就构成了选择集。选择集可以包含单个对象，也可以包含复杂的对象编组。

6.1.1 选择对象的方法

在 AutoCAD 中，选择对象的方法很多。例如，可以通过单击对象逐个拾取，也可利用矩形窗口或交叉窗口选择；可以选择最近创建的对象、前面的选择集或图形中的所有对象，也可以向选择集中添加对象或从中删除对象。

在命令行中输入"SELECT"（选择对象）命令，并按〈Enter〉键确认，根据命令行提示进行操作，在绘图区中相应的图形对象上，单击鼠标左键，即可点选图形，使其呈虚线状显示，效果如图 6-1 所示。

图 6-1 点选图形

执行"选择对象"命令后，命令行中的提示如下。

> 命令：SELECT
> 选择对象：?
> 需要点或窗口(W)/上一个(L)/窗交(C)/框(BOX)/全部(ALL)/栏选(F)/圈围(WP)/圈交(CP)/编组(G)/添加(A)/删除(R)/多个(M)/前一个(P)/放弃(U)/自动(AU)/单个(SI)/子对象(SU)/对象(O)

根据命令行提示信息，输入相应字母即可指定对象选择模式，其中各选项含义如下。

➢ 选择对象：默认情况下，可以直接选择对象，此时光标变为一个小方框（即拾取框），利用方框可逐个拾取所需对象。该方法每次只能选取一个对象，不便选取大量对象。

➢ 窗口（W）：可以通过从左到右指定两个角点创建矩形窗口来选择对象。

➢ 上一个（L）：选择最近一次创建的可见对象。对象必须在当前空间（模型空间或图纸空间）中，并且一定不要将对象的图层设定为冻结或关闭状态。

➢ 窗交（C）：可以通过从右到左指定两个角点创建窗交来选择对象，与用窗口选择对象的方法类似，但全部位于窗口之内或与窗口边界相交的对象都将被选中。

➢ 框（BOX）：选择矩形（由两点确定）内部或与之相交的所有对象。如果矩形的点是从右至左指定的，则框选与窗交等效。否则，框选与窗选等效。

➤ 全部（ALL）：选择模型空间或当前布局中除冻结图层或锁定图层上的对象之外的所有图形对象。

➤ 栏选（F）：选择与选择栏相交的所有对象。栏选方法与圈交方法相似，只是栏选不闭合，并且栏选可以自交。

➤ 圈围（WP）：选择多边形（通过待选对象周围的点定义）中的所有对象。该多边形可以为任意形状，但不能与自身相交或相切。将绘制多边形的最后一条线段，所以该多边形在任何时候都是闭合的。

➤ 圈交（CP）：选择多边形（通过在待选对象周围指定点来定义）内部或与之相交的所有对象。

➤ 编组（G）：选择指定组中的全部对象。

➤ 添加（A）：切换到添加模式，可以使用任何对象选择方法将选定对象添加到选择集。自动和添加为默认模式。

➤ 删除（R）：切换到删除模式，可以使用任何对象选择方法从当前选择集中删除对象。删除模式的替换模式是在选择单个对象时按下〈Shift〉键，或是使用"自动"选项。

➤ 多个（M）：在对象选择过程中单独选择对象，而不亮显它们。这样会加速高度复杂对象的对象选择。

➤ 前一个（P）：选择前一次创建的可见对象。

➤ 放弃（U）：放弃选择对象的操作。

➤ 自动（AU）：切换到自动选择，指向一个对象即可选择该对象。指向对象内部或外部的空白区，将形成框选方法定义的选择框的第一个角点。

➤ 单个（SI）：切换到单选模式，选择指定第一个或第一组对象而不继续提示选择。

➤ 子对象（SU）：用户可以逐个选择原始形状，这些形状是复合实体的一部分或三维实体上的顶点、边和面。

➤ 对象（O）：结束选择子对象的功能。用户可以使用对象选择方法。

6.1.2 新手练兵——快速选择对象

在绘图过程中，用户可以快速选择对象。

素材文件	光盘\素材\第 6 章\电话机.dwg
效果文件	无
视频文件	光盘\视频\第 6 章\6.1.2 新手练兵——快速选择对象.mp4

步骤 01 单击"菜单浏览器"按钮，在弹出的菜单列表中选择"打开"|"图形"命令，打开素材图形，如图 6-2 所示。

步骤 02 单击"功能区"选项板中的"默认"选项卡，在"实用工具"面板上单击"快速选择"按钮 ，如图 6-3 所示。

▶ 专家指点
在"快速选择"对话框中，各主要选项的含义如下。

> 应用到：表示对象的选择范围，在 AutoCAD 2016 中，有"整个图形"或"当前选择"两个子条件。
> 对象类型：指以对象为过滤条件，有"所有图元""多段线""直线"和"图案填充"4 种类别可以选择。
> 特性：指图形的特性参数，如"颜色""图层"等参数。
> 运算符：在某些特性中，控制过滤范围的运算符，特性不同、运算符也不同。
> 值：过滤范围的特性值，AutoCAD 中的"值"有 10 个。
> "如何应用"选项区：选中"包括在新选择集中"单选按钮，则由满足过滤条件的对象构成选择集；选中"排除在新选择集之外"单选按钮，则由不满足过滤条件的对象构成选择集。

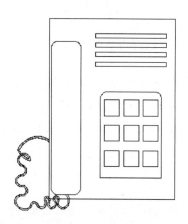

图 6-2　打开素材图形

图 6-3　单击"快速选择"按钮

步骤 03　弹出"快速选择"对话框，在"特性"列表框中选择"颜色"选项，在"值"列表框中选择"黑"选项，如图 6-4 所示。

步骤 04　单击"确定"按钮，即可快速地选择图形，效果如图 6-5 所示。

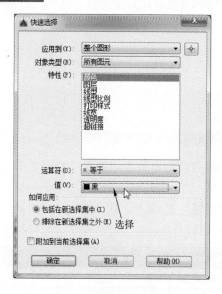

图 6-4　选择"黑"选项

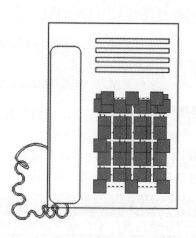

图 6-5　快速地选择图形

6.2 编组图形对象

　　编组是保存的对象集，可以根据需要同时选择和编辑这些对象，也可以分别进行。编组提供了以组为单位操作图形元素的简单方法，可以快速创建编组并使用默认名称。用户可以通过添加或删除对象来更改编组的部件。

6.2.1 新手练兵——新建编组对象

　　在 AutoCAD 2016 中，将多个对象创建编组，更加易于管理。

	素材文件	光盘\素材\第 6 章\卧室.dwg
	效果文件	光盘\效果\第 6 章\卧室.dwg
	视频文件	光盘\视频\第 6 章\6.2.1 新手练兵——新建编组对象.mp4

　　步骤 01 单击"菜单浏览器"按钮，在弹出的菜单列表中选择"打开"|"图形"命令，打开素材图形，如图 6-6 所示。

　　步骤 02 在命令行中输入"GROUP"（编组）命令，按〈Enter〉键确认，根据命令行提示，输入"N（名称）"选项，按〈Enter〉键确认，再根据命令行提示，输入编组名为"卧室"，如图 6-7 所示。

```
命令：
命令：
命令：
命令：
命令：
命令：_ucsicon
输入选项 [开(ON)/关(OFF)/全部
(A)/非原点(N)/原点(OR)/可选
(S)/特性(P)] <开>:_off
命令：*取消*
命令：GROUP
选择对象或 [名称(N)/说明(D)]:N
GROUP 输入编组名或 [?]:
卧室          输入
```

图 6-6 打开素材图形　　　　　　　　图 6-7 输入编组名为"卧室"

　　执行"编组"命令后，命令行中的提示如下。

　　命令：GROUP
　　选择对象或 [名称(N)/说明(D)]：选择需要创建编组的图形对象。

　　执行"编组"命令后，命令行中各选项的含义如下。
　　➢ 名称（N）：给新创建的编组对象指定名称。
　　➢ 说明（D）：对编组对象进行说明。

　　步骤 03 按〈Enter〉键确认，在绘图区中选择所有图形为编组的对象，如图 6-8 所示。

　　步骤 04 按〈Enter〉键确认，即可编组图形，在已编组的图形上，单击鼠标左键，已编组的图形将作为一个整体对象，效果如图 6-9 所示。

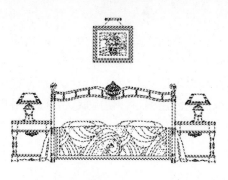

图 6-8 选择需要编组的对象

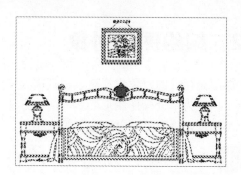

图 6-9 编组图形

▶ 专家指点

在命令行中输入"G",并按〈Enter〉键确认,也能执行"编组"命令。

6.2.2 新手练兵——添加编组对象

在 AutoCAD 2016 中,创建编组后,用户可以在已创建的编组中添加编组对象。

素材文件	光盘\素材\第 6 章\办公桌.dwg
效果文件	光盘\效果\第 6 章\办公桌.dwg
视频文件	光盘\视频\第 6 章\6.2.2 新手练兵——添加编组对象.mp4

步骤 01 单击"菜单浏览器"按钮,在弹出的菜单列表中选择"打开"|"图形"命令,打开素材图形,如图 6-10 所示。

步骤 02 在"功能区"选项板的"默认"选项卡中,单击"组"面板中间的下拉按钮,在展开的面板中单击"编组管理器"按钮 品,弹出"对象编组"对话框,如图 6-11 所示。

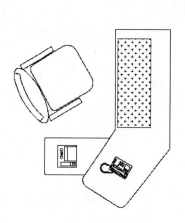

图 6-10 打开素材图形

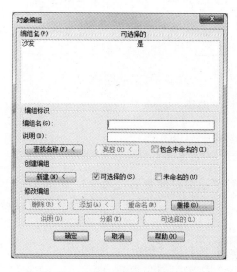

图 6-11 弹出"对象编组"对话框

步骤 03 在"编组名"列表框中选择"沙发"选项,在"修改编组"选项区中单击

"添加"按钮,如图 6-12 所示。

步骤 04 根据命令行提示进行操作,选择需要添加的对象,按〈Enter〉键确认,返回"对象编组"对话框,单击"确定"按钮,即可添加编组对象,在添加的编组对象上单击鼠标左键,查看添加的编组效果,如图 6-13 所示。

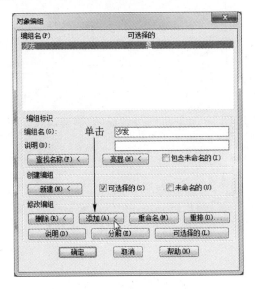

图 6-12 单击"添加"按钮

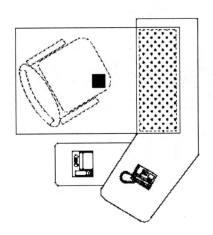

图 6-13 添加编组对象

▶ 专家指点

使用"对象编组"对话框可以随时指定要添加到编组的对象或要从编组中删除的对象,也可以修改编组的名称或说明。打开编组选择时,可以对组进行移动、复制、旋转和修改编组等操作。

6.2.3 新手练兵——删除编组对象

在 AutoCAD 2016 中,用户可以根据需要删除已经命名的编组对象。

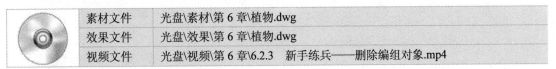

素材文件	光盘\素材\第 6 章\植物.dwg
效果文件	光盘\效果\第 6 章\植物.dwg
视频文件	光盘\视频\第 6 章\6.2.3 新手练兵——删除编组对象.mp4

步骤 01 单击"菜单浏览器"按钮,在弹出的菜单列表中选择"打开"|"图形"命令,打开素材图形,如图 6-14 所示。

步骤 02 在"功能区"选项板的"默认"选项卡中,单击"组"面板中间的下拉按钮,在展开的面板中单击"编组管理器"按钮品,弹出"对象编组"对话框,如图 6-15 所示。

步骤 03 在"编组名"列表框中选择编组"花盆"选项,在"修改编组"选项区中单击"删除"按钮,如图 6-16 所示。

步骤 04 根据命令行提示进行操作,选择需要删除的对象,按〈Enter〉键确认,返回"对象编组"对话框,单击"确定"按钮,即可删除编组对象,框选所有图形,查看删除的编组效果，如图 6-17 所示。

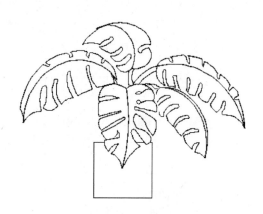

图 6-14　打开素材图形

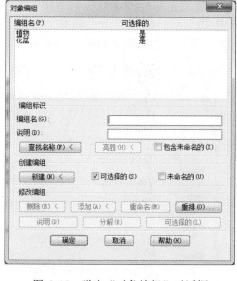

图 6-15　弹出"对象编组"对话框

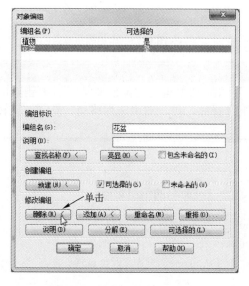

图 6-16　单击"删除"按钮

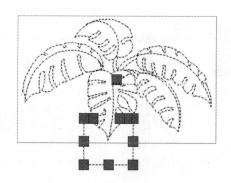

图 6-17　查看效果

6.3　复制移动图形

在 AutoCAD 2016 中，提供了复制移动图形对象的命令，可以让用户轻松地对图形对象进行不同方式的复制移动操作。如果只需简单地复制一个图形对象，可以使用"复制"命令；如果还有特殊的要求，则可以使用"镜像""阵列"和"偏移"等命令来实现复制移动。

6.3.1 新手练兵——复制图形

在 AutoCAD 2016 中，使用复制命令可以一次复制出一个或多个相同的对象，使复制更加方便、快捷。下面介绍复制对象的操作方法。

素材文件	光盘\素材\第 6 章\煤气灶.dwg
效果文件	光盘\效果\第 6 章\煤气灶.dwg
视频文件	光盘\视频\第 6 章\6.3.1　新手练兵——复制图形.mp4

步骤 01 单击"菜单浏览器"按钮，在弹出的菜单列表中选择"打开"|"图形"命令，打开素材图形，如图 6-18 所示。

步骤 02 单击"功能区"选项板中的"默认"选项卡，在"修改"面板上单击"复制"按钮 ⬚，如图 6-19 所示。

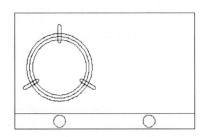

图 6-18　打开素材图形

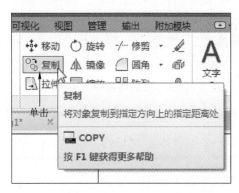

图 6-19　单击"复制"按钮

步骤 03 根据命令行提示进行操作，选择相应的图形为复制对象，如图 6-20 所示，按〈Enter〉键确认。

步骤 04 指定一点为基点，向右引导光标，移至合适位置后单击鼠标左键，并按〈Enter〉键确认，即可复制图形对象，效果如图 6-21 所示。

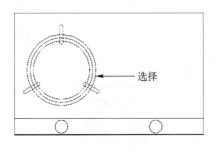

图 6-20　选择复制对象

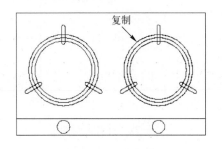

图 6-21　复制图形对象

执行"复制"命令后，命令行中的提示如下。

命令：COPY
选择对象：选择要复制的对象。

当前设置：复制模式=多个。

指定基点或 [位移(D)/模式(O)] <位移>：指定基点或位移。

指定第二个点或 [阵列(A)] <使用第一个点作为位移>：指定位移的第二个点。

命令行中各选项的含义如下。

➤ 位移（D）：直接输入位移数值。

➤ 模式（O）：指定复制的模式，是复制单个还是复制多个。

➤ 阵列（A）：指定在线性阵列中排列的副本数量。

▶ **专家指点**

通过以下 3 种方法也可以调用"复制"命令：

➤ 命令 1：在命令行中输入"COPY"（复制）命令，并按〈Enter〉键确认。

➤ 命令 2：在命令行中输入"CO"（复制）命令，并按〈Enter〉键确认。

➤ 菜单栏：显示菜单栏，选择"修改"|"复制"命令。

6.3.2 新手练兵——镜像图形

"镜像"命令可以生成与所选对象相对称的图形，在镜像图形时需要指出对称轴线，轴线是任意方向的，所选对象将根据该轴线进行对称，并且可选择删除或保留源对象。

素材文件	光盘\素材\第 6 章\定位套.dwg
效果文件	光盘\效果\第 6 章\定位套.dwg
视频文件	光盘\视频\第 6 章\6.3.2 新手练兵——镜像图形.mp4

步骤 01 单击"菜单浏览器"按钮，在弹出的菜单列表中选择"打开"|"图形"命令，打开素材图形，如图 6-22 所示。

步骤 02 单击"功能区"选项板中的"默认"选项卡，在"修改"面板上单击"镜像"按钮▲，根据命令行提示进行操作，选择所有图形，如图 6-23 所示。

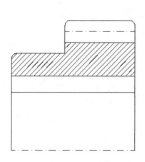
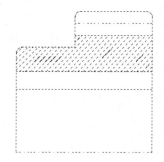

图 6-22 打开素材图形　　　　图 6-23 选择所有图形

步骤 03 捕捉图形左侧的端点为镜像线起点，单击鼠标左键，向右引导光标至合适位置，如图 6-24 所示。

步骤 04 单击鼠标左键，并按〈Enter〉键确认，即可镜像图形对象，效果如图 6-25 所示。

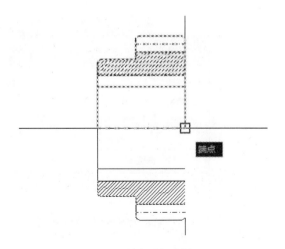

图 6-24　单击鼠标左键

图 6-25　镜像图形对象

执行"镜像"命令后，命令行中的提示如下。

命令：MIRROR
选择对象：选择需要镜像的对象。
指定镜像线第一点：指定镜像线上第一点。
指定镜像线第二点：指定镜像线上第二点。
是否删除源对象？[是（Y）/否（N）] <N>：确定是否删除源对象，输入 Y 删除源对象，输入 N 保留源对象。

▶ 专家指点

通过以下 3 种方法也可以调用"镜像"命令。
➤ 命令 1：在命令行中输入"MIRROR"（镜像）命令，并按〈Enter〉键确认。
➤ 命令 2：在命令行中输入"MI"（镜像）命令，并按〈Enter〉键确认。
➤ 菜单栏：显示菜单栏，选择"修改"|"镜像"命令。
执行以上任意一种方法，均可调用"镜像"命令。

6.3.3　新手练兵——偏移图形

在 AutoCAD 2016 中，使用"偏移"命令可以根据指定的距离或通过点，创建一个与所选对象平行的图形；被偏移的对象可以是直线、圆、圆弧和样条曲线等对象。下面介绍偏移对象的操作方法。

素材文件	光盘\素材\第 6 章\洗脸盆.dwg
效果文件	光盘\效果\第 6 章\洗脸盆.dwg
视频文件	光盘\视频\第 6 章\6.3.3　新手练兵——偏移图形.mp4

步骤 01　单击"菜单浏览器"按钮，在弹出的菜单列表中选择"打开"|"图形"命令，打开素材图形，如图 6-26 所示。

步骤 02　单击"功能区"选项板中的"默认"选项卡，在"修改"面板上单击"偏移"按钮，如图 6-27 所示。

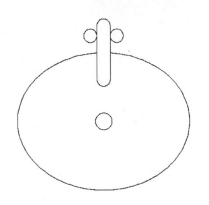

图 6-26　打开素材图形

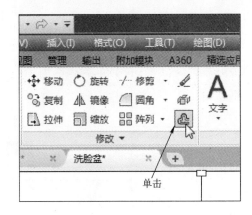

单击

图 6-27　单击"偏移"按钮

步骤 **03** 根据命令行提示进行操作，输入"250"，按〈Enter〉键确认，选择需要偏移的对象，如图 6-28 所示。

步骤 **04** 向内引导光标，单击鼠标左键，按〈Enter〉键确认，即可偏移图形对象，效果如图 6-29 所示。

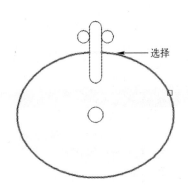

选择

图 6-28　选择需要偏移的对象

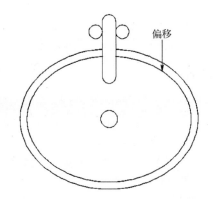

偏移

图 6-29　偏移图形对象

执行"偏移"命令后，命令行中的提示如下。

命令：OFFEST
当前设置：删除源=否 图层=源 OFFSETGAPTYPE=0。
指定偏移距离或[通过(T)/删除(E)/图层(L)] <通过>：指定图形进行偏移的距离。
选择要偏移的对象，或[退出(E)/放弃(U)] <退出>：选择要偏移的图形对象。
指定要偏移的那一侧上的点，或[退出(E)/多个(M)/放弃(U)] <退出>：指定偏移方向。
选择要偏移的对象，或[退出(E)/放弃(U)] <退出>：选择要再次偏移的对象或按〈Enter〉键确认完成操作。

命令行中各选项的含义如下。

➢ 通过（T）：创建指定点的对象。
➢ 删除（E）：偏移后将源对象删除。
➢ 图层（L）：确定将偏移对象创建在当前图层上还是源对象所在的图层上。
➢ 退出（E）：退出"偏移"命令。

> 放弃（U）：恢复前一个偏移操作。
> 多个（M）：输入"多个"偏移模式，将使用当前偏移距离重复进行对象的偏移操作。

▶ 专家指点

通过以下 3 种方法也可以调用"偏移"命令。
> 命令 1：在命令行中输入"OFFSET"（偏移）命令，并按〈Enter〉键确认。
> 命令 2：在命令行中输入"O"（偏移）命令，并按〈Enter〉键确认。
> 菜单栏：显示菜单栏，选择"修改"|"偏移"命令。
执行以上任意一种方法，均可调用"偏移"命令。

6.3.4 新手练兵——环形阵列

环形阵列是指对图形对象进行阵列复制后，图形呈环形分布。下面介绍环形阵列对象的操作方法。

素材文件	光盘\素材\第 6 章\餐桌椅.dwg
效果文件	光盘\效果\第 6 章\餐桌椅.dwg
视频文件	光盘\视频\第 6 章\6.3.4　新手练兵——环形阵列.mp4

步骤 01 单击"菜单浏览器"按钮，在弹出的菜单列表中选择"打开"|"图形"命令，打开素材图形，如图 6-30 所示。

步骤 02 单击"功能区"选项板中的"默认"选项卡，在"修改"面板上单击"阵列"下拉按钮，在弹出的列表框中单击"环形阵列"按钮，如图 6-31 所示。

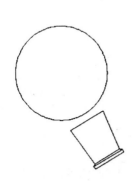

图 6-30　打开素材图形

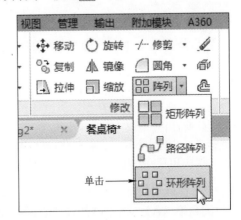

图 6-31　单击"环形阵列"按钮

步骤 03 在绘图区中拾取椅子为阵列对象，如图 6-32 所示，按〈Enter〉键确认。

步骤 04 根据命令行提示，在大圆圆心上单击鼠标左键，确定其为阵列中心点，如图 6-33 所示。

步骤 05 在弹出的"阵列创建"选项卡中，设置"项目数"为"6"，如图 6-34 所示。

步骤 06 按〈Enter〉键确认，即可阵列图形，效果如图 6-35 所示。

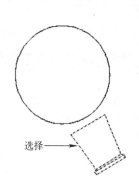

选择 →

图 6-32　选择阵列对象

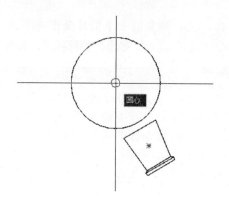

图 6-33　确定阵列中心点

图 6-34　设置各选项

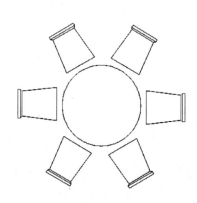

图 6-35　环形阵列图形

执行"环形阵列"命令后，命令行中的提示如下。

命令：ARRAYPOLAR
选择对象：使用对象选择方法。
类型 = 极轴　关联 = 是
指定阵列的中心点或 [基点(B)/旋转轴(A)]：指定阵列中心点，或选择选项按〈Enter〉键确认。
选择夹点以编辑阵列或 [关联(AS)/基点(B)/项目(I)/项目间角度(A)/填充角度(F)/行(ROW)/层(L)/
旋转项目(ROT)/退出(X)] <退出>：按〈Enter〉键确认，或选择选项。

命令行中主要选项的含义如下。
➤ 项目间角度（A）：指定阵列项目之间的角度。
➤ 填充角度（F）：指定阵列项目填充的角度值。
➤ 旋转项目（ROT）：设置是否旋转阵列的项目。

▶ 专家指点

通过以下 3 种方法也可以调用"阵列"命令。
➤ 命令 1：在命令行中输入"ARRAY"（阵列）命令，并按〈Enter〉键确认。
➤ 命令 2：在命令行中输入"AR"（阵列）命令，并按〈Enter〉键确认。
➤ 菜单栏：显示菜单栏，选择"修改"|"阵列"命令。
执行以上任意一种方法，均可调用"阵列"命令。

6.3.5 新手练兵——矩形阵列

矩形阵列就是将图形像矩形一样地进行排列，用于多次重复绘制呈行状排列的图形。

素材文件	光盘\素材\第6章\沙发组合.dwg
效果文件	光盘\效果\第6章\沙发组合.dwg
视频文件	光盘\视频\第6章\6.3.5 新手练兵——矩形阵列.mp4

步骤 01 单击"菜单浏览器"按钮，在弹出的菜单列表中选择"打开"|"图形"命令，打开素材图形，如图6-36所示。

步骤 02 单击"功能区"选项板中的"默认"选项卡，在"修改"面板上单击"阵列"下拉按钮，在弹出的列表框中单击"矩形阵列"按钮，如图6-37所示。

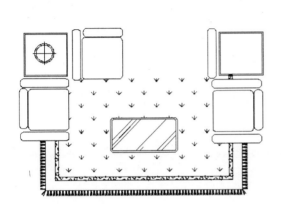

图6-36 打开素材图形

图6-37 单击"矩形阵列"按钮

步骤 03 在绘图区中拾取椅子为阵列对象，如图6-38所示，按〈Enter〉键确认。

步骤 04 弹出"阵列创建"选项卡，设置"列数"为"3"、"介于"为"600"、"行数"为"1"、第二个"介于"为"1"，按〈Enter〉键确认，即可完成矩形阵列图形的操作，如图6-39所示。

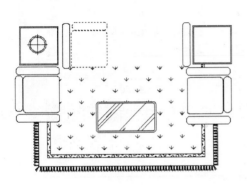

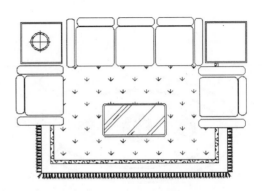

图6-38 拾取阵列对象

图6-39 矩形阵列图形

执行"矩形阵列"命令后，命令行中的提示如下。

命令：ARRAYRECT
选择对象：选择矩形阵列对象。
类型 = 矩形　关联 = 是
选择夹点以编辑阵列或 [关联(AS)/基点(B)/计数(COU)/间距(S)/列数(COL)/行数(R)/层数(L)/退出
(X)] <退出>：选择夹点编辑或选择选项。

命令行中各主要选项的含义如下。

➢ 关联（AS）：指定是否在阵列中创建项目作为关联阵列对象，或作为独立对象。

➢ 基点（B）：指定阵列的基点。

➢ 计数（COU）：指定列数和行数。

➢ 间距（S）：指定列间距和行间距。

➢ 列数（COL）：指定列数和列间距。

➢ 行数（R）：指定行数和行间距。

➢ 层数（L）：指定层数和层间距。

➢ 退出（X）：退出命令。

6.3.6　新手练兵——路径阵列

路径阵列是指将组件沿曲线路径进行阵列复制。

素材文件	光盘\素材\第 6 章\多人会议桌.dwg	
效果文件	光盘\效果\第 6 章\多人会议桌.dwg	
视频文件	光盘\视频\第 6 章\6.3.6　新手练兵——路径阵列.mp4	

步骤 01　单击"菜单浏览器"按钮，在弹出的菜单列表中选择"打开"|"图形"命令，打开素材图形，如图 6-40 所示。

步骤 02　单击"功能区"选项板中的"默认"选项卡，在"修改"面板上单击"阵列"下拉按钮，在弹出的列表框中单击"路径阵列"按钮 ，如图 6-41 所示。

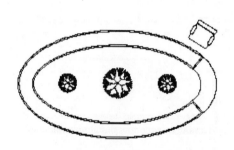

图 6-40　打开素材图形

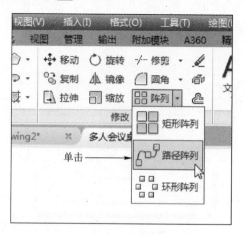

图 6-41　单击"路径阵列"按钮

步骤 **03** 在绘图区中拾取椅子为阵列对象，如图 6-42 所示，按〈Enter〉键确认。

步骤 **04** 选择最外侧椭圆为阵列路径，弹出"阵列创建"选项卡，保持默认参数设置并确认，即可完成路径阵列图形的操作，如图 6-43 所示。

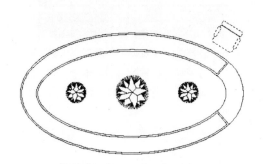 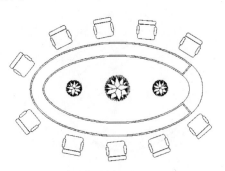

图 6-42 拾取阵列对象 　　　　　图 6-43 路径阵列图形

执行"路径阵列"命令后，命令行中的提示如下。

> 命令：ARRAYPATH
> 选择对象：使用对象选择方法。
> 类型 = 路径　关联 = 是
> 选择路径曲线：选择路径曲线。
> 输入沿路径的项目数或 [方向(O)/表达式(E)] <方向>：指定项目数。
> 指定沿路径的项目之间的距离或 [定数等分(D)/总距离(T)/表达式(E)] <沿路径平均定数等分(D)>：指定距离，或选择选项按〈Enter〉键确认。
> 按〈Enter〉键接受或 [关联(AS)/基点(B)/项目(I)/行(R)/层(L)/对齐项目(A)/Z 方向(Z)/退出(X)] <退出>：按〈Enter〉键确认，或选择选项。

命令行中主要选项的含义如下。

➢ 方向（O）：控制选定对象是否将相对于路径起始方向重定向，再移动到路径起点。

➢ 表达式（E）：使用数学公式或方程式获取阵列数目。

➢ 定数等分（D）：沿整个路径长度平均定数等分项目。

➢ 总距离（T）：指定第一个和最后一个项目之间的总距离。

➢ 对齐项目（A）：指定是否对齐每个项目以与路径的方向相切。

➢ Z 方向（Z）：控制是否保持项目的原始 Z 方向或沿三维路径自然倾斜项目。

6.3.7 新手练兵——移动图形

在绘制图形时，若遇到绘制图形的位置错误，则可以使用"移动"命令，将单个或多个图形对象从当前位置移动到新位置。

素材文件	光盘\素材\第 6 章\圆形床.dwg
效果文件	光盘\效果\第 6 章\圆形床.dwg
视频文件	光盘\视频\第 6 章\6.3.7 新手练兵——移动图形.mp4

步骤 **01** 单击"菜单浏览器"按钮，在弹出的菜单列表中选择"打开"|"图形"命令，打开素材图形，如图 6-44 所示。

步骤 02 单击"功能区"选项板中的"默认"选项卡，在"修改"面板上单击"移动"按钮 ✛，如图 6-45 所示。

图 6-44　打开素材图形　　　　　　　　　　　图 6-45　单击"移动"按钮

步骤 03 在命令行提示下，选择右侧的枕头图形对象为移动对象，如图 6-46 所示，按〈Enter〉键确认。

步骤 04 捕捉合适的端点，向左引导光标，输入"2120"，按〈Enter〉键确认，即可移动图形，效果如图 6-47 所示。

执行"移动"命令后，命令行提示如下。

　　选择对象：使用鼠标在绘图区内选择需要移动的图形对象，按〈Enter〉键确认。
　　指定基点或 [位移(D)] <位移>：使用鼠标在绘图区内指定移动基点。
　　指定第二个点或 <使用第一个点作为位移>：使用鼠标指定对象移动的目标位置或使用键盘输入对象位移位置，完成操作后，按〈Esc〉键或空格键结束操作。

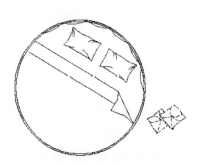

图 6-46　选择移动对象　　　　　　　　　　　图 6-47　移动图形

6.4　修改编辑图形

在绘图过程中，常常需要对图形对象进行修改编辑，如延伸、拉伸、打断、合并、对齐、分解以及删除图形对象等。

6.4.1　新手练兵——延伸图形

"延伸"命令用于将直线、圆弧或多线段等的端点延伸到指定的边界，这些边界可以是直线、圆弧和多线段。

素材文件	光盘\素材\第 6 章\冰箱.dwg
效果文件	光盘\效果\第 6 章\冰箱.dwg
视频文件	光盘\视频\第 6 章\6.4.1　新手练兵——延伸图形.mp4

步骤 **01**　单击"菜单浏览器"按钮，在弹出的菜单列表中选择"打开"|"图形"命令，打开素材图形，如图 6-48 所示。

步骤 **02**　单击"功能区"选项板中的"默认"选项卡，在"修改"面板上单击"修剪"右侧的下拉按钮，在弹出的列表框中单击"延伸"按钮--/，如图 6-49 所示。

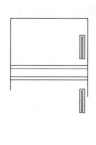

图 6-48　打开素材图形

图 6-49　单击"延伸"按钮

步骤 **03**　根据命令行提示进行操作，选择图形最下方的直线为延伸对象，按〈Enter〉键确认，继续选择图形左右两侧的直线为要延伸的对象，如图 6-50 所示。

步骤 **04**　按〈Enter〉键确认，即可完成图形对象的延伸，如图 6-51 所示。

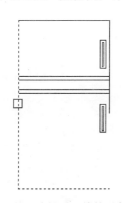

图 6-50　选择要延伸的对象

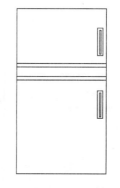

图 6-51　延伸图形

执行"延伸"命令后，命令行中的提示如下。

命令：EXTEND
当前设置：投影=UCS，边=无。
选择边界的边...
选择对象：选择延伸边界的对象。
选择要延伸的对象，或按住〈Shift〉键选择要修剪的对象，或[栏选(F)/窗交(C)/投影(P)/边(E)/放弃(U)]：选择要进行延伸的对象或选择一个选项。

命令行中各选项的含义如下。

➤ 栏选（F）：以栏选方式选择延伸图形。

➤ 窗交（C）：以窗交方式选择延伸图形。

➤ 投影（P）：选择相应投影方式延伸图形。

➤ 边（E）：选择隐含边延伸模式。

➤ 放弃（U）：放弃已延伸对象。

▶ 专家指点

通过以下 3 种方法，也可以调用"延伸"命令。

➤ 命令 1：在命令行中输入"EXTEND"（延伸）命令，并按〈Enter〉键确认。

➤ 命令 2：在命令行中输入"EX"（延伸）命令，并按〈Enter〉键确认。

➤ 菜单栏：显示菜单栏，选择"修改"|"延伸"命令。

执行以上任意一种方法，均可调用"延伸"命令。

6.4.2 新手练兵——拉长图形

"拉长"命令用于改变圆弧的角度，或改变非封闭图形的长度，包括直线、圆弧、非闭合多段线、椭圆弧和非封闭样条曲线。下面介绍拉长对象的操作方法。

素材文件	光盘\素材\第 6 章\电饭煲.dwg
效果文件	光盘\效果\第 6 章\电饭煲.dwg
视频文件	光盘\视频\第 6 章\6.4.2　新手练兵——拉长图形.mp4

步骤 01 单击"菜单浏览器"按钮，在弹出的菜单列表中选择"打开"|"图形"命令，打开素材图形，如图 6-52 所示。

步骤 02 在"功能区"选项板中的"默认"选项卡中，单击"修改"面板中间的下拉按钮，在展开的面板上单击"拉长"按钮，如图 6-53 所示。

图 6-52　打开素材图形

图 6-53　单击"拉长"按钮

步骤 03 根据命令行提示进行操作，输入"DE"（增量），按〈Enter〉键确认，输入长度"90"，按〈Enter〉键确认，在线段左侧单击鼠标左键，即可拉长图形对象，如图 6-54 所示。

步骤 04 在线段右侧单击鼠标左键，再次拉长图形对象，按〈Enter〉键确认，即可完成图形对象的拉伸，效果如图 6-55 所示。

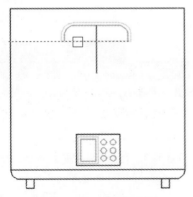

图 6-54　拉长图形对象

图 6-55　完成图形对象的拉伸

执行"拉长"命令后，命令行中提示如下。

　　命令：LENGTHEN
　　选择对象或 [增量(DE)/百分数(P)/全部(T)/动态(DY)]：选择对象或输入相应选项。
　　输入长度增量或 [角度(A)] <0.0000>：输入拉长增量值。
　　选择要修改的对象或 [放弃(U)]：选择需要拉长的对象。

执行"拉长"命令后，命令行中各选项的含义如下。

➢ 增量（DE）：用指定增量的方法改变对象的长度或角度。
➢ 百分数（P）：用指定占总长度百分比的方法改变圆弧或直线段的长度。
➢ 全部（T）：用指定新的总长度或总角度值的方法来改变对象的长度或角度。
➢ 动态（DY）：打开动态拖拉模式。在这种模式下，可以使用拖拉鼠标的方法改变对象的长度或角度。

▶ **专家指点**

　　通过以下 3 种方法也可以调用"拉长"命令。
➢ 命令 1：在命令行中输入"LENGTHEN"（拉长）命令，并按〈Enter〉键确认。
➢ 命令 2：在命令行中输入"LEN"（拉长）命令，并按〈Enter〉键确认。
➢ 菜单栏：显示菜单栏，选择"修改"|"拉长"命令。
　　执行以上任意一种方法，均可调用"拉长"命令。

6.4.3　新手练兵——拉伸图形

使用"拉伸"命令可以对选择的图形按规定的方向和角度拉伸或缩短，以改变图形的形状。下面介绍拉伸图形对象的操作方法。

素材文件	光盘\素材\第 6 章\U 盘.dwg
效果文件	光盘\效果\第 6 章\U 盘.dwg
视频文件	光盘\视频\第 6 章\6.4.3　新手练兵——拉伸图形.mp4

步骤 01 单击"菜单浏览器"按钮，在弹出的菜单列表中选择"打开"|"图形"命

令，打开素材图形，如图 6-56 所示。

步骤 **02** 单击"功能区"选项板中的"默认"选项卡，在"修改"面板上单击"拉伸"按钮，如图 6-57 所示。

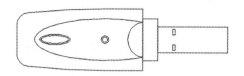

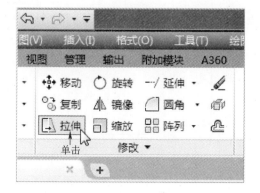

图 6-56 打开素材图形　　　　　　　图 6-57 单击"拉伸"按钮

▶ 专家指点

　　通过以下 3 种方法也可以调用"拉伸"命令。
➤ 命令 1：在命令行中输入"STRETCH"（拉伸）命令，并按〈Enter〉键确认。
➤ 命令 2：在命令行中输入"S"（拉伸）命令，并按〈Enter〉键确认。
➤ 菜单栏：显示菜单栏，选择"修改"|"拉伸"命令。
　　执行以上任意一种方法，均可调用"拉伸"命令。

步骤 **03** 根据命令行提示进行操作，选择要拉伸的对象，如图 6-58 所示，并按〈Enter〉键确认。

步骤 **04** 在绘图区的任意位置上单击鼠标左键，确定基点，向左引导光标，输入"15"，按〈Enter〉键确认，即可拉伸图形对象，效果如图 6-59 所示。

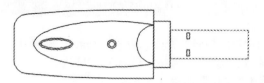

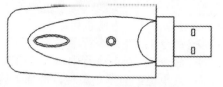

图 6-58 选择要拉伸的对象　　　　　　　图 6-59 拉伸图形对象

执行"拉伸"命令后，命令行中的提示如下。

　　命令：STRETCH
　　以交叉窗口或交叉多边形选择要拉伸的对象...：提示以交叉窗选，或以多边形选择方式选择拉伸对象。
　　选择对象：以交叉窗选的方式选择对象。
　　指定基点或 [位移(D)] <位移>：指定进行拉伸操作的基点或位移。
　　指定第二个点或 <使用第一个点作为位移>：指定拉伸的距离。

6.4.4 新手练兵——修剪图形

"修剪"命令主要用于修剪直线、圆、圆弧以及多段线等图形对象穿过修剪边的部分。

素材文件	光盘\素材\第6章\门剖面图.dwg
效果文件	光盘\效果\第6章\门剖面图.dwg
视频文件	光盘\视频\第6章\6.4.4 新手练兵——修剪图形.mp4

步骤 01 单击"菜单浏览器"按钮，在弹出的菜单列表中选择"打开"|"图形"命令，打开素材图形，如图6-60所示。

步骤 02 单击"功能区"选项板中的"默认"选项卡，在"修改"面板上单击"修剪"按钮✂，如图6-61所示。

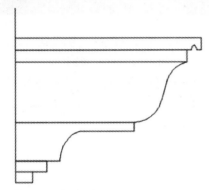

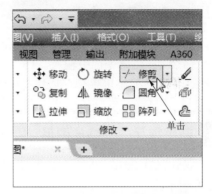

图6-60 打开素材图形   图6-61 单击"修剪"按钮

步骤 03 根据命令行提示进行操作，选择相应的图形为修剪对象，如图6-62所示，按〈Enter〉键确认。

步骤 04 根据命令行提示，选择需要修剪的对象，按〈Enter〉键确认，即可快速修剪图形对象，如图6-63所示。

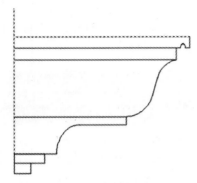

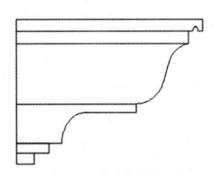

图6-62 选择修剪对象   图6-63 快速修剪图形对象

执行"修剪"命令后，命令行中的提示如下。

命令：TRIM
当前设置：投影=UCS，边=无。
选择剪切边…

选择对象：选择修剪的边界对象。

选择要修剪的对象，或按住〈Shift〉键选择要延伸的对象，或[栏选(F)/窗交(C)/投影(P)/边(E)/删除(R)/放弃(U)]：选择要进行修剪的对象或选择一个选项。

命令行中各选项的含义如下。

➢ 栏选（F）：指定相应栏选点，栏选需要修剪的图形。

➢ 窗交（C）：利用窗交选择方法选择需要修剪的图形。

➢ 投影（P）：输入相应投影选项，以进行不同的修剪。

➢ 边（E）：输入相应隐含边的延伸模式。

➢ 删除（R）：选择要删除的图形，在进行修剪的过程中删除对象。

➢ 放弃（U）：恢复在命令中执行的上一步操作。

▶ **专家指点**

通过以下3种方法也可以调用"修剪"命令：

➢ 命令1：在命令行中输入"TRIM"（修剪）命令，并按〈Enter〉键确认。

➢ 命令2：在命令行中输入"TR"（修剪）命令，并按〈Enter〉键确认。

➢ 菜单栏：显示菜单栏，选择"修改"|"修剪"命令。

执行以上任意一种方法，均可调用"修剪"命令。

6.4.5 新手练兵——缩放图形

在 AutoCAD 2016 中，使用"缩放"命令可以将指定对象按照指定的比例相对于基点放大或者缩小。

素材文件	光盘\素材\第 6 章\灯具.dwg
效果文件	光盘\效果\第 6 章\灯具.dwg
视频文件	光盘\视频\第 6 章\6.4.5 新手练兵——缩放图形.mp4

步骤 01 单击"菜单浏览器"按钮，在弹出的菜单列表中选择"打开"|"图形"命令，打开素材图形，如图 6-64 所示。

步骤 02 单击"功能区"选项板中的"默认"选项卡，在"修改"面板上单击"缩放"按钮 ，如图 6-65 所示。

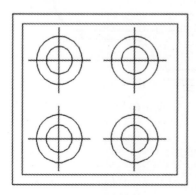

图 6-64　打开素材图形

图 6-65　单击"缩放"按钮

步骤 **03** 根据命令行提示进行操作，选择需要缩放的对象，如图 6-66 所示，按〈Enter〉键确认。

步骤 **04** 在图形圆心点上，单击鼠标左键，确定基点，在命令行中输入"0.5"，按〈Enter〉键确认，即可缩放图形对象，如图 6-67 所示。

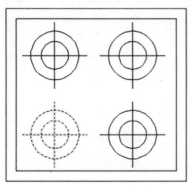

图 6-66　选择需要缩放的对象

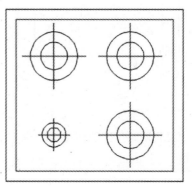

图 6-67　缩放图形对象

执行"缩放"命令后，命令行中提示如下。

命令：SCALE
选择对象：选择需要缩放的对象，按〈Enter〉键确认。
指定基点：指定缩放图形的基点。
指定比例因子或 [复制(C)/参照(R)]：指定缩放比例因子。

执行"缩放"命令后，命令行中各选项的含义如下。

➢ 复制（C）：选择该选项，原始图形将不被删除。

➢ 参照（R）：选择该选项，对象将按参照的方式进行缩放，需要用户依次输入参照的长度值和新的长度值，AutoCAD 将根据参照长度值与新长度值自动计算比例因子，进行缩放。

▶ **专家指点**

缩放图形对象时，还可以使用"参照（R）"选项来指定缩放比例，这种方法多用于不清楚缩放比例，但清楚原图形对象以及目标对象的尺寸的情况。

6.4.6 新手练兵——旋转图形

在 AutoCAD 2016 中，旋转图形对象是指将图形对象围绕某个基点，按照指定的角度进行旋转操作。

素材文件	光盘\素材\第 6 章\射灯.dwg
效果文件	光盘\效果\第 6 章\射灯.dwg
视频文件	光盘\视频\第 6 章\6.4.6　新手练兵——旋转图形.mp4

步骤 **01** 单击"菜单浏览器"按钮，在弹出的菜单列表中选择"打开"|"图形"命令，打开素材图形，如图 6-68 所示。

步骤 **02** 单击"功能区"选项板中的"默认"选项卡，在"修改"面板上单击"旋转"按钮○，如图 6-69 所示。

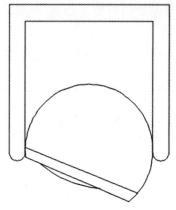

图 6-68 打开素材图形　　　　　　　图 6-69 单击"旋转"按钮

　　步骤 03 根据命令行提示进行操作，选择需要旋转的图形对象，如图 6-70 所示，按
〈Enter〉键确认。

　　步骤 04 在图形对象上单击鼠标左键，确定基点，输入"90"，按〈Enter〉键确认，
即可旋转图形对象，效果如图 6-71 所示。

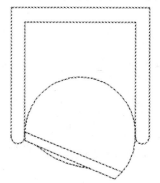

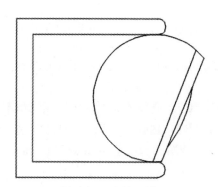

图 6-70 选择需要旋转的图形对象　　　　　图 6-71 旋转图形对象

执行"旋转"命令后，命令行中的提示如下。

　　命令：ROTATE
　　选择对象：选择需要旋转的对象。
　　指定基点：指定旋转的基点。
　　指定旋转角度，或 [复制(C)/参照(R)] <0>：指定旋转角度。

命令行中各选项的含义如下。

➢ 复制（C）：创建旋转对象的副本。
➢ 参照（R）：将对象从指定的角度旋转到新的绝对角度。

▶ 专家指点

　　通过以下 3 种方法也可以调用"旋转"命令。
　　➢ 命令 1：在命令行中输入"ROTATE"（旋转）命令，并按〈Enter〉键确认。
　　➢ 命令 2：在命令行中输入"RO"（旋转）命令，并按〈Enter〉键确认。
　　➢ 菜单栏：显示菜单栏，选择"修改"|"旋转"命令。
　　执行以上任意一种方法，均可调用"旋转"命令。

6.4.7 新手练兵——对齐图形

在 AutoCAD 2016 中，用户可根据需要对齐图形对象。

素材文件	光盘\素材\第 6 章\管类零件.dwg
效果文件	光盘\效果\第 6 章\管类零件.dwg
视频文件	光盘\视频\第 6 章\6.4.7　新手练兵——对齐图形.mp4

步骤 01 单击"菜单浏览器"按钮，在弹出的菜单列表中选择"打开"|"图形"命令，打开素材图形，如图 6-72 所示。

步骤 02 单击"功能区"选项板中的"默认"选项卡，在"修改"面板上单击中间的下拉按钮，在展开的面板上单击"对齐"按钮，如图 6-73 所示。

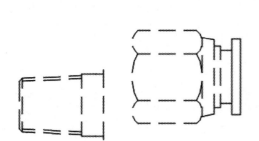

图 6-72　打开素材图形

图 6-73　单击"对齐"按钮

步骤 03 根据命令行提示进行操作，选择需要对齐的图形对象，如图 6-74 所示，按〈Enter〉键确认。

步骤 04 在左侧图形的中点上，单击鼠标左键，如图 6-75 所示，确定第一源点。

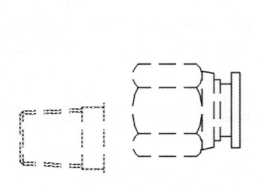

图 6-74　选择需要对齐的图形对象

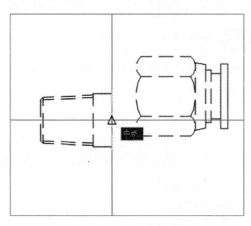

图 6-75　确定第一源点

步骤 05 在右侧图形的象限点上，单击鼠标左键，如图 6-76 所示，确定目标点。

步骤 06 执行操作后，按〈Enter〉键确认，即可对齐图形对象，效果如图 6-77 所示。

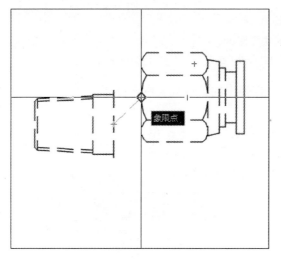
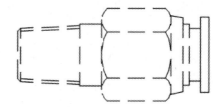

图 6-76 确定目标点　　　　　　　　　　　图 6-77 对齐图形对象

执行"对齐"命令后，命令行中的提示如下。

　　命令：ALIGN
　　选择对象：选择需要对齐的图形对象。
　　指定第一个源点：指定对齐的源点。
　　指定第一个目标点：指定对齐的目标点。

▶ **专家指点**

通过以下两种方法也可以调用"对齐"命令。
  ➢ 命令：在命令行中输入"ALIGN"（对齐）命令，并按〈Enter〉键确认。
  ➢ 菜单栏：显示菜单栏，选择"修改"|"对齐"命令。
执行以上任意一种方法，均可调用"对齐"命令。

6.4.8 **新手练兵——分解图形**

分解图形是指将多线段分解成一系列组成该多线段的直线与圆弧，将图块分解成组成该图块的各对象，将一个尺寸标注分解成线段、箭头和尺寸文字，将填充图案分解成组成该图案的各对象等。

素材文件	光盘\素材\第 6 章\沙发平面图.dwg
效果文件	光盘\效果\第 6 章\沙发平面图.dwg
视频文件	光盘\视频\第 6 章\6.4.8　新手练兵——分解图形.mp4

步骤 01 单击"菜单浏览器"按钮，在弹出的菜单列表中选择"打开"|"图形"命令，打开素材图形，如图 6-78 所示。

步骤 02 单击"功能区"选项板中的"默认"选项卡，在"修改"面板上单击"分解”按钮，如图6-79所示。

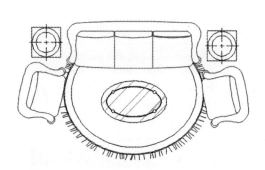

图6-78 打开素材图形

图6-79 单击"分解"按钮

步骤 03 根据命令行提示进行操作，选择需要分解的图形对象，如图6-80所示，按〈Enter〉键确认。

步骤 04 执行操作后，即可分解图形对象，效果如图6-81所示。

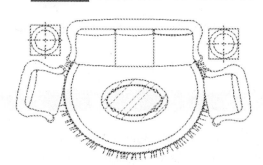

图6-80 选择需要分解的图形对象

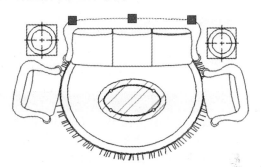

图6-81 分解图形对象

▶ 专家指点

通过以下3种方法也可以调用"分解"命令。

➤ 命令1：在命令行中输入"EXPLODE"（分解）命令，并按〈Enter〉键确认。

➤ 命令2：在命令行中输入"EX"（分解）命令，并按〈Enter〉键确认。

➤ 菜单栏：显示菜单栏，选择"修改"|"分解"命令。

执行以上任意一种方法，均可调用"分解"命令。

6.4.9 新手练兵——删除图形

在AutoCAD 2016中，删除图形是一个常用的操作，当不需要使用某个图形时，可将其删除。

素材文件	光盘\素材\第6章\盘类零件.dwg
效果文件	光盘\效果\第6章\盘类零件.dwg
视频文件	光盘\视频\第6章\6.4.9 新手练兵——删除图形.mp4

步骤 01 单击"菜单浏览器"按钮，在弹出的菜单列表中选择"打开"|"图形"命

令，打开素材图形，如图 6-82 所示。

步骤 02 单击"功能区"选项板中的"默认"选项卡，在"修改"面板上单击"删除"按钮，如图 6-83 所示。

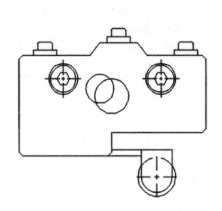

图 6-82　打开素材图形　　　　　　　图 6-83　单击"删除"按钮

步骤 03 根据命令行提示进行操作，选择圆形为删除对象，如图 6-84 所示，按〈Enter〉键确认。

步骤 04 执行操作后，即可删除图形对象，效果如图 6-85 所示。

▶ 专家指点

通过以下 3 种方法也可以调用"删除"命令：

➢ 命令 1：在命令行中输入"ERASE"（删除）命令，并按〈Enter〉键确认。

➢ 命令 2：在命令行中输入"E"（删除）命令，并按〈Enter〉键确认。

➢ 菜单栏：显示菜单栏，选择"修改"|"删除"命令。

执行以上任意一种方法，均可调用"删除"命令。

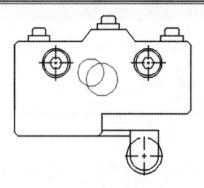

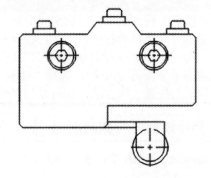

图 6-84　选择删除对象　　　　　　　图 6-85　删除图形对象

6.4.10　新手练兵——合并图形

在 AutoCAD 2016 中，合并图形是将某一连续图形上的两个部分进行连接，如将某段圆弧闭合为一个整圆。

素材文件	光盘\素材\第 6 章\卡座.dwg
效果文件	光盘\效果\第 6 章\卡座.dwg
视频文件	光盘\视频\第 6 章\6.4.10　新手练兵——合并图形.mp4

步骤 **01**　单击"菜单浏览器"按钮，在弹出的菜单列表中选择"打开"|"图形"命令，打开素材图形，如图 6-86 所示。

步骤 **02**　单击"功能区"选项板中的"默认"选项卡，在"修改"面板上单击中间的下拉按钮，在展开的面板上单击"合并"按钮 ，如图 6-87 所示。

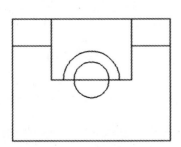

图 6-86　打开素材图形　　　　　　　图 6-87　单击"合并"按钮

步骤 **03**　根据命令行提示进行操作，选择被打断的圆弧为合并对象，如图 6-88 所示，按〈Enter〉键确认。

步骤 **04**　在命令行中输入"L"（闭合）命令，按〈Enter〉键确认，即可合并图形对象，效果如图 6-89 所示。

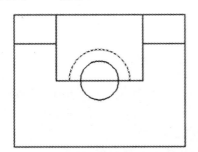

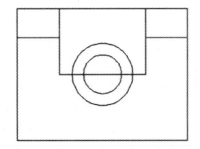

图 6-88　选择被打断的圆弧为合并对象　　　　图 6-89　合并图形对象

执行"合并"命令后，命令行中的提示如下。

命令：JOIN
选择源对象或要一次合并的多个对象：选择一个对象。
选择要合并的对象：选择另一个对象。

▶ 专家指点

通过以下两种方法也可以调用"合并"命令：

➢ 命令：在命令行中输入"JOIN"（合并）命令，并按〈Enter〉键确认。

> ➤ 菜单栏：显示菜单栏，选择"修改"|"合并"命令。
>
> 执行以上任意一种方法，均可调用"合并"命令。

6.4.11 新手练兵——倒角图形

在 AutoCAD 2016 中，倒角是指在两段非平行的线状图形间绘制一个斜角，斜角大小由"倒角"命令所指定的倒角距离确定。

素材文件	光盘\素材\第 6 章\墩座.dwg	
效果文件	光盘\效果\第 6 章\墩座.dwg	
视频文件	光盘\视频\第 6 章\6.4.11 新手练兵——倒角图形.mp4	

步骤 **01** 单击"菜单浏览器"按钮，在弹出的菜单列表中选择"打开"|"图形"命令，打开素材图形，如图 6-90 所示。

步骤 **02** 单击"功能区"选项板中的"默认"选项卡，在"修改"面板上单击"倒角"按钮，如图 6-91 所示。

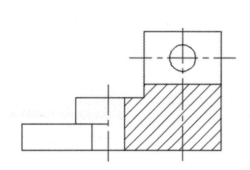

图 6-90 打开素材图形

图 6-91 单击"倒角"按钮

步骤 **03** 根据命令行提示进行操作，输入"D"（距离），按〈Enter〉键确认，指定第一个倒角距离和第二个倒角距离均为"4"，依次选择上方的水平直线与左侧的竖直直线为倒角对象，即可对图形对象进行倒角，效果如图 6-92 所示。

步骤 **04** 用同样的方法，对右上角进行倒角，效果如图 6-93 所示。

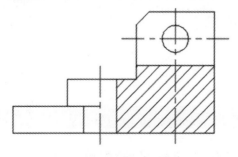

图 6-92 对图形对象进行倒角

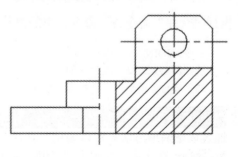

图 6-93 对右上角进行倒角

执行"倒角"命令后，命令行中的提示如下。

> 命令：CHAMFER
> （"修剪"模式）当前倒角距离 1 = 0.0000，距离 2=0.0000
> 选择第一条直线或 [放弃(U)/多段线(P)/距离(D)/角度(A)/修剪(T)/方式(E)/多(M)]：选择 D 选项，以指定倒角距离。
> 指定第一个倒角距离 <0.0000>：指定第一个倒角距离。
> 指定第二个倒角距离 <25.0000>：指定第二个倒角距离。
> 选择第一条直线或 [放弃(U)/多段线(P)/距离(D)/角度(A)/修剪(T)/方式(E)/多个(M)]：选择需倒角图形的第一条边。
> 选择第二条直线，或按住〈Shift〉键选择直线以应用角点或 [距离(D)/角度(A)/方法(M)]：选择与之相邻的一条边。

命令行中各主要选项的含义如下。

➢ 多段线（P）：可以对整个二维多段线进行倒角。
➢ 距离（D）：设定倒角至选定边端点的距离。
➢ 角度（A）：用第一条线的倒角距离和倒角角度进行倒角。
➢ 修剪（T）：控制是否将选定的边修剪到倒角直线的端点。
➢ 方式（E）：控制是使用两个距离还是一个距离和一个角度来创建倒角。
➢ 多个（M）：可以为多组对象的边倒角。
➢ 距离（D）：设定倒角至选定边端点的距离。
➢ 角度（A）：设置是否在倒角对象后，仍然保留被倒角对象原有的距离。
➢ 方法（E）：在"距离"和"角度"两个选项之间选择一种方法。

▶ 专家指点

通过以下 3 种方法也可以调用"倒角"命令。
➢ 命令 1：在命令行中输入"CHAMFER"（倒角）命令，并按〈Enter〉键确认。
➢ 命令 2：在命令行中输入"CHA"（倒角）命令，并按〈Enter〉键确认。
➢ 菜单栏：显示菜单栏，选择"修改"|"倒角"命令。
执行以上任意一种方法，均可调用"倒角"命令。

6.4.12 新手练兵——圆角图形

在 AutoCAD 2016 中，"圆角"命令用于在两个对象或多段线之间形成圆角，圆角处理的图形对象可以相交，也可以不相交，还可以平行，圆角处理的图形对象可以是圆弧、圆、椭圆、直线、多段线、射线、样条曲线和构造线等。

素材文件	光盘\素材\第 6 章\垫片.dwg
效果文件	光盘\效果\第 6 章\垫片.dwg
视频文件	光盘\视频\第 6 章\6.1.12　新手练兵——圆角图形.mp4

步骤 01　单击"菜单浏览器"按钮，在弹出的菜单列表中选择"打开"|"图形"命令，打开素材图形，如图 6-94 所示。

步骤 02　单击"功能区"选项板中的"默认"选项卡，在"修改"面板上单击"倒角"按钮右侧的下拉按钮，在弹出的列表框中单击"圆角"按钮，如图 6-95 所示。

▶ 专家指点

通过以下 3 种方法也可以调用"圆角"命令。

➢ 命令 1: 在命令行中输入"FILLET"(圆角)命令,并按〈Enter〉键确认。

➢ 命令 2: 在命令行中输入"F"(圆角)命令,并按〈Enter〉键确认。

➢ 菜单栏: 显示菜单栏,选择"修改"|"圆角"命令。

执行以上任意一种方法,均可调用"圆角"命令。

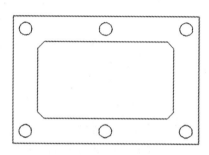

图 6-94 打开素材图形

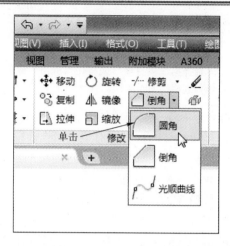

图 6-95 单击"圆角"按钮

步骤 03 根据命令行提示进行操作,输入"R"(半径),按〈Enter〉键确认,指定圆角半径为"10",按〈Enter〉键确认,输入 P (多段线),按〈Enter〉键确认,选择需要圆角的多段线,如图 6-96 所示

步骤 04 执行操作后,即可对多段线进行圆角,效果如图 6-97 所示。

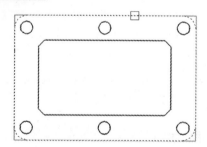

图 6-96 选择需要圆角的多段线

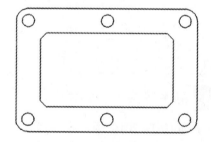

图 6-97 对多段线进行圆角操作

执行"圆角"命令后,命令行中的提示如下。

命令: FILLET

当前设置: 模式 = 修剪, 半径 = 0.0000。

选择第一个对象或 [放弃(U)/多段线(P)/半径(R)/修剪(T)/多个(M)]: 选择对象,或者选择相应选项。

指定圆角半径 <0.0000>: 指定圆角的半径。

选择第一个对象或 [放弃(U)/多段线(P)/半径(R)/修剪(T)/多个(M)]: 选择要倒圆角的第一个对象。

选择第二个对象,或按住〈Shift〉键选择对象以应用角点或 [半径(R)]: 选择要倒圆角的第二个对象。

提 高 篇
运用面域与图案填充

7

学习提示

在 AutoCAD 2016 中绘制图形时，可以把需要重复绘制的图形创建成面域，并根据需要为面域创建属性，在需要时直接插入这些面域，从而提高绘图效率。图案填充的应用也非常广泛。本章主要介绍创建面域和图案填充的操作方法。

本章案例导航

- 并集运算
- 差集运算
- 交集运算
- 提取数据
- 修剪图案填充
- 创建填充图案
- 运用孤岛填充
- 运用渐变色填充
- 设置图案填充比例
- 更改图案填充类型

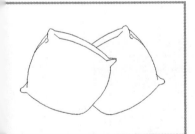

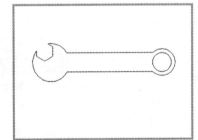

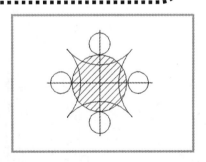

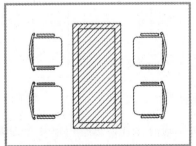

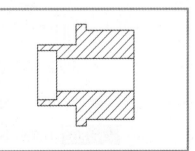

7.1 初识面域

在 AutoCAD 2016 中，可以将某些对象组成的封闭区域转换为面域，这些封闭区域可以是圆、椭圆和矩形等对象，也可以是由圆弧、直线、二维多段线、椭圆弧以及样条曲线等对象构成的封闭区域。

7.1.1 了解面域

在 AutoCAD 中，用户经常会用到面域命令，而创建面域之前，用户往往需要了解面域的基本信息。

面域指的是具有物理特性的二维封闭区域，它是一个面的对象，内部可以包含孔。从外观来看，面域和圆、多段线、多边形等图形都是封闭的，但它们有本质的区别，面域既包含了边的信息，也包含了面的信息，属于实体模型。

7.1.2 新手练兵——运用"面域"命令创建面域

运用"面域"命令创建面域时，将用面域创建的对象取代原来的对象，并删除原对象。如果要保留原对象，可以将系统变量设置为 0。

素材文件	光盘\素材\第 7 章\时钟.dwg
效果文件	光盘\效果\第 7 章\时钟.dwg
视频文件	光盘\视频\第 7 章\7.1.2 新手练兵——运用"面域"命令创建面域.mp4

步骤 01 单击"菜单浏览器"按钮，在弹出的菜单列表中选择"打开"|"图形"命令，打开素材图形，如图 7-1 所示。

步骤 02 在"功能区"选项板的"默认"选项卡中，单击"绘图"面板中间的下拉按钮，在展开的面板上单击"面域"按钮，如图 7-2 所示。

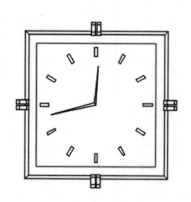

图 7-1 打开素材图形

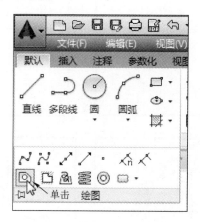

图 7-2 单击"面域"按钮

步骤 03 根据命令行提示进行操作，选择内侧矩形为编辑对象，如图 7-3 所示，按〈Enter〉键确认。

步骤 04 执行操作后，即可创建面域，如图 7-4 所示。

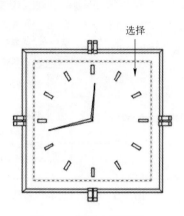
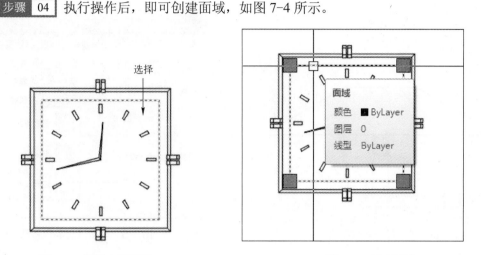

图 7-3 选择内侧矩形　　　　图 7-4 创建面域

执行"面域"命令后，命令行中的提示如下。

命令：REGION
选择对象：选择要创建面域的对象。

▶ **专家指点**

通过以下 3 种方法也可以调用"面域"命令。
➢ 命令 1：在命令行中输入"REGION"（面域）命令，并按〈Enter〉键确认。
➢ 命令 2：在命令行中输入"REG"（面域）命令，并按〈Enter〉键确认。
➢ 菜单栏：显示菜单栏，选择"绘图"|"面域"命令。
执行以上任意一种方法，均可调用"面域"命令。

7.1.3 新手练兵——运用"边界"命令创建面域

"边界"命令将分析由对象组成的"边界集"，用户可以选择用于定义面域的一个或多个闭合区域创建面域。

素材文件	光盘\素材\第 7 章\墙灯.dwg
效果文件	光盘\效果\第 7 章\墙灯.dwg
视频文件	光盘\视频\第 7 章\7.1.3　新手练兵——运用"边界"命令创建面域.mp4

步骤 01 单击"菜单浏览器"按钮，在弹出的菜单列表中选择"打开"|"图形"命令，打开素材图形，如图 7-5 所示。

步骤 02 在"功能区"选项板的"默认"选项卡中，单击"绘图"面板中"图案填充"右边的下拉按钮，在展开的面板上单击"边界"按钮，如图 7-6 所示。

步骤 03 弹出"边界创建"对话框，在"对象类型"列表框中选择"面域"选项，单击"拾取点"按钮，如图 7-7 所示。

步骤 04 根据命令行提示进行操作，选择需要进行编辑的图形对象，按〈Enter〉键确认，即可运用"边界"命令创建面域，效果如图 7-8 所示。

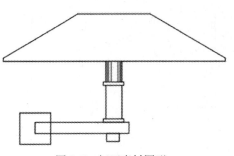

图 7-5　打开素材图形

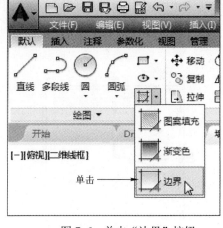

图 7-6　单击"边界"按钮

图 7-7　单击"拾取点"按钮

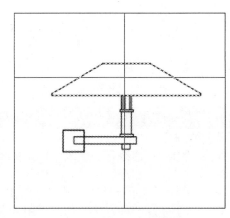

图 7-8　创建面域

执行"边界"命令后，命令行中的提示如下。

命令：BOUNDARY
拾取内部点: 正在选择所有对象...
正在分析所选数据...
正在分析内部孤岛...

> ▶ 专家指点
> 　　通过以下 3 种方法也可以调用"边界"命令。
> 　　➢ 命令 1：在命令行中输入"BOUNDARY"（边界）命令，并按〈Enter〉键确认。
> 　　➢ 命令 2：在命令行中输入"BO"（边界）命令，并按〈Enter〉键确认。
> 　　➢ 菜单栏：显示菜单栏，选择"绘图" | "边界"命令。
> 　　执行以上任意一种方法，均可调用"边界"命令。

7.2　运用布尔运算面域

　　布尔运算是数学上的一种逻辑运算，在 AutoCAD 2016 中绘制图形时，使用布尔运算可以提高绘图效率，尤其是在绘制比较复杂的图形时。布尔运算包括"并集""差集"及"交集" 3 种。本节主要介绍布尔运算面域的操作方法。

7.2.1 新手练兵——并集运算

创建面域的并集，此时需连续选择需要进行并集操作的面域对象，直到按〈Enter〉键确认，方可将选择的面域合并为一个图形并结束命令。

素材文件	光盘\素材\第 7 章\操作杆.dwg
效果文件	光盘\效果\第 7 章\操作杆.dwg
视频文件	光盘\视频\第 7 章\7.2.1 新手练兵——并集运算.mp4

步骤 01 单击"菜单浏览器"按钮，在弹出的菜单列表中选择"打开"|"图形"命令，打开素材图形，如图 7-9 所示。

步骤 02 在命令行中输入"UNION"（并集）命令，按〈Enter〉键确认，根据命令行提示进行操作，选择外侧的面域对象，如图 7-10 所示。

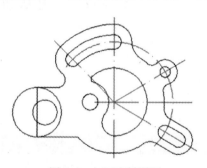

图 7-9 打开素材图形

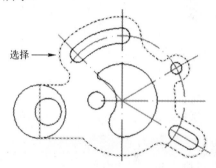

图 7-10 选择对象

▶ 专家指点

通过以下两种方法也可以调用"并集"命令。

➢ 命令：在命令行中输入"UNI"（并集）命令，并按〈Enter〉键确认。

➢ 菜单栏：显示菜单栏，选择"修改"|"实体编辑"|"并集"命令。

执行以上任意一种方法，均可调用"并集"命令。

步骤 03 选择最左侧的面域对象，如图 7-11 所示，按〈Enter〉键确认。

步骤 04 执行操作后，即可并集运算面域，效果如图 7-12 所示。

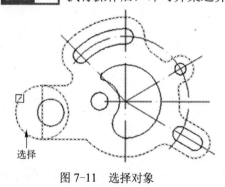

图 7-11 选择对象

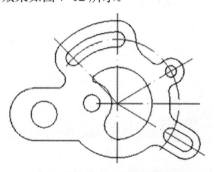

图 7-12 并集运算面域

执行"并集"命令后，命令行中的提示如下。

命令：UNION
选择对象：选择并集运算的面域对象。

7.2.2 新手练兵——差集运算

在 AutoCAD 2016 中，创建面域的差集是指使一个面域减去另一个面域。

素材文件	光盘\素材\第 7 章\轴键槽.dwg
效果文件	光盘\效果\第 7 章\轴键槽.dwg
视频文件	光盘\视频\第 7 章\7.2.2 新手练兵——差集运算.mp4

步骤 01 单击"菜单浏览器"按钮，在弹出的菜单列表中选择"打开"|"图形"命令，打开素材图形，如图 7-13 所示。

步骤 02 在命令行中输入"SUBTRACT"（差集）命令，按〈Enter〉键确认，根据命令行提示进行操作，选择圆为编辑对象，如图 7-14 所示，按〈Enter〉键确认。

执行"差集"命令后，命令行中的提示如下。

命令：SUBTRACT
选择要从中减去的实体、曲面和面域...
选择对象：选择差集运算的面域对象。

▶ 专家指点

通过以下两种方法也可以调用"差集"命令。
➢ 命令：在命令行中输入"SU"（差集）命令，并按〈Enter〉键确认。
➢ 菜单栏：显示菜单栏，选择"修改"|"实体编辑"|"差集"命令。
执行以上任意一种方法，均可调用"差集"命令。

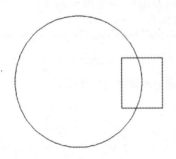
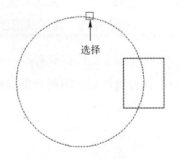

图 7-13　打开素材图形　　　　图 7-14　选择圆为编辑对象

步骤 03 选择矩形为编辑对象，如图 7-15 所示，按〈Enter〉键确认。
步骤 04 执行操作后，即可差集运算面域，效果如图 7-16 所示。

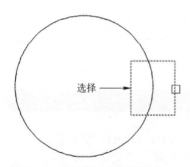

图 7-15 选择矩形为编辑对象

图 7-16 差集运算面域

7.2.3 新手练兵——交集运算

在 AutoCAD 2016 中，创建多个面域的交集是指各个面域的公共部分，同时选择两个或两个以上面域对象，然后按〈Enter〉键即可对面域进行交集计算。

素材文件	光盘\素材\第 7 章\机械零件.dwg
效果文件	光盘\效果\第 7 章\机械零件.dwg
视频文件	光盘\视频\第 7 章\7.2.3 新手练兵——交集运算.mp4

步骤 01 单击"菜单浏览器"按钮，在弹出的菜单列表中选择"打开"|"图形"命令，打开素材图形，如图 7-17 所示。

步骤 02 在命令提示行中输入"INTERSECT"（交集）命令，按〈Enter〉键确认，根据命令行提示进行操作，选择圆形为编辑对象，如图 7-18 所示。

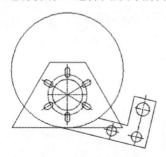

图 7-17 打开素材图形

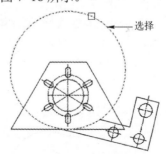

图 7-18 选择圆

步骤 03 选择梯形为编辑对象，如图 7-19 所示，按〈Enter〉键确认。

步骤 04 执行操作后，即可交集运算面域，效果如图 7-20 所示。

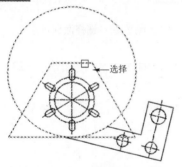

图 7-19 选择梯形

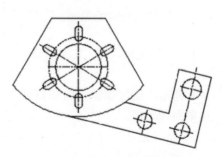

图 7-20 交集运算面域

执行"交集"命令后，命令行中的提示如下。

命令：INTERSECT
选择对象：选择交集运算的面域对象。

> ▶ **专家指点**
>
> 通过以下两种方法也可以调用"交集"命令。
> - ➤ 命令：在命令行中输入"IN"（交集）命令，并按〈Enter〉键确认。
> - ➤ 菜单栏：显示菜单栏，选择"修改"|"实体编辑"|"交集"命令。
> 执行以上任意一种方法，均可调用"交集"命令。

7.2.4 新手练兵——提取数据

从表面上看，面域和一般的封闭线框没有区别，就像是一张没有厚度的纸。实际上，面域就是二维实体模型，它不但包含边的信息，还包含边界内的信息。可以利用这些信息计算工程属性，如面积、材质、惯性等。

素材文件	光盘\素材\第 7 章\支撑轴.dwg
效果文件	光盘\效果\第 7 章\支撑轴.mpr
视频文件	光盘\视频\第 7 章\7.2.4 新手练兵——提取数据.mp4

步骤 01 单击"菜单浏览器"按钮，在弹出的菜单列表中选择"打开"|"图形"命令，打开素材图形，如图 7-21 所示。

步骤 02 在命令行中输入"MASSPROP"（面域/质量特性）命令，按〈Enter〉键确认，根据命令行提示进行操作，选择需要编辑的面域，如图 7-22 所示，按〈Enter〉键确认。

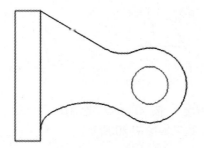

图 7-21　打开素材图形

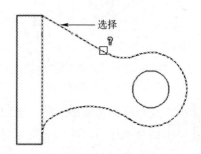

图 7-22　选择面域对象

步骤 03 弹出 AutoCAD 文本窗口，在窗口下方输入"Y"，如图 7-23 所示，按〈Enter〉键确认。

步骤 04 弹出"创建质量与面积特性文件"对话框，单击"保存"按钮，如图 7-24 所示，即可提取面域数据。

图 7-23　在窗口下方输入"Y"　　　　　　　图 7-24　提取面域数据

7.3　初识图案填充

在绘图过程中，经常需要将选定的某种图案填充到一个封闭的区域内，这就是图案填充，如机械绘图中的剖切面、建筑绘图中的地板图案等。使用图案填充可以表示不同的零件或者材料。例如，建筑绘图中常用不同的图案填充来表现建筑表面的装饰纹理和颜色。本节主要介绍创建图案填充的各种操作方法。

7.3.1　了解图案填充

图案填充对象用于显示某个区域或标识某种材质（例如钢或混凝土）的线和点组成的标准图案，它还可以显示实体填充或渐变填充。用户可以使用 HATCH（图案填充）命令创建图案填充，其中包括实体填充、渐变填充和填充图案。

执行"图案填充"命令后，在"功能区"选项板中将弹出"图案填充创建"选项卡，该选项卡中包括 6 个面板，分别为"边界""图案""特性""原点""选项"和"关闭"面板，如图 7-25 所示。各面板清晰地列出相应的功能按钮，让用户可以更加方便、快捷地进行操作。

图 7-25　"图案填充创建"选项卡

"图案填充创建"选项卡中，各面板的主要含义如下。

➤ "边界"面板：主要用于指定图案填充的边界，用户可以通过指定对象封闭区域中的点，或者封闭区域的对象等方法来确定填充边界，通常使用"拾取点"按钮和"选择边界对象"按钮进行选择。

- ➤ "图案"面板：在该面板中单击"图案填充图案"中间的下拉按钮，在弹出的下拉列表框中，可以选择合适的填充图案类型。
- ➤ "特性"面板：在该面板中包含了图案填充的各个特性，包括图案填充的类型、透明度、角度和比例等，用户可以根据填充需要设置相应的参数。
- ➤ "原点"面板：在默认情况下，填充图案始终相互对齐，但有时用户可能需要移动图案填充的原点，这时需要单击该面板上的"设定原点"按钮，在绘图区中拾取新的原点，以重新定义原点位置。
- ➤ "选项"面板：默认情况下，有边界的图案填充是关联的，即图案填充对象与图案填充边界对象相关联，对边界对象的更改将自动应用于图案填充。
- ➤ "关闭"面板：在完成所有相应操作后，单击"关闭"面板上的"关闭图案填充创建"按钮，即可关闭该选项卡，完成图案填充操作。

7.3.2 选择图案类型

在 AutoCAD 2016 中，为了满足各行各业的需要，设置了许多填充图案，默认情况下填充的图案是 ANGLE 图案，用户还可以自定义选取其他填充图案。

在"功能区"选项板的"默认"选项卡中，单击"绘图"面板中的"图案填充"按钮，如图 7-26 所示。

弹出"图案填充创建"选项卡，单击"图案填充图案"下方的下拉按钮，在弹出的列表框中选择"ANSI31"选项，如图 7-27 所示，单击鼠标左键，即可选择图案类型。

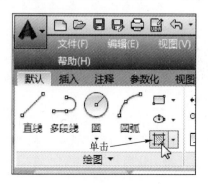

图 7-26 单击"图案填充"按钮

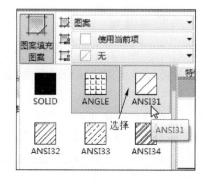

图 7-27 选择"ANSI31"选项

7.3.3 新手练兵——创建填充图案

在 AutoCAD 2016 中，填充边界的内部区域即为填充区域。填充区域可以通过拾取封闭区域中的一点或拾取封闭对象两种方法来指定。下面介绍填充图案的操作方法。

	素材文件	光盘\素材\第 7 章\组合柜.dwg
	效果文件	光盘\效果\第 7 章\组合柜.dwg
	视频文件	光盘\视频\第 7 章\7.3.3 新手练兵——创建填充图案.mp4

步骤 01 单击"菜单浏览器"按钮，在弹出的菜单列表中选择"打开"|"图形"命令，打开素材图形，如图 7-28 所示。

步骤 02 单击"功能区"选项板中的"默认"选项卡，在"绘图"面板上单击"图案填充"按钮，如图 7-29 所示。

执行"图案填充"命令后，命令行中的提示如下。

> 命令：HATCH
> 拾取内部点或 [选择对象(S)/放弃(U)/设置(T)]：选择需要填充的区域，或者选择选项。

命令行中各选项的含义如下。

➤ 选择对象（S）：选择填充的对象。

➤ 放弃（U）：放弃填充对象。

➤ 设置（T）：选择该选项后，将弹出"图案填充和渐变色"对话框。在"图案填充"选项卡中，可以对图案填充的选项进行相应设置，其功能如同"图案填充创建"选项卡。

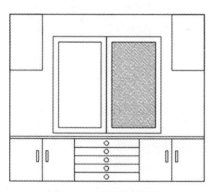

图 7-28　打开素材图形

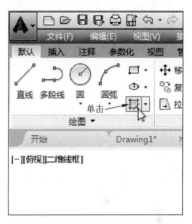

图 7-29　单击"图案填充"按钮

步骤 03 弹出"图案填充创建"选项卡，单击"图案填充图案"下方的下拉按钮，在弹出的下拉列表框中选择"ANSI31"选项，如图 7-30 所示。

步骤 04 执行操作后，在绘图区拾取需要填充的区域，设置填充比例为"20"，按〈Enter〉键确认，即可为图形填充图案，效果如图 7-31 所示。

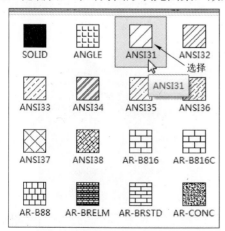

图 7-30　选择"ANSI31"选项

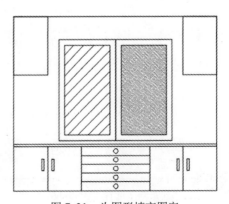

图 7-31　为图形填充图案

7.3.4 新手练兵——运用孤岛填充

在 AutoCAD 2016 中进行图案填充时，通常将位于一个已定义好的填充区域内的封闭区域称为孤岛。下面介绍使用孤岛填充图形的操作方法。

素材文件	光盘\素材\第 7 章\棘轮.dwg	
效果文件	光盘\效果\第 7 章\棘轮.dwg	
视频文件	光盘\视频\第 7 章\7.3.4 新手练兵——运用孤岛填充.mp4	

步骤 **01** 单击"菜单浏览器"按钮，在弹出的菜单列表中选择"打开"|"图形"命令，打开素材图形，如图 7-32 所示。

步骤 **02** 单击"功能区"选项板中的"默认"选项卡，在"绘图"面板上单击"图案填充"按钮，弹出"图案填充创建"选项卡，单击"选项"面板的下拉按钮，在展开的面板上单击"外部孤岛检测"按钮，如图 7-33 所示。

图 7-32 打开素材图形

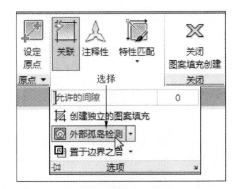

图 7-33 单击"外部孤岛检测"按钮

步骤 **03** 单击"图案"面板中的"图案填充图案"下拉按钮，选择"ANSI37"选项，如图 7-34 所示。

步骤 **04** 选择需要填充图案的图形对象，按〈Enter〉键确认，即可运用孤岛填充图案，效果如图 7-35 所示。

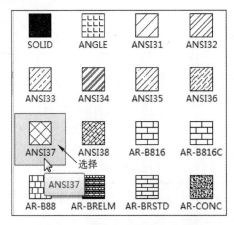

图 7-34 选择"ANSI37"选项

图 7-35 运用孤岛填充图案

通过以下两种方法也可以调用"图案填充"命令。

➤ 命令：在命令行中输入"BHATCH"（图案填充）命令，按〈Enter〉键确认。

➤ 菜单栏：选择"绘图"|"图案填充"命令。

执行以上任意一种方法，均可调用"图案填充"命令。

7.3.5 新手练兵——运用渐变色填充

在"图案填充和渐变色"对话框的"渐变色"选项卡中，用户可以创建单色或双色渐变色，并对图案进行填充。

素材文件	光盘\素材\第 7 章\壁灯.dwg
效果文件	光盘\效果\第 7 章\壁灯.dwg
视频文件	光盘\视频\第 7 章\7.3.5　新手练兵——运用渐变色填充.mp4

步骤 01 单击"菜单浏览器"按钮，在弹出的菜单列表中选择"打开"|"图形"命令，打开素材图形，如图 7-36 所示。

步骤 02 在"功能区"选项板的"默认"选项卡中，单击"绘图"面板中"图案填充"右侧的下拉按钮，在弹出的列表框中单击"渐变色"按钮，如图 7-37 所示。

图 7-36　打开素材图形

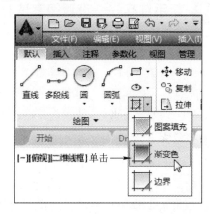

图 7-37　单击"渐变色"按钮

步骤 03 弹出"图案填充创建"选项卡，在"特性"面板中，设置"渐变色 1"为"蓝"、"渐变色 2"为"黄"，如图 7-38 所示。

步骤 04 根据命令行提示进行操作，引导光标至合适位置，单击鼠标左键，并按〈Enter〉键确认，即可完成渐变色填充操作，如图 7-39 所示。

执行"渐变色"命令后，命令行中提示如下。

命令：GRADIENT
拾取内部点或 [选择对象(S)/放弃(U)/设置(T)]：选择需要渐变色填充的区域，或者选择选项。

命令行中各选项的含义如下：

➤ 选择对象（S）：选择渐变色填充的对象。

➤ 放弃（U）：放弃渐变色填充对象。

➤ 设置（T）：选择该选项后，将弹出"图案填充和渐变色"对话框。

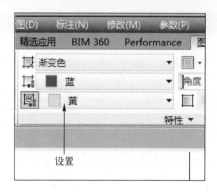

运用渐变色
填充图案

设置

图 7-38　设置渐变色　　　　　　图 7-39　运用渐变色填充图案

7.4　设置图案特性

在 AutoCAD 2016 中，为图形填充图案后，如果对填充效果不满意，还可以通过图案填充编辑命令对其进行编辑。编辑内容包括图案比例、图案样例、图案角度和分解图案等。

7.4.1 新手练兵——设置图案填充比例

在 AutoCAD 2016 中，用户可根据需要设置图案的比例大小。

素材文件	光盘\素材\第 7 章\阀盖剖视图.dwg
效果文件	光盘\效果\第 7 章\阀盖剖视图.dwg
视频文件	光盘\视频\第 7 章\7.4.1　新手练兵——设置图案填充比例.mp4

步骤　01　单击"菜单浏览器"按钮，在弹出的菜单列表中选择"打开"|"图形"命令，打开素材图形，如图 7-40 所示。

步骤　02　在"功能区"选项板的"默认"选项卡中，单击"修改"面板中的下拉按钮，在展开的面板中，单击"编辑图案填充"按钮，如图 7-41 所示。

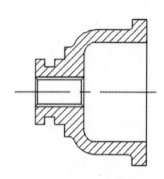

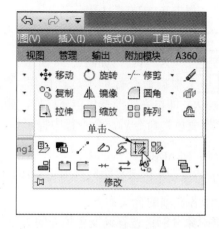

图 7-40　打开素材图形　　　　　　图 7-41　单击"编辑图案填充"按钮

执行"编辑图案填充"命令后，命令行中的提示如下。

命令：HATCHEDIT
选择图案填充对象：选择需要编辑的图案填充对象。

步骤 **03** 根据命令行提示进行操作，在绘图区中相应位置单击鼠标左键，弹出"图案填充编辑"对话框，在"角度和比例"选项区的"比例"数值框中输入"0.5"，如图 7-42 所示，单击"确定"按钮。

步骤 **04** 执行操作后，即可设置图案填充比例，效果如图 7-43 所示。

图 7-42　设置选项

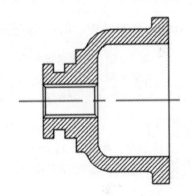

图 7-43　设置图案填充比例

在"图案填充编辑"对话框中，各主要选项的含义如下。

➢ "类型"下拉列表框：用于设置填充的图案类型，包括"预定义""用户定义"和"自定义"3 个选项。

➢ "图案"下拉列表框：用于设置填充的图案，当在"类型"下拉列表框中选择"预定义"选项时该选项可用。在该下拉列表框中，可以根据图案名称选择图案，也可以单击其后的 按钮，在打开的"填充图案选项板"对话框中进行选择。

➢ "样例"预览窗口：用于显示当前选中的图案样例，单击所选的样例图案，也可打开"填充图案选项板"对话框选择图案。

➢ "自定义图案"下拉列表框：用于选择自定义图案，在"类型"下拉列表框中选择"自定义"选项时该选项可用。

➢ "角度"下拉列表框：用于设置填充图案的旋转角度，每种图案在定义时旋转的角度都为零，可以根据需要对其进行重新设置。

➢ "比例"下拉列表框：用于设置图案填充时的比例值，每种图案在定义时的初始比例为1，可以根据需要放大或缩小。

➢ "双向"复选框：当在"图案填充"选项卡的"类型"下拉列表框中选择"用户定义"选项时，勾选该复选框，可以使用相互垂直的两组平行线填充图形；否则为一组平行线。

- ➢ "相对图纸空间"复选框：用于设置比例因子是否为相对于图纸空间的比例。
- ➢ "间距"文本框：用于设置填充线之间的距离，当在"类型"下拉列表框中选择 "用户定义"选项时，该选项才可用。
- ➢ "ISO 笔宽"下拉列表框：用于设置笔的图案，当填充图案采用 ISO 图案时，该选 项才可用。
- ➢ "使用当前原点"单选按钮：使用当前 UCS 的原点（0，0）作为图案填充原点。
- ➢ "指定的原点"单选按钮：将指定点作为图案填充原点。
- ➢ "添加：拾取点"按钮[⊞]：以拾取点的形式来指定填充区域的边界。
- ➢ "添加：选择对象"按钮[➡]：单击该按钮将切换到绘图区，可以通过选择对象的方 式来定义填充区域的边界。

7.4.2 新手练兵——更改图案填充类型

在 AutoCAD 2016 中，用户可根据需要设置图案样例。

	素材文件	光盘\素材\第 7 章\客房.dwg
	效果文件	光盘\效果\第 7 章\客房.dwg
	视频文件	光盘\视频\第 7 章\7.4.2 新手练兵——更改图案填充类型.mp4

步骤 **01** 单击"菜单浏览器"按钮，在弹出的菜单列表中选择"打开"|"图形"命
令，打开素材图形，如图 7-44 所示。

步骤 **02** 在需要编辑的图形区域上单击鼠标左键，如图 7-45 所示。

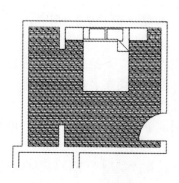

图 7-44　打开素材图形

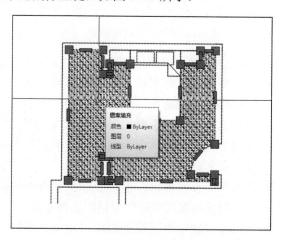

图 7-45　选择需要编辑的区域

步骤 **03** 弹出"图案填充编辑器"选项卡，单击"图案填充图案"的下拉按钮，选择
"DOLMIT"选项，如图 7-46 所示。

步骤 **04** 执行操作后，按〈Esc〉键退出，即可更改图案填充类型，效果如图 7-47
所示。

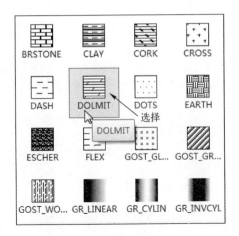

图 7-46 选择 DOLMIT 选项

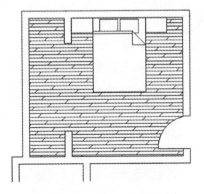

图 7-47 更改图案填充类型

执行"编辑图案填充"命令后，命令行中提示如下。

> 命令：HATCHEDIT
> 输入图案填充选项 [解除关联(DI)/样式(S)/特性(P)/绘图次序(DR)/添加边界(AD)/删除边界(R)/重新创建边界(B)/关联(AS)/独立的图案填充(H)/原点(O)/注释性(AN)/图案填充颜色(CO)/图层(LA)/透明度(T)] <特性>：选择相应选项。
> 输入图案名称或 [?/实体(S)/用户定义(U)/渐变色(G)] <CORK>：输入填充图案名称或输入选项。
> 指定图案缩放比例 <15.0000>：指定填充图案比例。
> 指定图案角度 <0>：指定填充图案角度。

命令行中各主要选项的含义如下。

➢ 样式（S）：设置填充样式。

➢ 特性（P）：输入图案名称。

➢ 绘图次序（DR）：输入绘图次序。

➢ 添加边界（AD）：可以根据构成封闭区域的选定对象确定边界。

➢ 删除边界（R）：可以从边界定义中删除之前添加的任何对象。

➢ 重新创建边界（B）：可以围绕选定的图案填充或填充对象创建多段线或面域，并使其与图案填充对象相关联。

➢ 原点（O）：设置原点。

➢ 注释性（AN）：使图案填充为注释性的。

➢ 图案填充颜色（CO）：设置图案填充的颜色。

➢ 图层（LA）：指定填充放置图层。

➢ 透明度（T）：指定透明度。

7.4.3 新手练兵——更改图案填充角度

在 AutoCAD 2016 中，用户可根据需要设置图案角度。

素材文件	光盘\素材\第 7 章\地毯.dwg	
效果文件	光盘\效果\第 7 章\地毯.dwg	
视频文件	光盘\视频\第 7 章\7.4.3 新手练兵——更改图案填充角度.mp4	

步骤 **01** 单击"菜单浏览器"按钮，在弹出的菜单列表中选择"打开"|"图形"命令，打开素材图形，如图 7-48 所示。

步骤 **02** 在绘图区中需要编辑的图形区域上单击鼠标左键，弹出"图案填充编辑器"选项卡，在"角度"文本框中输入"90"，单击"关闭"面板中的"关闭图案填充编辑器"按钮，即可更改图案填充角度，如图 7-49 所示。

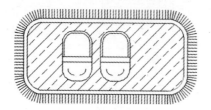
图 7-48 打开素材图形

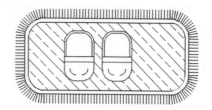
图 7-49 更改图案填充角度

▶ **专家指点**

用户在设置填充角度时，可以直接在"角度"文本框中单击鼠标左键的同时，向左或右拖曳鼠标，调整角度的参数值。

7.4.4 新手练兵——修剪图案填充

在 AutoCAD 2016 中，通过"修剪"命令可以像修剪其他对象一样对填充图案进行修剪。

素材文件	光盘\素材\第 7 章\餐桌.dwg
效果文件	光盘\效果\第 7 章\餐桌.dwg
视频文件	光盘\视频\第 7 章\7.4.4 新手练兵——修剪图案填充.mp4

步骤 **01** 单击"菜单浏览器"按钮，在弹出的菜单列表中选择"打开"|"图形"命令，打开素材图形，如图 7-50 所示。

步骤 **02** 单击"功能区"选项板中的"默认"选项卡，在"修改"面板上单击"修剪"按钮，如图 7-51 所示。

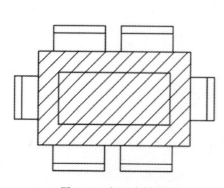
图 7-50 打开素材图形

图 7-51 单击"修剪"按钮

步骤 **03** 根据命令行提示进行操作，选择需要修剪的图形对象，如图 7-52 所示，按〈Enter〉键确认。

步骤 **04** 单击矩形内的填充图案，按〈Enter〉键确认，即可修剪图案填充，效果如图 7-53 所示。

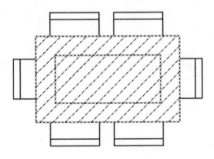
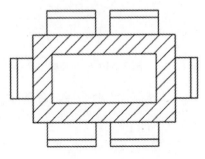

图 7-52 选择需要修剪的图形对象   图 7-53 修剪填充图案

7.4.5 分解图案填充

使用"分解"命令，可以将面域、多段线、标注、图案填充或块参照合成对象转变为单个的元素。

图案填充是一种特殊的块，无论形状多么复杂，它都是一个单独的对象。在需要对不同区域进行操作时，可以将其进行分解处理。图案填充被分解后，它将不再是一个单一的对象，而是一组组成图案的线条，同时分解后图案填充也失去了与图形的关联性，因此将无法编辑图案填充。使用"分解"命令，可以像分解其他对象一样对填充图案进行分解。

执行"分解"命令后，绘图区中将会出现一个小矩形方框，其主要用于选择需要分解的填充图案。

7.4.6 新手练兵——运用 **FILL** 命令控制填充

在 AutoCAD 2016 中，用户可以使用 FILL 命令变量控制填充对象。

素材文件	光盘\素材\第 7 章\灯具.dwg
效果文件	光盘\效果\第 7 章\灯具.dwg
视频文件	光盘\视频\第 7 章\7.4.6 新手练兵——运用 FILL 命令控制填充.mp4

步骤 **01** 单击"菜单浏览器"按钮，在弹出的菜单列表中选择"打开"|"图形"命令，打开素材图形，如图 7-54 所示。

步骤 **02** 在命令行中输入"FILL"（填充模式）命令，按〈Enter〉键确认，输入"OFF"（关）命令，按〈Enter〉键确认，再输入"REGEN"（重生成）命令，按〈Enter〉键确认，即可控制图形填充显示，效果如图 7-55 所示。

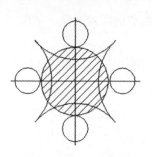

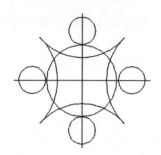

图 7-54　打开素材图形　　　　　　图 7-55　控制图形填充显示

执行"填充模式"命令后，命令行中的提示如下。

　　　命令：FILL
　　　输入模式 [开(ON)/关(OFF)] <开>：OFF

命令行中各选项的含义如下。

➢ 开（ON）：打开"填充"模式，要使三维对象的填充可见，其拉伸方向必须平行于当前观察方向，而且必须显示隐藏线。

➢ 关（OFF）：关闭"填充"模式，仅显示并打印对象的轮廓。

7.4.7　新手练兵——运用图层控制填充

在 AutoCAD 2016 中，用户可以使用图层控制填充。使用图层功能，可将图案单独放在一个图层上。当不需要显示该图案填充时，将图案所在图层关闭或者冻结即可。

素材文件	光盘\素材\第 7 章\办公桌.dwg
效果文件	光盘\效果\第 7 章\办公桌.dwg
视频文件	光盘\视频\第 7 章\7.4.7　新手练兵——运用图层控制填充.mp4

　　步骤 01　单击"菜单浏览器"按钮，在弹出的菜单列表中选择"打开"|"图形"命令，打开素材图形，如图 7-56 所示。

　　步骤 02　单击"功能区"选项板中的"默认"选项卡，在"图层"面板上单击"图层特性"按钮，如图 7-57 所示。

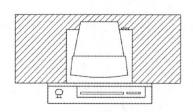

图 7-56　打开素材图形

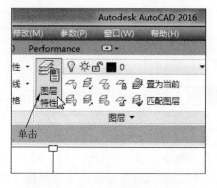

图 7-57　单击"图层特性"按钮

步骤 03 弹出"图层特性管理器"面板，在"图案填充"图层上单击"开"图标，如图 7-58 所示。

步骤 04 执行操作后，即可运用图层控制填充，效果如图 7-59 所示。

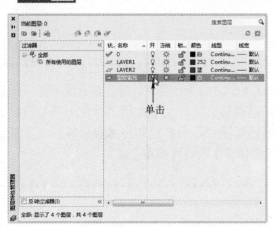

单击

图 7-58　单击"开"图标

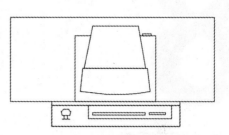

图 7-59　运用图层控制填充

创建与编辑文字

8

学习提示

在 AutoCAD 2016 中绘图时，除了要有图形外，还要有必要的图样说明文字。文字常用于标注一些非图形信息，其中包括标题栏、明细栏和技术要求等。本章主要介绍创建与编辑文字的各种操作方法。

本章案例导航

- 设置文字字体
- 设置文字高度
- 设置文字效果
- 插入字段
- 更新字段

- 单行文字的创建
- 单行文字的编辑
- 文字的查找替换
- 多行文字的创建
- 多行文字的编辑

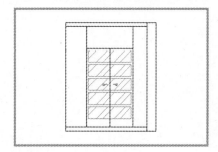

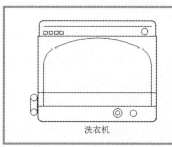

洗衣机

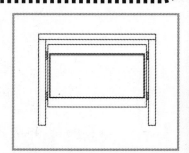

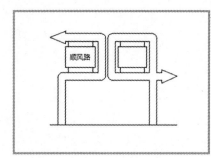

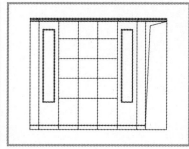

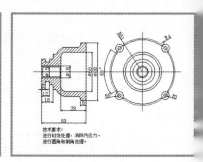

8.1 新建与设置文字样式

在 AutoCAD 2016 中输入文字时，通常使用当前的文字样式，用户可以根据具体要求重新创建新的文字样式。文字样式包括字体、字型、高度、宽度因子、倾斜角度、方向等其他文字特征。本节主要介绍创建文字样式的操作方法。

8.1.1 新建文字样式

在进行文字标注前，应该先对文字样式进行设置，从而方便、快捷地对图形对象进行标注，得到统一、标准以及美观的标注文字。

所有 AutoCAD 图形中的文字都有与之对应的文字样式，当进行创建文本对象时，AutoCAD 使用当前设置的文本样式。文本样式是用来控制文字基本形状的相应设置（如样式名、字体和文字高度等）。

新建空白图形文件，在"功能区"选项板的"默认"选项卡中，单击"注释"面板中间下拉按钮，在展开的面板中，单击"文字样式"按钮 A，如图 8-1 所示。

图 8-1 单击"文字样式"按钮

弹出"文字样式"对话框，单击"新建"按钮，如图 8-2 所示。

图 8-2 单击"新建"按钮

弹出"新建文字样式"对话框，在"样式名"文本框中输入"标注样式"，如图 8-3 所示，单击"确定"按钮，返回"文字样式"对话框，即可新建文字样式，在"样式"列表框中将显示新建的文字样式，如图 8-4 所示。

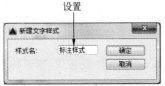

图 8-3　设置"样式名"为"标注样式"　　　　图 8-4　显示新建的文字样式

在"文字样式"对话框中，各主要选项的含义如下。

- "样式"列表框：列出所有已设定的文字样式名或对已有的样式名进行相关操作。
- "字体"选项区：用于设置文本样式使用的字体和字体样式，而且一种字体可以设置不同的效果，从而被多种文字样式所使用。
- "大小"选项区：用于确定文本样式使用的字体高度，如果在"高度"数值框中设置字高为 0，系统会在每一次创建文字时提示输入文字高度。
- "颠倒"复选框：勾选该复选框，表示将文本文字颠倒显示。
- "反向"复选框：勾选该复选框，表示将文本文字反向显示。
- "垂直"复选框：显示垂直对齐的字符。只有在选定字体支持双向时才可用。
- "宽度因子"文本框：设置宽度系数，确定文本字符的宽高比。
- "倾斜角度"数值框：用于确定文字倾斜角度，角度为 0 时不倾斜，为正数时向右倾斜，为负数时向左倾斜。
- "置为当前"按钮：将在"样式"列表框中选定的样式设定为当前样式。
- "新建"按钮：单击后打开"新建文字样式"对话框，可以采用默认或在"名称"文本框中输入名称，然后单击"确定"按钮，使新样式名作为当前样式进行设置。
- "删除"按钮：删除未使用的文字样式。
- "应用"按钮：将对话框中所作的样式更改应用到当前样式和图形中具有当前样式的文字中。

8.1.2　重命名文字样式

在 AutoCAD 2016 中，为了方便区别文字样式，用户可根据需要重命名文字样式。

新建空白图形文件，在"功能区"选项板的"默认"选项卡中单击"注释"面板中间下拉按钮，在展开的面板中，单击"文字样式"按钮 A。

弹出"文字样式"对话框，在"样式"列表框中选择"标注样式"选项，单击鼠标右键，在弹出的快捷菜单中选择"重命名"选项，如图 8-5 所示。

将其重命名为"CAD 文字"，按〈Enter〉键确认，即可重命名文字样式，如图 8-6 所示。

图 8-5　选择"重命名"选项　　　　　　　　图 8-6　重命名文字样式

▶ **专家指点**

用户还可以通过以下 3 种方法调用"文字样式"命令。
➤ 命令 1：在命令行中输入"STYLE"（文字样式）命令，并按〈Enter〉键确认。
➤ 命令 2：在命令行中输入"ST"（文字样式）命令，并按〈Enter〉键确认。
➤ 菜单栏：显示菜单栏，选择"格式"|"文字样式"命令。
执行以上任意一种方法，均可调用"文字样式"命令。

8.1.3　新手练兵——设置文字字体

在 AutoCAD 2016 中，用户可根据需要在"文字样式"对话框的"字体"选项区中设置文字的字体类型。

素材文件	光盘\素材\第 8 章\单相电路图.dwg
效果文件	光盘\效果\第 8 章\单相电路图.dwg
视频文件	光盘\视频\第 8 章\8.1.3　新手练兵——设置文字字体.mp4

步骤 **01** 单击"菜单浏览器"按钮，在弹出的菜单列表中选择"打开"|"图形"命令，打开素材图形，如图 8-7 所示。

步骤 **02** 在命令行中输入"STYLE"（文字样式）命令，按〈Enter〉键确认，弹出"文字样式"对话框，在"样式"列表框中选择"文字"选项，如图 8-8 所示。

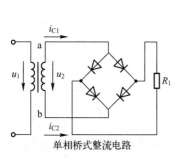

单相桥式整流电路

图 8-7　打开素材图形

图 8-8　选择"文字"选项

步骤 **03** 在"字体"选项区中，单击"字体名"右侧的下拉按钮，在弹出的列表框中选择"楷体"选项，如图 8-9 所示。

步骤 **04** 依次单击"应用"和"关闭"按钮，即可设置文字字体，如图 8-10 所示。

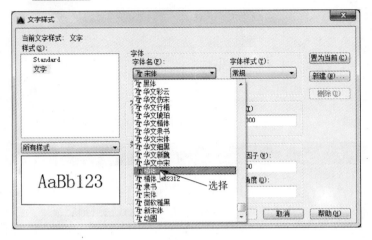

图 8-9 选择"楷体"选项

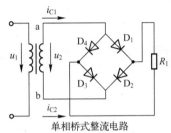

单相桥式整流电路

图 8-10 设置文字字体

8.1.4 新手练兵——设置文字高度

在 AutoCAD 2016 中，用户还可以根据需要设置文字的高度。

素材文件	光盘\素材\第 8 章\报刊亭侧面图.dwg	
效果文件	光盘\效果\第 8 章\报刊亭侧面图.dwg	
视频文件	光盘\视频\第 8 章\8.1.4 新手练兵——设置文字高度.mp4	

步骤 **01** 单击"菜单浏览器"按钮，在弹出的菜单列表中选择"打开"|"图形"命令，打开素材图形，如图 8-11 所示。

步骤 **02** 在命令行中输入"STYLE"（文字样式）命令，按〈Enter〉键确认，弹出"文字样式"对话框，如图 8-12 所示。

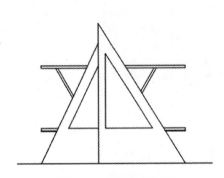

图 8-11 打开素材图形

图 8-12 弹出"文字样式"对话框

步骤 **03** 在"高度"数值框中输入"200"，如图 8-13 所示，依次单击"应用"和"关闭"按钮。

步骤 04 在命令行中输入"MT"（多行文字）命令，按〈Enter〉键确认，根据命令行提示进行操作，在合适位置拖曳鼠标，弹出"文字编辑器"选项卡和文本框，输入"报刊亭侧面图"，单击"关闭文字编辑器"按钮 ，完成多行文字创建，效果如图 8-14 所示。

图 8-13 输入"200"

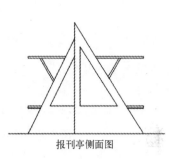

报刊亭侧面图

图 8-14 完成多行文字创建

8.1.5 新手练兵——设置文字效果

在"文字样式"对话框中的"效果"选项区中，用户可以设置文字的显示效果。

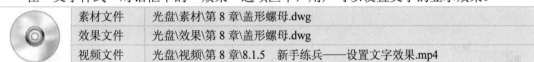

	素材文件	光盘\素材\第 8 章\盖形螺母.dwg
	效果文件	光盘\效果\第 8 章\盖形螺母.dwg
	视频文件	光盘\视频\第 8 章\8.1.5 新手练兵——设置文字效果.mp4

步骤 01 单击"菜单浏览器"按钮，在弹出的菜单列表中选择"打开"|"图形"命令，打开素材图形，如图 8-15 所示。

步骤 02 在命令行中输入"STYLE"（文字样式）命令，按〈Enter〉键确认，弹出"文字样式"对话框，在"样式"列表框中选择"文字标注"选项，如图 8-16 所示。

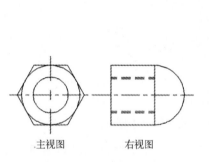

主视图 右视图

图 8-15 打开素材图形

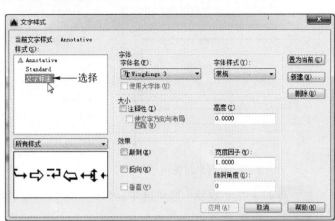

图 8-16 选择"文字标注"选项

步骤 03 在"效果"选项区的"倾斜角度"数值框中输入"20",如图 8-17 所示。

步骤 04 依次单击"应用"和"关闭"按钮,即可设置文字效果,效果如图 8-18 所示。

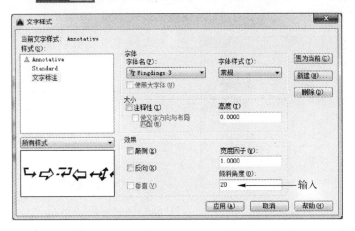

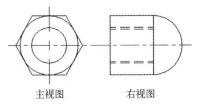

图 8-17 输入"20"　　　　　　　　　　　　　图 8-18 设置文字效果

8.1.6 新手练兵——预览与应用文字样式

在"文字样式"对话框的"预览"区域中,可以预览所选择或所设置的文字样式效果。

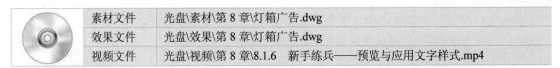

素材文件	光盘\素材\第 8 章\灯箱广告.dwg
效果文件	光盘\效果\第 8 章\灯箱广告.dwg
视频文件	光盘\视频\第 8 章\8.1.6　新手练兵——预览与应用文字样式.mp4

步骤 01 单击"菜单浏览器"按钮,在弹出的菜单列表中选择"打开"|"图形"命令,打开素材图形,如图 8-19 所示。

步骤 02 在命令行中输入"STYLE"(文字样式)命令,按〈Enter〉键确认,弹出"文字样式"对话框,如图 8-20 所示。

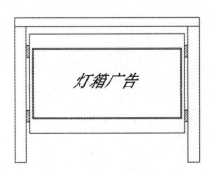

图 8-19 打开素材图形　　　　　　　　图 8-20 弹出"文字样式"对话框

步骤 03 在"效果"选项区中,勾选"颠倒"复选框,如图 8-21 所示。

步骤 04 依次单击"应用"和"关闭"按钮,即可预览与应用文字样式,如图 8-22 所示。

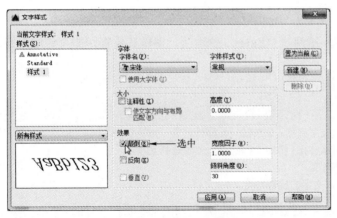

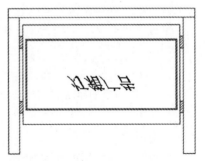

图 8-21 勾选"颠倒"复选框   图 8-22 预览与应用文字样式

8.2 单行文字的创建与编辑

在 AutoCAD 2016 中，单行文字适用于不需要使用多种字体的简短内容中，用户可以为其中的不同文字设置不同的字体和大小。

8.2.1 新手练兵——单行文字的创建

单行文字常用于不需要使用多种字体的简短内容中，用户可以为其中的不同文字设置不同的字体和大小。

素材文件	光盘\素材\第 8 章\洗衣机.dwg	
效果文件	光盘\效果\第 8 章\洗衣机.dwg	
视频文件	光盘\视频\第 8 章\8.2.1 新手练兵——单行文字的创建.mp4	

步骤 01 单击"菜单浏览器"按钮，在弹出的菜单列表中选择"打开"|"图形"命令，打开素材图形，如图 8-23 所示。

步骤 02 单击"功能区"选项板中的"默认"选项卡，在"注释"面板上单击"文字"中间的下拉按钮，在弹出的列表框中单击"单行文字"按钮 A，如图 8-24 所示。

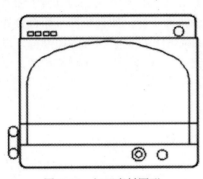

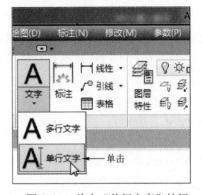

图 8-23 打开素材图形   图 8-24 单击"单行文字"按钮

步骤 03 根据命令行提示，指定文字的起点，输入文字高度为"30"，按两次〈Enter〉键确认，弹出文本框，如图 8-25 所示。

步骤 04 输入文字"洗衣机"，按两次〈Enter〉键确认，调整其位置，即可完成单行文字的创建，效果如图 8-26 所示。

执行"单行文字"命令后，命令行中的提示如下。

命令：TEXT
当前文字样式："Standard" 文字高度：2.5000 注释性：否 对正：左
指定文字的起点 或 [对正(J)/样式(S)]：指定文字起点，或者选择选项。
指定高度 <2.5000>：输入文字高度。
指定文字的旋转角度 <0>：输入文字的旋转角度。

命令行中各选项的含义如下。

➢ 对正（J）：可以设置文字间的对齐方式。

➢ 样式（S）：可以设置当前使用文字样式。

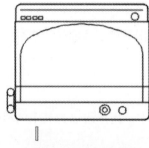

图 8-25 弹出文本框

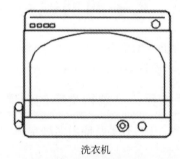

洗衣机

图 8-26 创建单行文字

▶ 专家指点

用户还可以通过以下两种方法调用"单行文字"命令。

➢ 命令：在命令行中输入"DTEXT"（单行文字）命令，并按〈Enter〉键确认。

➢ 菜单栏：显示菜单栏，选择"绘图"|"文字"|"单行文字"命令。

执行以上任意一种方法，均可调用"单行文字"命令。

8.2.2 特殊字符的创建

在 AutoCAD 2016 中，在创建单行文本时，用户还可以在输入文字的过程中输入一些特殊字符，在实际绘图过程中，也经常需要标注一些特殊字符，如直径符号和百分号等。由于这些特殊字符不能从键盘上直接输入，因此 AutoCAD 提供了相应的控制符，以实现这些标注的要求。AutoCAD 2016 的控制符由两个百分号（%%）及一个字符构成，常用的特殊符号的控制符如下。

➢ %%C：表示直径符号（Φ）。

➢ %%D：表示角度符号。

➢ %%O：表示上画线符号。

➢ %%P：表示正负公差符号（±）。

➢ %%U：表示下画线符号。

➢ %%%：表示百分号%。

> %%nnn：表示 ASCII 码字符，其中 nn 为十进制的 ASCII 码字符值。

在 AutoCAD 2016 的控制符中，%%O 和 %%U 分别是上画线和下画线的开关。第一次出现这些符号时，可以打开上画线或下画线，第二次出现这些符号时，则将会关闭上画线或下画线。

8.2.3 新手练兵——单行文字的编辑

在 AutoCAD 2016 中，使用"编辑"命令可以对单行文字进行相应的编辑操作。

素材文件	光盘\素材\第 8 章\汽车.dwg
效果文件	光盘\效果\第 8 章\汽车.dwg
视频文件	光盘\视频\第 8 章\8.2.3　新手练兵——单行文字的编辑.mp4

步骤 01 单击"菜单浏览器"按钮，在弹出的菜单列表中选择"打开"|"图形"命令，打开素材图形，如图 8-27 所示。

步骤 02 在命令行中输入"DDEDIT"（编辑）命令，按〈Enter〉键确认，选择单行文字对象，输入文字内容"商务车"，按〈Enter〉键确认，即可编辑单行文字，如图 8-28 所示。

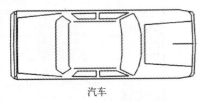
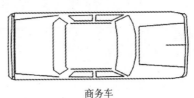

图 8-27　打开素材图形　　　　　图 8-28　编辑单行文字

执行"编辑"命令后，命令行中的提示如下。

命令：DDEDIT
选择注释对象或 [放弃(U)]：选择编辑的文字对象。

8.2.4 新手练兵——文字的查找替换

在 AutoCAD 2016 中，使用"查找"命令，可以查找单行文字和多行文字中指定的字符，并可以对其进行替换操作。

素材文件	光盘\素材\第 8 章\酒柜立面图.dwg
效果文件	光盘\效果\第 8 章\酒柜立面图.dwg
视频文件	光盘\视频\第 8 章\8.2.4　新手练兵——文字的查找替换.mp4

步骤 01 单击"菜单浏览器"按钮，在弹出的菜单列表中选择"打开"|"图形"命令，打开素材图形，如图 8-29 所示。

步骤 02 在命令行中输入"FIND"（查找）命令，按〈Enter〉键确认，弹出"查找和替换"对话框，依次输入相应内容，如图 8-30 所示。

家具摆设

图 8-29　打开素材图形

图 8-30　输入相应内容

步骤 03 单击"全部替换"按钮，弹出"查找和替换"信息提示框，单击"确定"按钮，如图 8-31 所示。

步骤 04 返回到"查找和替换"对话框，单击"完成"按钮，即可替换文字，效果如图 8-32 所示。

图 8-31　单击"确定"按钮

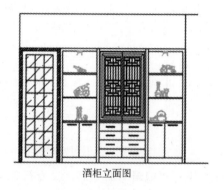

酒柜立面图

图 8-32　替换文字

"查找和替换"对话框中各主要选项的含义如下。

➢ "查找内容"文本框：指定要查找的字符串。

➢ "替换为"文本框：指定用于替换找到文字的字符串。

➢ "查找位置"列表框：指定是搜索整个图形、当前布局还是当前选定的对象。

➢ "列出结果"复选框：确定显示位置（模型或图纸空间）、对象类型和文字表格的列出结果。

➢ "查找"按钮：查找在"查找内容"下拉列表框中输入的文字。

➢ "全部替换"按钮：用"替换为"下拉列表框中输入的文字替换在"查找内容"下拉列表框中输入的文字。

8.3　多行文字的创建与编辑

多行文本又称段落文本，是一种方便管理的文本对象，它可以由两行以上的文本组成，而且各行文本都作为一个整体来处理。在图形设计中，常使用"多行文字"命令创建较为复杂的文字说明，如图样的技术要求等。

8.3.1 新手练兵——多行文字的创建

对于较长、较为复杂的内容，可以使用多行文字的方式创建。多行文字可以分别对各个文字的格式进行设置，而不受文字样式影响。

素材文件	光盘\素材\第 8 章\基座.dwg
效果文件	光盘\效果\第 8 章\基座.dwg
视频文件	光盘\视频\第 8 章\8.3.1　新手练兵——多行文字的创建.mp4

步骤 01 单击"菜单浏览器"按钮，在弹出的菜单列表中选择"打开"|"图形"命令，打开素材图形，如图 8-33 所示。

步骤 02 单击"功能区"选项板中的"默认"选项卡，在"注释"面板上单击"文字"中间的下拉按钮，在弹出的列表框中单击"多行文字"按钮 A，如图 8-34 所示。

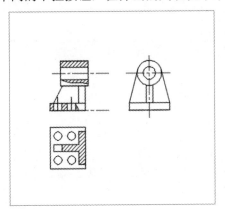

图 8-33　打开素材图形

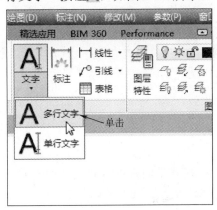

图 8-34　单击"多行文字"按钮

步骤 03 在命令行提示下，在右下方合适的位置处单击鼠标左键，向右下方引导光标，单击鼠标左键，弹出文本框和"文字编辑器"选项卡，如图 8-35 所示。

步骤 04 在文本框中输入相应文字，单击"关闭"面板中的"关闭文字编辑器"按钮 X，完成多行文字的创建，效果如图 8-36 所示。

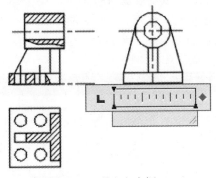

图 8-35　弹出文本框

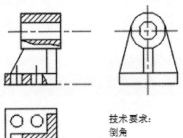

图 8-36　创建多行文字

执行"多行文字"命令后，命令行中的提示如下。

命令：MTEXT

当前文字样式："文字"　文字高度：8.0000　注释性：否

指定第一角点：指定文字框的一个角点。

指定对角点或 [高度(H)/对正(J)/行距(L)/旋转(R)/样式(S)/宽度(W)/栏(C)]：指定文字框对角点，或者选择选项。

命令行中各选项的含义如下。

➢ 高度（H）：指定文字高度。

➢ 对正（J）：选择该选项，弹出快捷菜单，可以设置文字对正方式。

➢ 行距（L）：设置多行文字行距。

➢ 旋转（R）：指定文字旋转角度。

➢ 样式（S）：选择并应用当前使用的文字样式。

➢ 宽度（W）：指定文字宽度。

➢ 栏（C）：选择该选项，可以设置多行文字分栏效果。

"文字编辑器"选项卡如图 8-37 所示，各面板的主要含义如下。

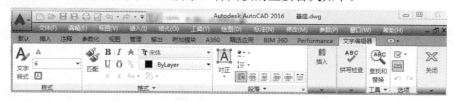

图 8-37　文字编辑器

➢ "样式"面板：主要用于设置输入文字的样式和文字高度。

➢ "格式"面板：主要用于设置输入文字的格式，包括字体、粗体、倾斜角度、下画线、大小写和背景遮罩等。

➢ "段落"面板：主要用于设置多行文字的段落格式，包括对正方式、项目符号、编号、段落和行距等。

➢ "插入"面板：主要用于插入符号、字段以及设置分栏效果。

➢ "拼写检查"面板：主要用于确定输入文字时拼写检查处于打开还是关闭状态，以及应用编辑和自定义词典。

➢ "工具"面板：主要用于查找和替换相应文字，以及设置自动大写。

➢ "选项"面板：主要用于应用标尺进行文字输入、放弃和重做等操作。

➢ "关闭"面板：在完成相应操作后，单击该面板上的"关闭文字编辑器"按钮 ✕，即可关闭该选项卡，完成文字的创建。

▶ 专家指点

用户还可以通过以下 3 种方法调用"多行文字"命令。

➢ 命令 1：在命令行中输入"MTEXT"（多行文字）命令，并按〈Enter〉键确认。

➢ 命令 2：在命令行中输入"MT"（多行文字）命令，按〈Enter〉键确认。

➢ 菜单栏：显示菜单栏，选择"绘图"|"文字"|"多行文字"命令。

执行以上任意一种方法，均可调用"多行文字"命令。

8.3.2　新手练兵——堆叠文字的创建

堆叠文字主要应用于多行文字对象和多重引线中字符的分数和公差格式，使用堆叠文字可以创建一些特殊的字符。

素材文件	光盘\素材\第 8 章\机械剖面图.dwg
效果文件	光盘\效果\第 8 章\机械剖面图.dwg
视频文件	光盘\视频\第 8 章\8.3.2 新手练兵——堆叠文字的创建.mp4

步骤 01 单击"菜单浏览器"按钮，在弹出的菜单列表中选择"打开"|"图形"命令，打开素材图形，如图 8-38 所示。

步骤 02 在命令行中输入"MT"（多行文字）命令，按〈Enter〉键确认，根据命令行提示进行操作，捕捉相应点为第一个角点，向右下方引导光标至合适位置，单击鼠标左键确认，弹出"文字编辑器"选项卡和文本框，在文本框中输入"31+0.1/-0.1"，如图 8-39 所示。

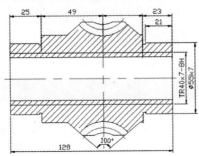

图 8-38 打开素材图形

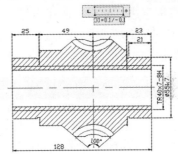

图 8-39 输入文字

步骤 03 选择"+0.1/-0.1"文字为叠加对象并单击鼠标右键，在弹出的快捷菜单中选择"堆叠"选项，如图 8-40 所示。

步骤 04 单击"关闭"面板中的"关闭文字编辑器"按钮 ✕，完成堆叠文字的创建，效果如图 8-41 所示。

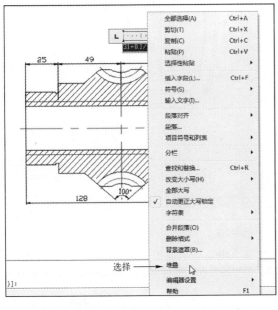

图 8-40 选择"堆叠"选项

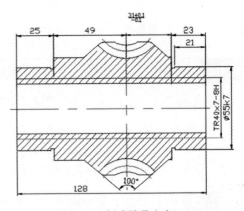

图 8-41 创建堆叠文字

8.3.3 新手练兵——多行文字的编辑

在创建多行文字后，用户可以根据需要编辑多行文字的内容和大小。

素材文件	光盘\素材\第 8 章\洗脸盆.dwg
效果文件	光盘\效果\第 8 章\洗脸盆.dwg
视频文件	光盘\视频\第 8 章\8.3.3　新手练兵——多行文字的编辑.mp4

步骤 01 单击"菜单浏览器"按钮，在弹出的菜单列表中选择"打开"|"图形"命令，打开素材图形，如图 8-42 所示。

步骤 02 在命令行中输入"MTEDIT"（编辑多行文字）命令，按〈Enter〉键确认，根据命令行提示进行操作，选择多行文字对象，弹出文本框和"文字编辑器"选项卡，设置"文字高度"为"20"，按〈Enter〉键确认，单击"关闭"面板中的"关闭文字编辑器"按钮 ✖，完成多行文字的编辑，如图 8-43 所示。

▶ **专家指点**

用户还可以通过以下方法调用"编辑多行文字"命令：

➢ 命令：在命令行中输入"MTEDIT"（编辑多行文字）命令，并按〈Enter〉键确认。

➢ 按钮：在绘图区中选择多行文字，单击"文字"工具栏中的"编辑文字"按钮。

➢ 快捷菜单：选择文字并单击鼠标右键，在弹出的快捷菜单中选择"编辑多行文字"选项。

执行以上任意一种方法，均可调用"编辑多行文字"命令。

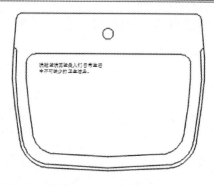

图 8-42　打开素材图形

图 8-43　编辑多行文字

8.3.4 新手练兵——多行文字的缩放

在 AutoCAD 2016 中，用户可以对多行文字进行缩放操作。

素材文件	光盘\素材\第 8 章\房间平面图.dwg
效果文件	光盘\效果\第 8 章\房间平面图.dwg
视频文件	光盘\视频\第 8 章\8.3.4　新手练兵——多行文字的缩放.mp4

步骤 01 单击"菜单浏览器"按钮，在弹出的菜单列表中选择"打开"|"图形"命令，打开素材图形，如图 8-44 所示。

步骤 `02` 单击"功能区"选项板中的"注释"选项卡，单击"文字"面板中间的下拉按钮，在展开面板中单击"缩放"按钮📐，如图 8-45 所示。

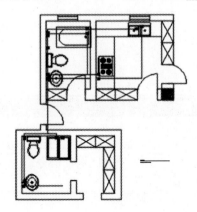

图 8-44　打开素材图形　　　　　图 8-45　单击"缩放"按钮

步骤 `03` 根据命令行提示进行操作，选择文字对象，如图 8-46 所示，按〈Enter〉键确认。

步骤 `04` 输入"E"（现有）并确认，再输入"S"（比例因子）并确认，输入"10"并确认，完成缩放文字操作，效果如图 8-47 所示。

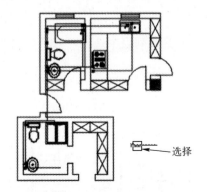

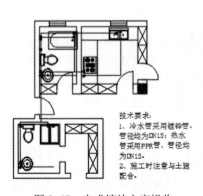

图 8-46　选择文字对象　　　　　图 8-47　完成缩放文字操作

执行"缩放"命令后，命令行中的提示如下。

命令：SCALETEXT
选择对象：选择要缩放的文字。
输入缩放的基点选项[现有(E)/左对齐(L)/居中(C)/中间(M)/右对齐(R)/左上(TL)/中上(TC)/右上(TR)/左中(ML)/正中(MC)/右中(MR)/左下(BL)/中下(BC)/右下(BR)] <现有>：选择缩放的基点选项，默认为"现有"。
指定新模型高度或 [图纸高度(P)/匹配对象(M)/比例因子(S)]：指定新的文字高度，或者选择相应选项。
指定缩放比例或 [参照(R)] <1>：指定缩放的比例或参照。

命令行中各选项的含义如下。

➢ 现有（E）/左对齐（L）/居中（C）/中间（M）/右对齐（R）/左上（TL）/中上

（TC）/右上（TR）/左中（ML）/正中（MC）/右中（MR）/左下（BL）/中下（BC）/右下（BR）：这些选项都用于指定缩放的基点。

➤ 图纸高度（P）：指定新的文字高度。

➤ 匹配对象（M）：指定与之匹配的文字。

➤ 比例因子（S）：指定文字缩放的比例。

➤ 参照（R）：指定参照长度。

▶ 专家指点

用户还可以通过以下两种方法调用"缩放比例"命令。

➤ 命令：在命令行中输入"SCALETEXT"（缩放比例）命令，并按〈Enter〉键确认。

➤ 菜单栏：显示菜单栏，选择"修改"|"对象"|"文字"|"比例"命令。

执行以上任意一种方法，均可调用"缩放比例"命令。

8.3.5 新手练兵——多行文字的对正

在编辑多行文字时，常常需要设置其对正方式，多行文字对象的对正同时控制文字对齐和文字走向。

素材文件	光盘\素材\第 8 章\基板.dwg
效果文件	光盘\效果\第 8 章\基板.dwg
视频文件	光盘\视频\第 8 章\8.3.5　新手练兵——多行文字的对正.mp4

步骤 01 单击"菜单浏览器"按钮，在弹出的菜单列表中选择"打开"|"图形"命令，打开素材图形文件，如图 8-48 所示。

步骤 02 在"功能区"选项板的"注释"选项卡中，单击"文字"面板上的"对正"按钮，选择需要编辑的多行文字对象，如图 8-49 所示，按〈Enter〉键确认。

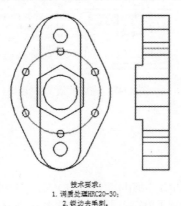
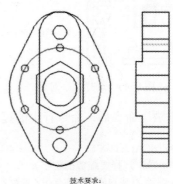

图 8-48　打开素材图形文件　　　图 8-49　选择需要编辑的多行文字

步骤 03 根据命令行提示进行操作，输入"A"（对齐），如图 8-50 所示，按〈Enter〉键确认。

步骤 04 执行操作后，即可对正多行文字，效果如图 8-51 所示。

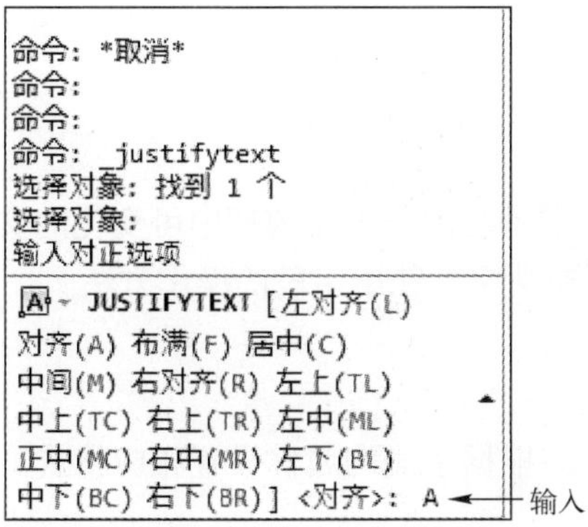

图 8-50 输入 A（对齐）

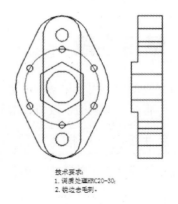

技术要求：
1. 调质处理HRC20-30；
2. 锐边去毛刺。

图 8-51 对正多行文字

执行"对正"命令后，命令行中的提示如下。

命令：JUSTIFYTEXT
选择对象：选择要对正的文字。
输入对正选项[左对齐(L)/对齐(A)/布满(F)/居中(C)/中间(M)/右对齐(R)/左上(TL)/中上(TC)/右上(TR)/左中(ML)/正中(MC)/右中(MR)/左下(BL)/中下(BC)/右下(BR)] <左对齐>：选择要对正文字的方式，这些选项都用于指定文字的对正方式。

命令行中各选项的含义如下。
➤ 左对齐（L）：将多选文字全部左端对齐。
➤ 对齐（A）：指定文本行基线的两个端点确定文字的高度和方向。
➤ 布满（F）：指定文本行基线的两个端点确定文字的方向，系统将调整字符的宽高比例，以使文字在两端点之间均匀分布，而文字高度不变。
➤ 居中（C）：将所选文字全部居中对齐。
➤ 右对齐（R）：将所选文字全部向右端对齐。
➤ 左上（TL）：将文字对齐在第一个文字单元的左上角。
➤ 中上（TC）：将文字对齐在文本最后一个文字单元的中上角。
➤ 右上（TR）：将文字对齐在文本最后一个文字单元的右上角。
➤ 左中（ML）：将文字对齐在第一个文字单元左侧的垂直中点。
➤ 正中（MC）：将文字对齐在文本的垂直中点和水平中点。
➤ 右中（MR）：将文字对齐在文本最后一个文字单元右侧的垂直中点。
➤ 左下（BL）：将文字对齐在第一个文字单元的左下角。
➤ 中下（BC）：将文字对齐在基线中点。
➤ 右下（BR）：将文字对齐在基线最右侧。

▶ 专家指点
用户还可以通过以下两种方法调用"对正"命令。
➤ 命令：在命令行中输入"JUSTIFYTEXT"（对正）命令，并按〈Enter〉键确认。
➤ 菜单栏：显示菜单栏，选择"修改"|"对象"|"文字"|"对正"命令。
执行以上任意一种方法，均可调用"对正"命令。

8.4　运用字段

字段是在图形中用于说明的可更新文字。它常用在图形生命周期中可变化的文本中，字段更新时，将显示最新的字段值。本节主要介绍在文字中使用字段的操作方法。

8.4.1　新手练兵——插入字段

在使用字段之前，首选需要插入一个字段，并根据字段的属性设置相应格式。常用的字段有时间、页面设置名称等。

素材文件	光盘\素材\第 8 章\伞齿轮箱.dwg	
效果文件	光盘\效果\第 8 章\伞齿轮箱.dwg	
视频文件	光盘\视频\第 8 章\8.4.1　新手练兵——插入字段.mp4	

步骤 **01** 单击"菜单浏览器"按钮，在弹出的菜单列表中选择"打开"|"图形"命令，打开素材图形，如图 8-52 所示。

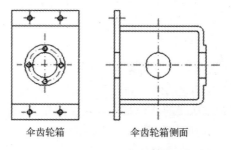

伞齿轮箱　　　　　伞齿轮箱侧面

图 8-52　打开素材图形

步骤 **02** 选择需要编辑的多行文字，在该多行文字上双击鼠标左键，弹出文本框，选择文字内容，单击鼠标右键，在弹出的快捷菜单中选择"插入字段"选项，如图 8-53 所示。

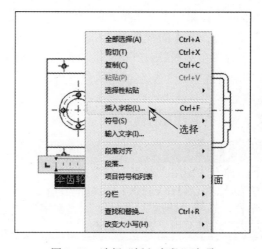

图 8-53　选择"插入字段"选项

步骤 **03** 弹出"字段"对话框，在"字段名称"列表框中选择"打印比例"选项，在"格式"列表框中选择"使用比例名称"选项，如图 8-54 所示，单击"确定"按钮。

步骤 **04** 在绘图区中的任意位置上单击鼠标左键，即可插入字段，效果如图 8-55 所示。

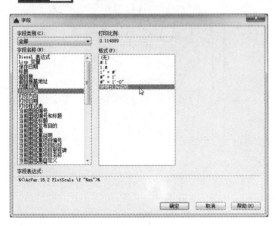

图 8-54　选择"使用比例名称"选项

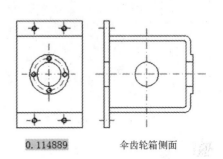

0.114889　　　　伞齿轮箱侧面

图 8-55　插入字段

8.4.2　新手练兵——更新字段

字段更新时，将显示最新的值。在 AutoCAD 2016 中，可以单独更新字段，也可以在一个或多个选定文字对象中更新所有字段。

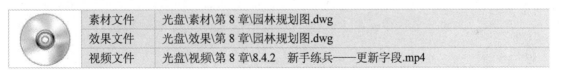

素材文件	光盘\素材\第 8 章\园林规划图.dwg	
效果文件	光盘\效果\第 8 章\园林规划图.dwg	
视频文件	光盘\视频\第 8 章\8.4.2　新手练兵——更新字段.mp4	

步骤 **01** 单击"菜单浏览器"按钮，在弹出的菜单列表中选择"打开"|"图形"命令，打开素材图形，如图 8-56 所示。

步骤 **02** 在绘图区的字段上，双击鼠标左键，弹出文本框，在其中选择需要更新的字段，单击鼠标右键，在弹出的快捷菜单中选择"更新字段"选项，如图 8-57 所示。

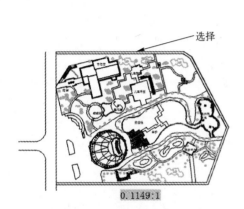

图 8-56　打开素材图形

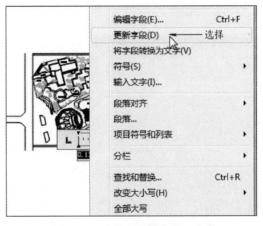

图 8-57　选择"更新字段"选项

步骤 **03** 在文本框中输入"园林规划图",如图 8-58 所示。

步骤 **04** 在绘图区中的任意位置上单击鼠标左键,即可更新字段,如图 8-59 所示。

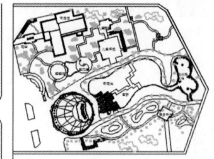

图 8-58　输入"园林规划图"　　　　　　　　图 8-59　更新字段

设置与管理图层

学习提示

图层是用户组织和管理图形的强有力工具，在 AutoCAD 2016 中，所有图形对象都有图层、颜色、线型和线宽这 4 个基本属性。用户可以方便地控制对象的显示和编辑，提高绘制图形的效率和准确性。

本章案例导航

- 图层颜色的设置
- 图层线宽的设置
- 图层线型的设置
- 线型比例的设置
- 设置过滤条件

- 图层的切换
- 图层的冻结
- 图层的解冻
- 图层的锁定
- 图层的解锁

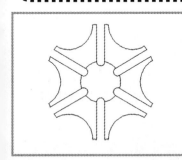
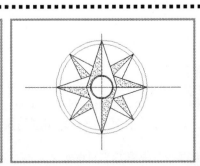
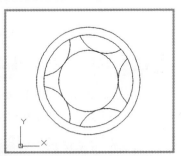
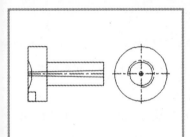

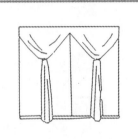

9.1 新建图层

在 AutoCAD 2016 中，图形中通常包括多个图层，它们就像一张张透明的图纸一样重叠在一起。在机械及建筑等工程制图中，图形中主要包括基准线、轮廓线、虚线、剖面线、尺寸标注以及文字说明等元素。如果使用图层来管理这些元素，不仅能使图形的各种信息清晰、有序，便于观察，而且也会给图形的编辑、修改和输出带来很大的方便。

9.1.1 初识图层

在 AutoCAD 2016 中，使用图层可以管理和控制复杂的图形。在绘图时，可以把不同种类和用途的图形分别置于不同的图层中，从而实现对相同种类图形的统一管理。

在 AutoCAD 2016 的绘图过程中，图层是最基本的操作，也是最有用的工具之一，对图形文件中各类实体的分类管理和综合控制具有重要的意义。总的来说，图层具有以下 3 方面的优点。

➢ 节省存储空间。
➢ 控制图形的颜色、线条的宽度及线型等属性。
➢ 统一控制同类图形实体的显示、冻结等特性。

在 AutoCAD 2016 中，可以创建无限个图层，也可以根据需要，在创建的图层中设置每个图层相应的名称、线型以及颜色等。熟练地使用图层，可以提高图形的清晰度和绘制效率，在复杂的工程制图中显得尤为重要。

在 AutoCAD 中将当前正在使用的图层称为当前图层，用户只能在当前图层中创建新图形。当前图层的名称、线型、颜色以及状态等信息都显示在"图层"面板中。

9.1.2 新手练兵——新建图层

图层是 AutoCAD 2016 提供的一个管理图形对象的工具，用户可以通过图层来对图形对象、文字和标注等元素进行归类处理。下面介绍新建图层的操作方法。

	素材文件	光盘\素材\第 9 章\床平面.dwg
	效果文件	光盘\效果\第 9 章\床平面.dwg
	视频文件	光盘\视频\第 9 章\9.1.2 新手练兵——新建图层.mp4

步骤 01 单击"菜单浏览器"按钮，在弹出的菜单列表中选择"打开"|"图形"命令，打开素材图形，如图 9-1 所示。

步骤 02 单击"功能区"选项板中的"默认"选项卡，在"图层"面板上单击"图层特性"按钮，如图 9-2 所示。

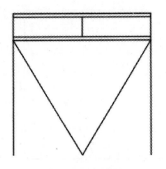

图 9-1　打开素材图形

图 9-2　单击"图层特性"按钮

▶ **专家指点**

通过以下 4 种方法，也可以调用"图层"命令。

➤ 命令 1：在命令行中输入"LAYER"（图层）命令，并按〈Enter〉键确认。

➤ 命令 2：在命令行中输入"LA"（图层）命令，并按〈Enter〉键确认。

➤ 菜单栏：显示菜单栏，选择"格式" | "图层"命令。

执行以上任意一种方法，均可调用"图层"命令。

步骤 **03**　弹出"图层特性管理器"面板，单击"新建图层"按钮，如图 9-3 所示。

步骤 **04**　在面板右侧的列表框中，将自动新建一个图层，其默认名为"图层 1"，如图 9-4 所示。

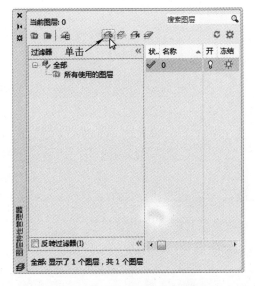

图 9-3　单击"新建图层"按钮

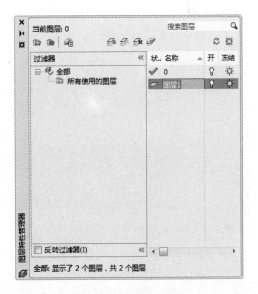

图 9-4　默认名为"图层 1"

步骤 **05**　关闭该面板，单击"功能区"选项板中的"默认"选项卡，在"图层"面板上单击"图层"右侧的下拉按钮,在弹出的列表框中选择"图层1"选项,如图9-5所示。

步骤 06 在命令行中输入"LINE"(直线)命令,并按〈Enter〉键确认,根据命令行提示进行操作,在绘图区中绘制一条直线,效果如图9-6所示,所绘制的直线在图层1中。

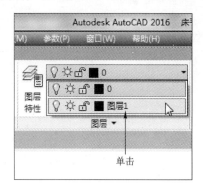

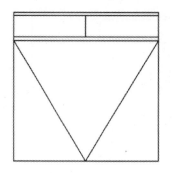

图9-5 选择"图层1"选项   图9-6 绘制一条直线

9.1.3 置为当前层

在 AutoCAD 2016 的某个图层上,绘制具有该图层特性的对象,应将该图层设置为当前图层。

在"功能区"选项板的"默认"选项卡中,单击"图层"面板中的"图层特性"按钮,弹出"图层特性管理器"面板,在"名称"列表框中选择"图层 1"图层,单击"置为当前"按钮,即可将其置为当前层,如图9-7所示。

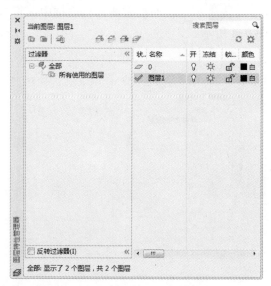

图9-7 置为当前层

▶ 专家指点

在"图层 1"图层上单击鼠标右键,在弹出的快捷菜单中选择"置为当前"选项,也可以将该图层置为当前图层。

9.2　图层的设置

在机械及建筑等工程制图中，图形中主要包括基准线、轮廓线、虚线、剖面线、尺寸标注以及文字说明等元素。如果使用图层来管理这些元素，不仅能使图形的各种信息清晰有序、便于观察，而且也会给图形的编辑、修改和输出带来很大的方便。本节主要介绍创建与设置图层的操作方法。

9.2.1　新手练兵——图层颜色的设置

在绘图过程中，为了区分不同的对象，通常将图层设置为不同的颜色；AutoCAD 2016提供了 7 种标准颜色，即红色、黄色、绿色、青色、蓝色、紫色和白色，用户可根据需要选择相应的颜色。

素材文件	光盘\素材\第 9 章\浴室立面图.dwg
效果文件	光盘\效果\第 9 章\浴室立面图.dwg
视频文件	光盘\视频\第 9 章\9.2.1　新手练兵——图层颜色的设置.mp4

步骤 01　单击"菜单浏览器"按钮，在弹出的菜单列表中选择"打开"|"图形"命令，打开素材图形，如图 9-8 所示。

步骤 02　单击"功能区"选项板中的"默认"选项卡，在"图层"面板上单击"图层特性"按钮，弹出"图层特性管理器"面板，如图 9-9 所示。

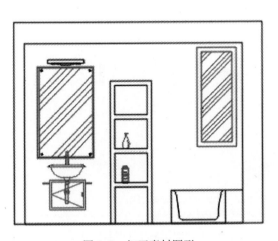

图 9-8　打开素材图形

图 9-9　弹出"图层特性管理器"面板

步骤 03　在"镜子"图层上单击"颜色"列，弹出"选择颜色"对话框，选择"颜色"为"红"，如图 9-10 所示。

步骤 04　单击"确定"按钮，返回"图层特性管理器"面板，关闭"图层特性管理器"面板，即可设置图层的颜色，如图 9-11 所示。

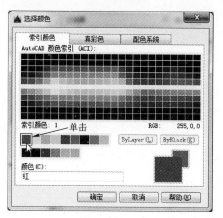

图 9-10　选择"颜色"为"红"

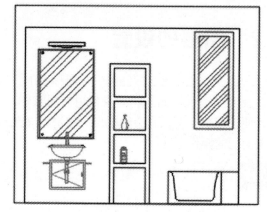

图 9-11　设置图层的颜色

9.2.2　新手练兵——图层线宽的设置

线宽设置就是改变线条宽度。在 AutoCAD 中，使用不同宽度的线条表现对象大小或类型，可以提高图形的表达能力和可读性。

素材文件	光盘\素材\第 9 章\洗衣机.dwg
效果文件	光盘\效果\第 9 章\洗衣机.dwg
视频文件	光盘\视频\第 9 章\9.2.2　新手练兵——图层线宽的设置.mp4

步骤　01　单击"菜单浏览器"按钮，在弹出的菜单列表中选择"打开"|"图形"命令，打开素材图形，如图 9-12 所示。

步骤　02　单击"功能区"选项板中的"默认"选项卡，在"图层"面板上单击"图层特性"按钮，弹出"图层特性管理器"面板，如图 9-13 所示。

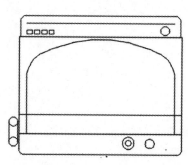

图 9-12　打开素材图形

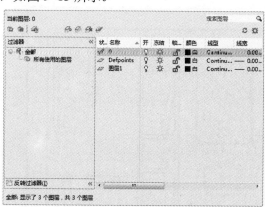

图 9-13　"图层特性管理器"面板

步骤　03　在"图层 1"图层上单击"线宽"列，弹出"线宽"对话框，在"线宽"下拉列表中选择"0.30mm"选项，如图 9-14 所示。

步骤　04　单击"确定"按钮，返回"图层特性管理器"面板，单击"关闭"按钮，在状态栏上单击"显示/隐藏线宽"按钮▤，执行操作后，即可在绘图区中显示图层线宽，效果如图 9-15 所示。

图 9-14　选择 0.30mm 选项

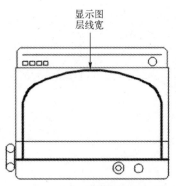

图 9-15　显示图层线宽

▶ 专家指点

　　在命令行中输入"LWEIGHT"（线宽）命令，按〈Enter〉键确认，弹出"线宽设置"对话框，勾选"显示线宽"复选框，也可以显示线宽，如图 9-16 所示。

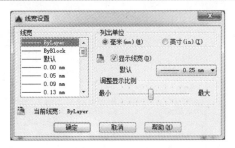

图 9-16　显示线宽

在"线宽设置"对话框中，各主要选项的含义如下。

➤ "线宽"列表框：显示可用线宽值。

➤ "当前线宽"显示区：显示当前的线宽。

➤ "列出单位"选项区：指定线宽是以毫米还是英寸显示。

➤ "显示线宽"复选框：控制线宽是否在图形中显示。

➤ "调整显示比例"选项区：控制"模型"选项卡上线宽的显示比例。

9.2.3　新手练兵——图层线型的设置

　　线型是由沿图线显示的线、点和间隔组成的图样。在图层中设置线型，可以更直观地区分图像，使图形易于查看。

素材文件	光盘\素材\第 9 章\地面拼花.dwg
效果文件	光盘\效果\第 9 章\地面拼花.dwg
视频文件	光盘\视频\第 9 章\9.2.3　新手练兵——图层线型的设置.mp4

　　步骤 01　单击"菜单浏览器"按钮，在弹出的菜单列表中选择"打开"|"图形"命令，打开素材图形，如图 9-17 所示。

　　步骤 02　单击"功能区"选项板中的"默认"选项卡，在"图层"面板上单击"图层特性"按钮，弹出"图层特性管理器"面板，如图 9-18 所示。

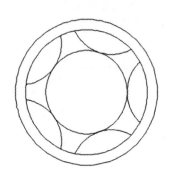

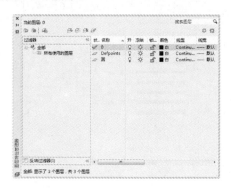

图 9-17　打开素材图形　　　　　　　图 9-18　"图层特性管理器"面板

步骤 03 在图形中圆所在图层上，单击"线型"列，弹出"选择线型"对话框，如图 9-19 所示。

步骤 04 单击"加载"按钮，弹出"加载或重载线型"对话框，在"可用线型"下拉列表框中选择相应选项，如图 9-20 所示。

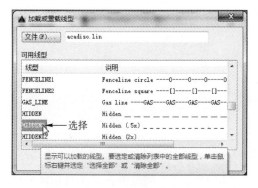

图 9-19　弹出"选择线型"对话框　　　　　图 9-20　选择相应选项

步骤 05 单击"确定"按钮，返回"选择线型"对话框，在"线型"列表框中选择对应选项，如图 9-21 所示。

步骤 06 单击"确定"按钮，返回绘图窗口，即可设置图层线型，如图 9-22 所示。

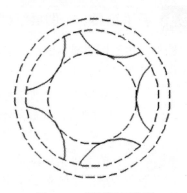

图 9-21　选择对应选项　　　　　　　　图 9-22　设置图层线型

9.2.4 新手练兵——线型比例的设置

在 AutoCAD 2016 中，可以设置图形中的线型比例，从而改变非连续线型的外观。下面介绍设置图层线型比例的操作方法。

素材文件	光盘\素材\第 9 章\传动轴.dwg
效果文件	光盘\效果\第 9 章\传动轴.dwg
视频文件	光盘\视频\第 9 章\9.2.4　新手练兵——线型比例的设置.mp4

步骤 01 单击"菜单浏览器"按钮，在弹出的菜单列表中选择"打开"|"图形"命令，打开素材图形，如图 9-23 所示。

步骤 02 显示菜单栏，选择"格式"|"线型"命令，如图 9-24 所示。

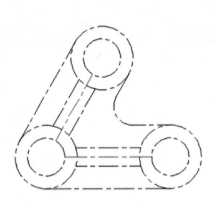

图 9-23　打开素材图形

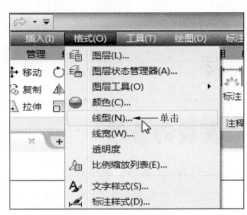

图 9-24　选择"线型"命令

步骤 03 弹出"线型管理器"对话框，显示细节，在对话框下方设置"全局比例因子"为"3"，如图 9-25 所示。

步骤 04 设置完成后，单击"确定"按钮，即可设置线型比例，如图 9-26 所示。

图 9-25　设置"全局比例因子"为 3

图 9-26　设置线型比例

在"线型管理器"对话框中，各主要选项的含义如下。

➤ "线型过滤器"选项区：确定在线型列表中显示哪些线型，可以根据是否依赖外部参照或是否被对象参照区别过滤线型。勾选"反转过滤器"复选框，可以根据与选定的过滤条件相反的条件显示线型，符合反向过滤条件的线型将显示在线型列表中。

➤ "详细信息"选项区：单击对话框右上角中的"显示细节"按钮，将显示该选项区，用于提供访问特性和附加设置的其他途径。勾选"缩放时使用图纸空间单位"复选框，可以按相同比例在图纸和模型空间缩放线型。当使用多个视口时，该选项很有用。

➤ "加载"按钮：单击该按钮，显示"加载或重载线型"对话框，从中可以将 acad.lin 文件中选定的线型加载到图形中并将它们添加到线型列表。

➤ "当前"按钮：将选定线型设定为当前线型。将当前线型设定为 BYLAYER，意味着对象采用指定给特定图层的线型。将线型设定为 BYBLOCK，意味着对象采用 CONTINUOUS 线型，直到它被编组为块。

▶ 专家指点

在命令行中输入"LINETYPE"（线型）命令，按〈Enter〉键确认，也可以弹出"线型管理器"对话框。

9.3　图层的管理

在 AutoCAD 2016 中，新建图层后，需要对其进行管理，如图层的冻结、锁定、显示、删除等。本节主要介绍管理图层的各种操作技巧。

9.3.1 新手练兵——图层的切换

在 AutoCAD 2016 中，用户可根据需要改变对象所在的图层。

素材文件	光盘\素材\第 9 章\插座.dwg
效果文件	光盘\效果\第 9 章\插座.dwg
视频文件	光盘\视频\第 9 章\9.3.1　新手练兵——图层的切换.mp4

步骤 01　单击"菜单浏览器"按钮，在弹出的菜单列表中选择"打开"|"图形"命令，打开素材图形，如图 9-27 所示。

步骤 02　在绘图区中，选择需要切换图层的对象，如图 9-28 所示。

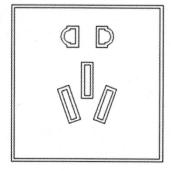

图 9-27　打开素材图形

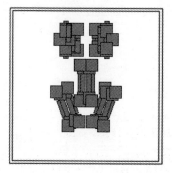

图 9-28　选择对象

步骤 03 单击"功能区"选项板中的"默认"选项卡，单击"图层"面板上的"图层"右侧的下拉按钮，在弹出的列表框中选择"插孔"选项，如图9-29所示。

步骤 04 执行操作后，按〈Esc〉键退出，即可切换图层，如图9-30所示。

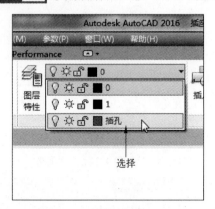

图9-29 选择"插孔"选项

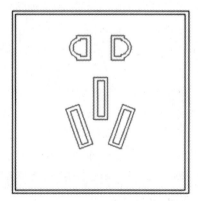

图9-30 切换图层

9.3.2 新手练兵——图层的冻结

冻结图层有利用减少系统重生成图形的时间，冻结的图层不参与重生成计算且不显示在绘图区中，用户不能对其进行编辑。下面介绍冻结图层的操作方法。

素材文件	光盘\素材\第9章\回转器.dwg
效果文件	光盘\效果\第9章\回转器.dwg
视频文件	光盘\视频\第9章\9.3.2 新手练兵——图层的冻结.mp4

步骤 01 单击"菜单浏览器"按钮，在弹出的菜单列表中选择"打开"|"图形"命令，打开素材图形，如图9-31所示。

步骤 02 单击"功能区"选项板中的"默认"选项卡，在"图层"面板上单击"图层特性"按钮，弹出"图层特性管理器"面板，如图9-32所示。

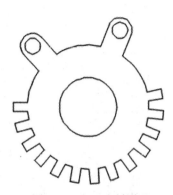

图9-31 打开素材图形

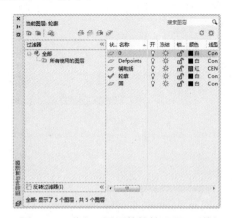

图9-32 弹出"图层特性管理器"面板

步骤 03 单击"圆"图层上的"冻结"图标☼，使其呈冻结状态❄，如图9-33所示。

步骤 04 执行操作后，即可冻结图层，如图9-34所示。

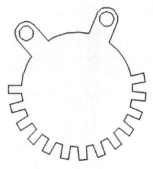

图 9-33 单击"冻结"图标 　　　　　　　　　图 9-34 冻结图层

▶ 专家指点

在 AutoCAD 2016 中，如果用户绘制的图形较大且需要重生成图形，使用图层的冻结功能，将不需要重生成的图层进行冻结；完成重生成后，可使用解冻功能将其解冻，恢复为原来的状态。注意，当前图层不能被冻结。

9.3.3　新手练兵——图层的解冻

在 AutoCAD 2016 中，用户可根据需要将图层进行解冻操作。

素材文件	光盘\素材\第 9 章\回转器 1.dwg
效果文件	光盘\效果\第 9 章\回转器 1.dwg
视频文件	光盘\视频\第 9 章\9.3.3　新手练兵——图层的解冻.mp4

步骤 01　以上一个效果图形为例，单击"功能区"选项板中的"默认"选项卡，在"图层"面板上单击"图层特性"按钮，弹出"图层特性管理器"面板，单击"圆"图层上的"冻结"图标，如图 9-35 所示。

步骤 02　执行操作，即可解冻图层，如图 9-36 所示。

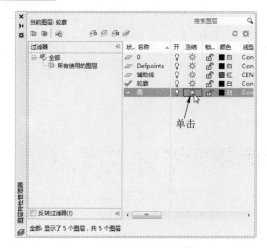

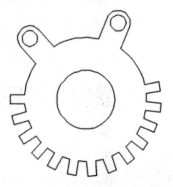

图 9-35 单击"冻结"图标 　　　　　　　　　图 9-36 解冻图层

9.3.4 新手练兵——图层的锁定

在 AutoCAD 2016 中，图层被锁定后，该图层的图形仍显示在绘图区中，但不能对其进行编辑操作，锁定图层有利于对较复杂的图形进行编辑。

素材文件	光盘\素材\第 9 章\拼花平面.dwg
效果文件	光盘\效果\第 9 章\拼花平面.dwg
视频文件	光盘\视频\第 9 章\9.3.4 新手练兵——图层的锁定.mp4

步骤 01 单击"菜单浏览器"按钮，在弹出的菜单列表中选择"打开"|"图形"命令，打开素材图形，如 9-37 所示。

步骤 02 单击"功能区"选项板中的"默认"选项卡，在"图层"面板上单击"图层特性"按钮，弹出"图层特性管理器"面板，如图 9-38 所示。

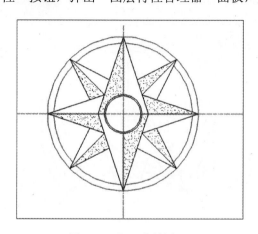

图 9-37 打开素材图形

图 9-38 弹出"图层特性管理器"面板

步骤 03 单击"轮廓线"图层上的"锁定"图标 ᗒ，使其呈锁定状态 🔒，如图 9-39 所示。

步骤 04 执行操作后，即可锁定图层，如图 9-40 所示。

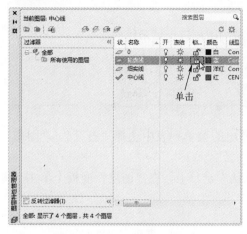

图 9-39 单击"锁定"图标

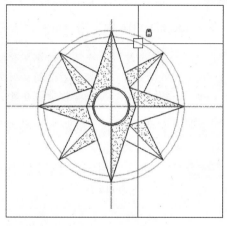

图 9-40 锁定图层

9.3.5 新手练兵——图层的解锁

在 AutoCAD 2016 中，用户可根据需要对图层进行解锁操作。

	素材文件	光盘\素材\第 9 章\拼花平面 1.dwg
	效果文件	光盘\效果\第 9 章\拼花平面 1.dwg
	视频文件	光盘\视频\第 9 章\9.3.5　新手练兵——图层的解锁.mp4

步骤 **01**　以上一个效果图形为例，单击"功能区"选项板中的"默认"选项卡，在"图层"面板上单击"图层特性"按钮，弹出"图层特性管理器"面板，单击"轮廓线"图层上的"解锁"图标，如图 9-41 所示。

步骤 **02**　执行操作，即可解锁图层，如图 9-42 所示。

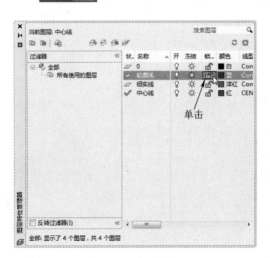

图 9-41　单击"解锁"图标

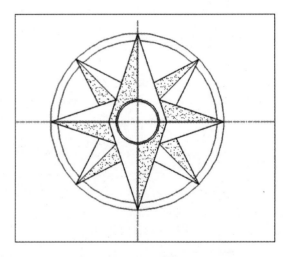

图 9-42　解锁图层

9.3.6 新手练兵——图层的显示

在 AutoCAD 2016 中，用户可根据需要将隐藏的图层进行显示操作。

	素材文件	光盘\素材\第 9 章\酒具.dwg
	效果文件	光盘\效果\第 9 章\酒具.dwg
	视频文件	光盘\视频\第 9 章\9.3.6　新手练兵——图层的显示.mp4

步骤 **01**　单击"菜单浏览器"按钮，在弹出的菜单列表中选择"打开"|"图形"命令，打开素材图形，如图 9-43 所示。

步骤 **02**　单击"功能区"选项板中的"默认"选项卡，在"图层"面板上单击"图层特性"按钮，如图 9-44 所示。

酒具

图 9-43 打开素材图形

图 9-44 单击"图层特性"按钮

步骤 **03** 弹出"图层特性管理器"面板，单击"酒杯"图层上的"开"图标💡，如图 9-45 所示。

步骤 **04** 执行操作后，即可显示"酒杯"图层，如图 9-46 所示。

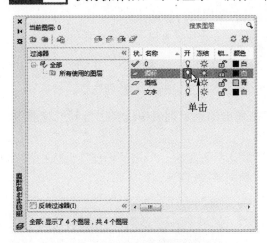

图 9-45 单击"开"图标

酒具

图 9-46 显示"酒杯"图层

9.3.7 新手练兵——图层的隐藏

在 AutoCAD 2016 的绘图区中，用户可将暂时不需要的图层进行隐藏操作。

素材文件	光盘\素材\第 9 章\酒具 1.dwg
效果文件	光盘\效果\第 9 章\酒具 1.dwg
视频文件	光盘\视频\第 9 章\9.3.7　新手练兵——图层的隐藏.mp4

步骤 **01** 以上一个效果图形为例，单击"功能区"选项板中的"默认"选项卡，在"图层"面板上单击"图层特性"按钮，弹出"图层特性管理器"面板，单击"酒杯"图层上的"开"图标💡，如图 9-47 所示。

步骤 **02** 执行上述操作后，即可隐藏该图层，效果如图 9-48 所示。

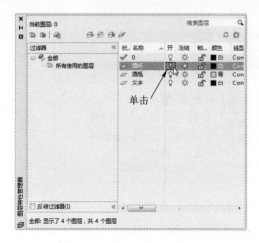

图 9-47　单击"开"图标

隐藏酒杯

酒具

图 9-48　隐藏该图层

9.3.8　新手练兵——图层的删除

在 AutoCAD 2016 中，用户可将不需要使用的图层进行删除操作。

素材文件	光盘\素材\第 9 章\桌球台.dwg
效果文件	光盘\效果\第 9 章\桌球台.dwg
视频文件	光盘\视频\第 9 章\9.3.8　新手练兵——图层的删除.mp4

步骤 **01**　单击"菜单浏览器"按钮，在弹出的菜单列表中选择"打开"|"图形"命令，打开素材图形，如图 9-49 所示。

步骤 **02**　单击"功能区"选项板中的"默认"选项卡，单击"图层"面板中间的下拉按钮，在展开的面板中单击"删除"按钮，如图 9-50 所示。

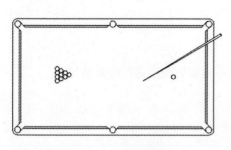

图 9-49　打开素材图形

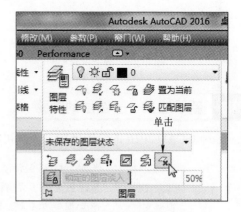

图 9-50　单击"删除"按钮

步骤 **03**　根据命令行提示进行操作，选择球杆为删除对象，如图 9-51 所示，单击鼠标左键，按〈Enter〉键确认。

步骤 **04**　输入"Y"，按〈Enter〉键确认，执行操作后，即可删除图层，如图 9-52 所示。

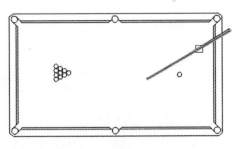

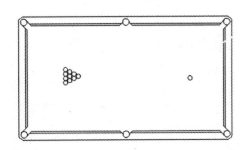

图 9-51　选择删除对象　　　　　　　　图 9-52　删除图层

9.4　图层工具的使用

在 AutoCAD 2016 中，使用图层工具可以用来编辑图层，如显示图层状态、隐藏图层状态、图层漫游和图层匹配等。本节主要介绍使用图层工具编辑图层的方法。

9.4.1　新手练兵——图层的转换

在 AutoCAD 2016 中，使用"图层转换器"可以转换图层，实现图形的标准化和规范化。

素材文件	光盘\素材\第 9 章\植物.dwg
效果文件	光盘\效果\第 9 章\植物.dwg
视频文件	光盘\视频\第 9 章\9.4.1　新手练兵——图层的转换.mp4

步骤 01　单击"菜单浏览器"按钮，在弹出的菜单列表中选择"打开"|"图形"命令，打开素材图形，如图 9-53 所示。

步骤 02　单击"功能区"选项板中的"管理"选项卡，在"CAD 标准"面板上单击"图层转换器"按钮，如图 9-54 所示。

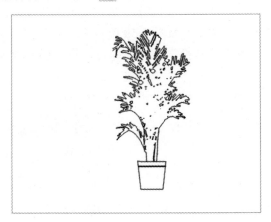

图 9-53　打开素材图形

图 9-54　单击"图层转换器"按钮

步骤 03　弹出"图层转换器"对话框，单击"新建"按钮，如图 9-55 所示。

步骤 04　弹出"新图层"对话框，在其中设置"名称"为"植物"、"颜色"为"绿"，单击"确定"按钮，如图 9-56 所示。

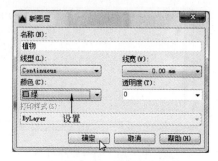

图 9-55 单击"新建"按钮 图 9-56 设置相应参数

步骤 05 返回"图层转换器"对话框，在"转换为"列表框中将显示"植物"图层，如图 9-57 所示。

步骤 06 在"转换自"列表框中选择"家具图块"选项，在"转换为"列表框中选择"植物"选项，单击"映射"按钮，如图 9-58 所示，"家具图块"即可映射到"植物"图层中。

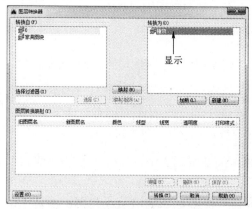

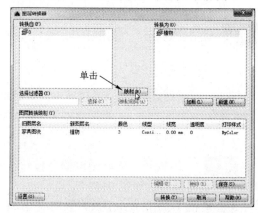

图 9-57 显示"植物"图层 图 9-58 单击"映射"按钮

步骤 07 单击"保存"按钮，弹出"保存图层映射"对话框，在"文件名"文本框中输入"植物"，设置文件的保存路径，单击"保存"按钮，如图 9-59 所示。

步骤 08 返回"图层转换器"对话框，单击"转换"按钮，即可转换图层，效果如图 9-60 所示。

图 9-59 单击"保存"按钮 图 9-60 转换图层

在"图层转换器"对话框中，各选项含义如下。

➢ "转换自"列表框：在当前图形中指定要转换的图层对象。可以通过在"转换自"列表框中选择图层或通过提供选择过滤器指定图层。

➢ "映射"按钮：单击该按钮，可以将"转换自"中选定的图层映射到"转换为"中选定的图层。

➢ "映射相同"按钮：单击该按钮，可映射在两个列表框中具有相同名称的所有图层。

➢ "转换为"列表框：列出可以将当前图形的图层转换为哪些图层。

➢ "加载"按钮：单击该按钮，可以使用图形、图形样板或所指定的标准文件加载"转换为"列表框中的图层。

➢ "新建"按钮：单击该按钮，可以定义一个要在"转换为"列表框中显示并用于转换的新图层。

➢ "图层转换映射"选项区：列出要转换的所有图层以及图层转换后所有的特性。

➢ "编辑"按钮：单击该按钮，可以打开"编辑图层"对话框，从中可以编辑选定的转换映射。

➢ "删除"按钮：单击该按钮，可以从"图层转换贴图"列表中删除选定的转换贴图。

➢ "保存"按钮：单击该按钮，可以将当前图层转换贴图保存为一个文件。

➢ "设置"按钮：单击该按钮，可以打开"设置"对话框，自定义图层转换过程。

➢ "转换"按钮：开始对已映射图层进行图层转换。

▶ 专家指点

通过以下两种方法也可以调用"图层转换器"命令。

➢ 命令：在命令行中输入"LAYTRANS"（图层转换器）命令，并按〈Enter〉键确认。

➢ 菜单栏：显示菜单栏，选择"工具"|"CAD 标准"|"图层转换器"命令。

执行以上任意一种方法，均可调用"图层转换器"命令。

9.4.2　新手练兵——图层的漫游

在 AutoCAD 2016 中，使用图层漫游功能可以更改当前图层状态。

	素材文件	光盘\素材\第 9 章\涡轮.dwg
	效果文件	无
	视频文件	光盘\视频\第 9 章\9.4.2　新手练兵——图层的漫游.mp4

步骤 01　单击"菜单浏览器"按钮，在弹出的菜单列表中选择"打开"|"图形"命令，打开素材图形，如图 9-61 所示。

步骤 02　在"功能区"选项板的"默认"选项卡中，单击"图层"面板中间的下拉按钮，在展开的面板中单击"图层漫游"按钮，如图 9-62 所示。

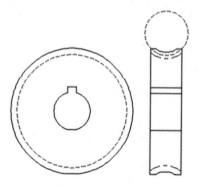

图 9-61　打开素材图形

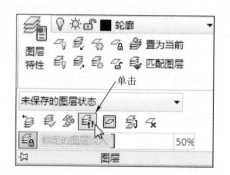

图 9-62　单击"图层漫游"按钮

步骤 03　弹出"图层漫游-图层数：4"对话框，如图 9-63 所示。

步骤 04　选择"轮廓"选项，取消勾选"退出时恢复"复选框，单击"关闭"按钮，如图 9-64 所示。

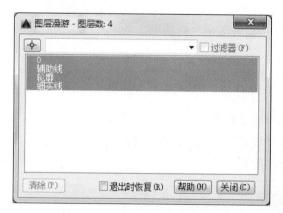

图 9-63　弹出"图层漫游"对话框

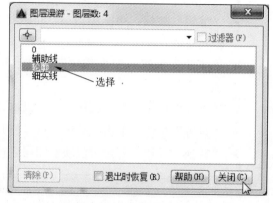

图 9-64　单击"关闭"按钮

步骤 05　弹出"图层-图层状态更改"信息提示框，单击"继续"按钮，如图 9 65 所示。

步骤 06　执行操作后，即可漫游图层，效果如图 9-66 所示。

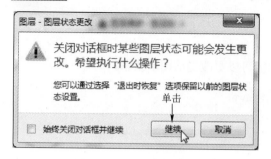

图 9 65　单击"继续"按钮

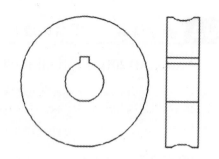

图 9-66　漫游图层

9.4.3　新手练兵——图层的匹配

在 AutoCAD 2016 中，图层匹配是指更改选定对象所在的图层，以使其匹配目标图层。

素材文件	光盘\素材\第 9 章\偏心轮.dwg
效果文件	光盘\效果\第 9 章\偏心轮.dwg
视频文件	光盘\视频\第 9 章\9.4.3 新手练兵——图层的匹配.mp4

步骤 01 单击"菜单浏览器"按钮,在弹出的菜单列表中选择"打开"|"图形"命令,打开素材图形,如图 9-67 所示。

步骤 02 在"功能区"选项板中的"默认"选项卡中,单击"图层"面板上的"匹配图层"按钮,如图 9-68 所示。

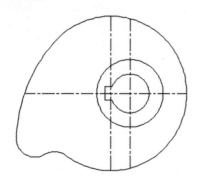

图 9-67 打开素材图形

图 9-68 单击"匹配图层"按钮

步骤 03 根据命令行提示进行操作,选择需要更改的图形,如图 9-69 所示,按〈Enter〉键确认。

步骤 04 然后选择目标图层上的对象,即可匹配到相应图层,如图 9-70 所示。

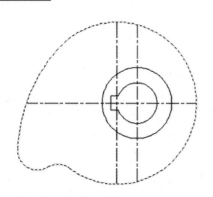

图 9-69 选择需要更改的图形

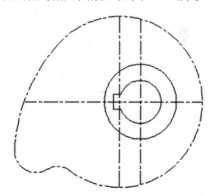

图 9-70 匹配到相应图层

执行"匹配"命令后,命令行中的提示如下。

命令:LAYMCH
选择要更改的对象:选择需要更改的对象。
选择对象:已选择对象。
选择目标图层上的对象或 [名称(N)]:选择目标图层上的对象或图层名称。

9.4.4 设置过滤条件

在 AutoCAD 2016 中绘制图形时,如果图形中包含大量图层,可在"图层特性管理器"对话框中对图层进行过滤操作。

在"图层特性管理器"面板中,单击"新建特性过滤器"按钮 📋,如图 9-71 所示,弹出"图层过滤器特性"对话框,如图 9-72 所示,在其中即可设置过滤条件。

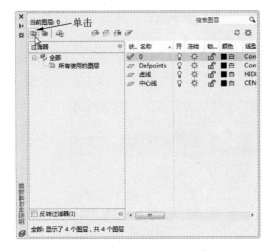

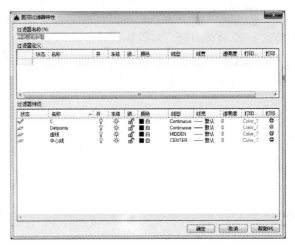

图 9-71　单击"新建特性过滤器"按钮　　　　图 9-72　弹出"图层过滤器特性"对话框

"图层过滤器特性"对话框中各主要选项含义如下。

> "过滤器名称"文本框:提供用于输入图层特性过滤器名称的空间。
> "过滤器定义"列表框:显示图层的特性。
> "过滤器预览"列表框:按照定义的方式显示过滤的结果。

9.5　图层状态的设置

图层设置包括图层状态和图层特性,其中图层状态包括图层是否打开、冻结、锁定、打印和在新视口中自动冻结。图层特性包括颜色、线型、线宽和打印样式。用户可以选择要保存的图层状态和图层特性。例如,可以选择只保存图形中图层的"冻结与解冻"设置,忽略所有其他设置。恢复图层状态时,除了每个图层的冻结或解冻设置以外,其他设置仍保持当前设置。

本节主要介绍保存、恢复和输出图层状态的操作方法。

9.5.1　保存图层状态

在 AutoCAD 2016 中,使用保存图层状态功能,可以将当前图层设置保存到图层状态,以后将它们恢复到图形中。

在命令行输入"LAYERSTATE"(图层状态管理器)命令,按〈Enter〉键确认,弹出"图层状态管理器"对话框,单击"新建"按钮,如图 9-73 所示。

弹出"要保存的新图层状态"对话框,如图 9-74 所示,在相应的文本框中输入相应的内容,单击"确定"按钮。

返回到"图层状态管理器"对话框,单击"保存"按钮,弹出"图层-覆盖图层状态"

对话框，单击"是"按钮。返回到"图层状态管理器"对话框，单击"关闭"按钮，即可保存图层状态。

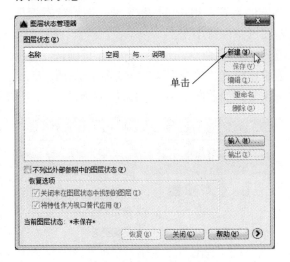

图 9-73 单击"新建"按钮　　　　图 9-74 "要保存的新图层状态"对话框

在"图层状态管理器"对话框中，各主要选项的含义如下。

➤ "图层状态"列表框：列出已保存在图形中的命名图层状态、保存它们的空间（模型空间、布局或外部参照）、图层列表是否与图形中图层列表相同以及可选说明。

➤ "不列出外部参照中的图层状态"复选框：用于控制是否显示外部参照中的图层状态。

➤ "恢复选项"选项区：勾选"关闭未在图层状态中找到的图层"复选框，恢复图层状态后，请关闭未保存设置的新图层，以使图形看起来与保存命名图层状态时一样；勾选"将特性作为视口替代应用"复选框，将图层特性替代应用于当前视口。

➤ "新建"按钮：单击该按钮，将弹出"要保存的新图层状态"对话框，从中可以提供新命名图层状态的名称和说明。

➤ "保存"按钮：保存选定命名图层状态。

➤ "编辑"按钮：单击该按钮，将弹出"编辑图层状态"对话框，从中可以修改选定的命名图层状态。

➤ "重命名"按钮：允许重新输入图层状态名。

➤ "删除"按钮：删除选定命名图层状态。

➤ "输入"按钮：单击该按钮，将弹出"标准文件选择"对话框，从中可以将之前输出的图层状态（LAS）文件加载到当前图形。可输入文件（DWG、DWS 或 DWT）中的图层状态。输入图层状态文件可能导致创建其他图层。选定 DWG、DWS 或 DWT 文件后，将打开"选择图层状态"对话框，从中可以选择要输入的图层状态。

➤ "输出"按钮：单击该按钮，将弹出"标准文件选择"对话框，从中可以将选定的命名图层状态保存到图层状态（LAS）文件中。

➤ "恢复"按钮：将图形中所有图层的状态和特性设置恢复为之前的保存状态。仅恢复复选框指定的图层状态和特性设置。

9.5.2 恢复图层状态

恢复图层状态时，将恢复保存图层状态时指定的设置。用户可以指定要在图层状态管理器中恢复的特定设置，未选定的图层特性设置在图形中保持不变。

在命令行中输入"LAYERSTATE"（图层状态管理器）命令，并按〈Enter〉键确认，弹出"图层状态管理器"对话框，在"图层状态"列表框中选择"轮廓"选项，如图9-75所示。

单击"恢复"按钮，即可将选中的图层状态恢复到当前图层中，如图9-76所示。

图9-75　选择"轮廓"选项

图9-76　恢复图层状态

晋 级 篇

运用图块与外部参照

10

学习提示

　　在绘制图形时，如果图形中有大量相同或相似的内容，可以把需要重复绘制的图形创建为块，或者利用外部参照将已有的图形文件以图块的形式插入到需要的图形文件中，从而减小图形文件大小，节省存储空间。本章主要向读者介绍运用图块与外部参照的方法。

本章案例导航

- 内部图块的创建
- 外部图块的创建
- 单个图块的插入
- 重新定义图块
- 编辑外部参照

- 创建属性块
- 插入属性块
- 编辑属性块
- 附着 DWG 文件
- 附着图像参照

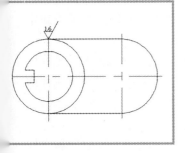
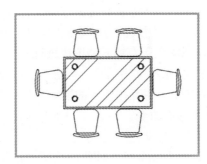
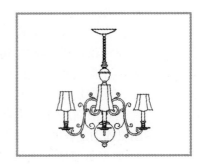
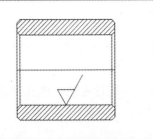
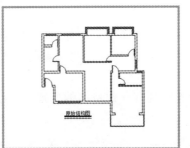
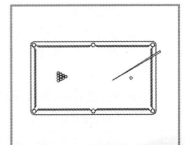

10.1 初识图块

图块是一个或多个对象组成的对象集合，如果将一组对象组合成图块，那么可以根据作图需要将这一组对象插入到绘图文件中的指定位置，并可以将块作为单个对象来处理。例如在绘制图形时，将经常使用的图形和标准件（如螺栓和螺母等）建立成图库，不但可以简化绘图过程，还能节省磁盘空间。

10.1.1 了解图块

图块是指由一个或多个图形对象组合而成的一个整体，简称为块。

在绘图过程中，用户可以将定义的块插入到图纸中的指定位置，并且可以进行缩放、旋转等，而且组成块的各个对象还可以有各自的图层属性，同时用户还可以对图块进行修改。在 AutoCAD 2016 中，用户可以在同一图形或其他图形中重复使用图块，在绘图过程中，使用图块有以下 5 个特点。

> ➢ 提高绘图速度：在绘图过程中，往往要绘制一些重复出现的图形。如果把这些图形创建成图块保存起来，绘制它们时就可以用插入块的方法实现，即把绘图变成了拼图，这样就避免了大量的重复性工作，大大提高了绘图速度。

> ➢ 建立图块库：可以将绘图过程中常用到的图形定义成图块，保存在磁盘上，这样就形成了一个图块库。当用户需要插入某个图块时，可以将其调出，插入到图形文件中，极大地提高了绘图效率。

> ➢ 节省存储空间：AutoCAD 要保存图中每个对象的相关信息，如对象的类型、名称、位置、大小、线型及颜色等，这些信息要占用存储空间。如果使用图块，则可以大大节省磁盘的空间，AutoCAD 仅需记住这个块对象的信息。对于复杂但需多次绘制的图形，这一特点更为明显。

> ➢ 方便修改图形：在工程设计中，特别是讨论方案、技术改造初期，常需要修改绘制的图形，如果图形是通过插入图块的方法绘制的，那么只要简单将图块对象重新定义一次，就可以对 AutoCAD 上所有插入的图块进行修改。

> ➢ 赋予图块属性：很多块图要求有文字信息，以进一步解释其用途。AutoCAD 允许用户用图块创建这些文件属性，并可在插入的图块中指定是否显示这些属性。属性值可以随插入图块的环境不同而改变。

图块的创建有以下 3 点技巧。

> ➢ 如果希望插入块时能够灵活地改变子对象的驻留"图层""颜色""线型"和"线宽"等特性，在创建图块前应将子对象驻留在 0 图层上，并将颜色、线型和线宽均设置为 ByBlock。

> ➢ 如果希望子对象驻留在指定的图层上，并由该图层控制其特性，则在创建图块前应将子对象驻留在指定的图层上，并将"颜色""线型"和"线宽"均设置为 ByLayer。

> ➢ 图块的插入基点应设置在具有一定特征的位置上，以便插入时进行定位、缩放及旋转等操作。

10.1.2 新手练兵——内部图块的创建

在 AutoCAD 2016 中，内部图块是跟随定义它的图形文件一起保存的，存储在图形文件内部，因此只能在当前图形中调用，而不能在其他图形中调用。

素材文件	光盘\素材\第 10 章\扇子.dwg
效果文件	光盘\效果\第 10 章\扇子.dwg
视频文件	光盘\视频\第 10 章\10.1.2　新手练兵——内部图块的创建.mp4

步骤 **01**　单击"菜单浏览器"按钮，在弹出的菜单列表中选择"打开"|"图形"命令，打开素材图形，如图 10-1 所示。

步骤 **02**　单击"功能区"选项板中的"插入"选项卡，在"块定义"面板上单击"创建块"按钮，如图 10-2 所示。

图 10-1　打开素材图形

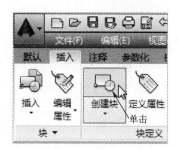

图 10-2　单击"创建块"按钮

步骤 **03**　弹出"块定义"对话框，在其中设置"名称"为"扇子"，单击"选择对象"按钮，如图 10-3 所示。

步骤 **04**　选择需要创建为图块的图形对象，按〈Enter〉键确认，弹出"块定义"对话框，单击"确定"按钮，即可创建内部图块，如图 10-4 所示。

图 10-3　设置"名称"为"扇子"

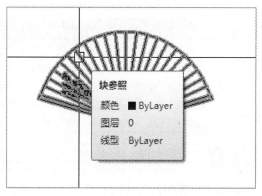

图 10-4　创建内部图块

在"块定义"对话框中，各主要选项的含义如下。

➢ "名称"下拉列表框：用于输入块的名称，最多可以使用 255 个字符。当其中包含多个块时，还可以在此选择已有的块。

➢ "在屏幕上指定"复选框：勾选该复选框，可以在关闭对话框时提示用户指定基点或指定对象。

➢ "拾取点"按钮：单击该按钮，可以暂时关闭对话框，以方便用户在当前图形中拾取插入基点。

➢ "X/Y/Z"文本框：用于指定 X/Y/Z 坐标值。

➢ "选择对象"按钮：单击该按钮，可以暂时关闭"块定义"对话框，允许用户选择块对象。选择完对象后，按〈Enter〉键确认可返回"块定义"对话框。

➢ "快速选择"按钮：单击该按钮，可以显示"快速选择"对话框，该对话框可以定义选择集。

➢ "保留"单选按钮：选中该单选按钮，可以在创建块以后，将选定对象保留在图形中作为区别对象。

➢ "转换为块"单选按钮：选中该单选按钮，可以在创建块以后，将选定对象转换成图形中的块实例。

➢ "删除"单选按钮：选中该单选按钮，可以在创建块以后，从图形中删除选定对象。

➢ "未选定对象"显示区：显示选定对象的数目。

➢ "注释性"复选框：指定块为注释性。单击信息图标可了解有关注释性对象的详细信息。

➢ "使块方向与布局匹配"复选框：指定在图纸空间视口中块参照的方向与布局的方向匹配。如果未勾选 "注释性"复选框，则该复选框不可以用。

➢ "按统一比例缩放"复选框：指定是否阻止块参照不按统一比例缩放。

➢ "允许分解"复选框：指定块参照是否可以被分解。

➢ "块单位"下拉列表：指定块参照插入的单位。

➢ "超链接"按钮：单击该按钮，可以打开"插入超链接"对话框，可以使用该对话框将某个超链接与块定义相关联。

➢ "在块编辑器中打开"复选框：勾选该复选框，可以单击"确定"按钮后在"块编辑器"对话框中打开当前块定义。

➢ "说明"选项区：指定块文字说明。

▶ 专家指点

在 AutoCAD 2016 中，用户还可以通过以下 3 种方法调用"创建"命令。

➢ 命令 1：在命令行中输入"BLOCK"（创建）命令，按〈Enter〉键确认。

➢ 命令 2：在命令行中输入"B"（创建）命令，按〈Enter〉键确认。

➢ 菜单栏：显示菜单栏，选择"绘图"|"块"|"创建"命令。

执行以上任意一种操作，均可调用"创建"命令。

10.1.3 新手练兵——外部图块的创建

在 AutoCAD 2016，外部图块是以外部文件的形式存在的，它可以被任何文件引用。使用"写块"命令可以将选定的对象输出为外部图块，并保存到单独的图形文件中。

素材文件	光盘\素材\第 10 章\镜子.dwg	
效果文件	无	
视频文件	光盘\视频\第 10 章\10.1.3　新手练兵——外部图块的创建.mp4	

步骤 01 单击"菜单浏览器"按钮，在弹出的菜单列表中选择"打开"|"图形"命令，打开素材图形，如图 10-5 所示。

步骤 02 在命令行中输入"WBLOCK"（写块）命令，按〈Enter〉键确认，弹出"写块"对话框，在"对象"选项区中单击"选择对象"按钮，如图 10-6 所示。

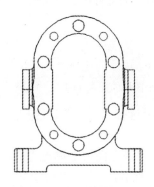

图 10-5 打开素材图形

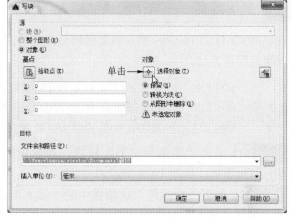

图 10-6 单击"选择对象"按钮

步骤 03 在绘图区中选择需要编辑的图形对象，如图 10-7 所示。

步骤 04 按〈Enter〉键确认，弹出"写块"对话框，在"目标"选项区中设置文件名和路径，如图 10-8 所示，单击"确定"按钮，即可完成外部图块的创建。

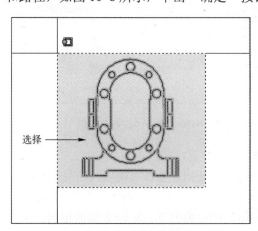

图 10-7 选择图形对象

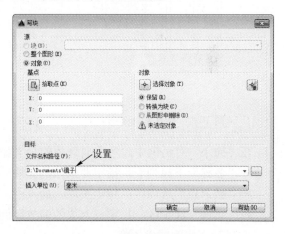

图 10-8 设置文件名和路径

在"写块"对话框中，各选项的含义如下。

➤ "块"单选按钮：选中该单选按钮，可以指定要另存为文件的现有块。

➤ "整个图形"单选按钮：选中该单选按钮，可以选择要另存为其他文件的当前图形。

➤ "对象"单选按钮：选中该单选按钮，可以选择要另存为文件的对象，指定基点并选择下面的对象。

➤ "基点"选项区：在该选项区中，可以指定块的基点。

➤ "对象"选项区：在该选项区中，可以设置用于创建块的对象上的块创建的效果。
➤ "插入单位"下拉列表：在该下拉列表中，可以指定从设计中心拖动新文件，或将其作为图块插入到使用不同单位的图形中时用于自动缩放的单位值。
➤ "文件名和路径"选项区：在该选项区中，可以指定文件名和保存块或对象的路径。

10.1.4 新手练兵——单个图块的插入

在 AutoCAD 2016 中，插入块是指将已定义的图块插入到当前的文件中。下面介绍插入单个图块的操作方法。

素材文件	光盘\素材\第 10 章\亭子立面图.dwg	
效果文件	光盘\效果\第 10 章\亭子立面图.dwg	
视频文件	光盘\视频\第 10 章\10.1.4　新手练兵——单个图块的插入.mp4	

步骤 01 单击"菜单浏览器"按钮，在弹出的菜单列表中选择"打开"|"图形"命令，打开素材图形，如图 10-9 所示。

步骤 02 单击"功能区"选项板中的"插入"选项卡，在"块"面板上单击"插入"按钮，弹出"插入"对话框，单击"浏览"按钮，如图 10-10 所示。

图 10-9　打开素材图形

图 10-10　单击"浏览"按钮

在"插入"对话框中。各主要选项的含义如下。
➤ "名称"下拉列表：指定要插入的图块的名称，或者指定要作为块插入的文件名称。
➤ "插入点"选项区：指定图块的插入点。
➤ "比例"选项区：指定插入块的缩放比例。如果指定负的 X、Y 和 Z 缩放比例因子，则插入块的镜像图像。
➤ "旋转"选项区：在当前 UCS 中指定插入块的旋转角度。
➤ "块单位"选项区：显示有关块单位的信息。
➤ "分解"复选框：勾选该复选框，分解块并插入该块的各个部分。

步骤 03 弹出"选择图形文件"对话框，在其中选择需要插入的图形文件，如图 10-11 所示。

步骤 04 单击"打开"按钮，返回"插入"对话框，单击"确定"按钮，在绘图区中单击鼠标左键，即可插入单个图块，如图 10-12 所示。

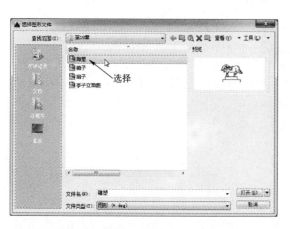
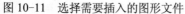

图 10-11　选择需要插入的图形文件　　　　图 10-12　插入单个图块

10.1.5　新手练兵——重新定义图块

在 AutoCAD 2016 中，如果在一个图形文件中多次重复插入一个图块，又需将所有相同的图块统一修改或改变成另一个标准，则可运用图块的重定义功能来实现。

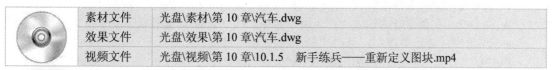

素材文件	光盘\素材\第 10 章\汽车.dwg
效果文件	光盘\效果\第 10 章\汽车.dwg
视频文件	光盘\视频\第 10 章\10.1.5　新手练兵——重新定义图块.mp4

步骤 **01**　单击"菜单浏览器"按钮，在弹出的菜单列表中单击"打开"|"图形"命令，打开素材图形，如图 10-13 所示。

步骤 **02**　单击"功能区"选项板中的"插入"选项卡，在"块定义"面板上单击"创建块"按钮，弹出"块定义"对话框，在"名称"文本框中输入"汽车"，如图 10-14 所示。

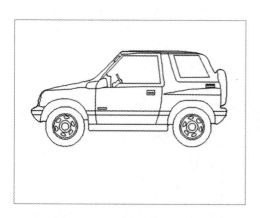
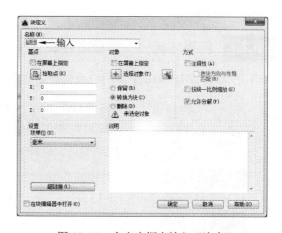

图 10-13　打开素材图形　　　　　　图 10-14　在文本框中输入"汽车"

步骤 **03**　单击"选择对象"按钮，根据命令行提示进行操作，选择所有图形为编辑对象并确认，弹出"块定义"对话框，单击"确定"按钮，如图 10-15 所示。

步骤 **04**　弹出"块-重定义块"对话框，单击"重定义"按钮，如图 10-16 所示，即可重新定义图块。

图 10-15　单击"确定"按钮

图 10-16　单击"重定义"按钮

▶ **专家指点**

在 AutoCAD 2016 中，用户还可以通过以下 3 种方法调用"块"命令。

➢ 命令 1：在命令行中输入"INSERT"（块）命令，按〈Enter〉键确认。

➢ 命令 2：在命令行中输入"I"（块）命令，按〈Enter〉键确认。

➢ 菜单栏：显示菜单栏，选择"插入"|"块"命令。

执行以上任意一种操作，均可调用"块"命令。

10.2　创建与编辑属性块

　　块属性是附属于块的非图形信息，是块的组成部分，是特定的可包含在块定义中的文字对象。在定义一个块时，属性必须预先定义，然后才能被选定，通常属性用于在块的插入过程中进行自动注释。本节主要介绍创建与编辑图块属性的操作方法。

`10.2.1` 新手练兵——创建属性块

　　在 AutoCAD 2016 中，用户可根据需要创建带有属性的块。

	素材文件	光盘\素材\第 10 章\床头柜.dwg
	效果文件	光盘\效果\第 10 章\床头柜.dwg
	视频文件	光盘\视频\第 10 章\10.2.1　新手练兵——创建属性块.mp4

　　步骤 `01` 单击"菜单浏览器"按钮，在弹出的菜单列表中选择"打开"|"图形"命令，打开素材图形，如图 10-17 所示。

　　步骤 `02` 单击"功能区"选项板中的"插入"选项卡，在"块定义"面板上单击"定义属性"按钮，如图 10-18 所示。

　　步骤 `03` 弹出"属性定义"对话框，在"标记"文本框中输入"床头柜"，设置"文字高度"为"40"，如图 10-19 所示。

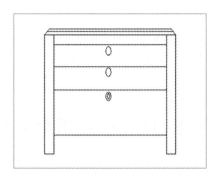

图 10-17 打开素材图形

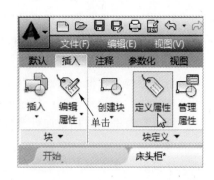
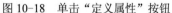

图 10-18 单击"定义属性"按钮

步骤 **04** 单击"确定"按钮，在命令行提示下，在绘图区中的合适位置上单击鼠标左键，即可创建属性块，效果如图 10-20 所示。

图 10-19 设置选项

图 10-20 创建属性块

在"属性定义"对话框中，各主要选项的含义如下。

➤ "不可见"复选框：指定插入块时不显示或打印属性值。

➤ "固定"复选框：在插入块时赋予属性固定值。

➤ "验证"复选框：插入块时提示验证属性值是否正确。

➤ "预设"复选框：插入包含预设属性值的块时，将属性设定为默认值。

➤ "锁定位置"复选框：锁定块参照中属性的位置。解锁后，属性可以相对于使用夹点编辑的块的其他部分移动，并且可以调整多行文字属性的大小。

➤ "多行"复选框：指定属性值可以包含多行文字。勾选该复选框后，可以指定属性的边界宽度。

➤ "插入点"选项区：指定属性位置。输入坐标值或者勾选"在屏幕上指定"复选框，并使用定点设备根据与属性关联的对象指定属性的位置。

➤ "标记"文本框：标识图形中每次出现的属性。可使用任何字符组合（空格除外）输入属性标记。小写字母会自动转换为大写字母。

➤ "提示"文本框：指定在插入包含该属性定义的块时显示的提示。

- ➢ "默认值"文本框：指定默认的属性值。
- ➢ "插入字段"按钮 ▤：单击该按钮，则可以显示出"字段"对话框，可以插入一个字段作为属性的全部或部分值。
- ➢ "对正"下拉列表框：指定属性文字对正方式。
- ➢ "文字样式"下拉列表框：指定属性文字的预定义样式。
- ➢ "注释性"复选框：指定属性为注释性。如果图块是注释性的，则属性将与块的方向相匹配。
- ➢ "文字高度"文本框：指定属性文字的高度。
- ➢ "旋转"文本框：指定属性文字的旋转角度。
- ➢ "边界宽度"文本框：在属性文字换行至下一行前，指定多行文字属性中一行文字的最大长度。
- ➢ "在上一个属性定义下对齐"复选框：勾选该复选框，可以将属性标记直接置于之前定义的属性的下面。

▶ 专家指点

在 AutoCAD 2016 中，用户还可以通过以下 3 种方法调用"定义属性"命令。
- ➢ 命令 1：在命令行中输入"ATTDEF"（定义属性）命令，按〈Enter〉键确认。
- ➢ 命令 2：在命令行中输入"ATT"（定义属性）命令，按〈Enter〉键确认。
- ➢ 菜单栏：显示菜单栏，选择"绘图"|"块"|"定义属性"命令。
执行以上任意一种操作，均可调用"定义属性"命令。

10.2.2 新手练兵——插入属性块

插入一个带有属性的块时，其插入方法与插入一个不带属性的块基本相同，只是在后面增加了属性输入提示。

素材文件	光盘\素材\第 10 章\相框.dwg
效果文件	光盘\效果\第 10 章\相框.dwg
视频文件	光盘\视频\第 10 章\10.2.2　新手练兵——插入属性块.mp4

步骤 01　单击"菜单浏览器"按钮，在弹出的菜单列表中选择"打开"|"图形"命令，打开素材图形，如图 10-21 所示。

步骤 02　在命令行中输入"I"（插入）命令，按〈Enter〉键确认，弹出"插入"对话框，如图 10-22 所示。

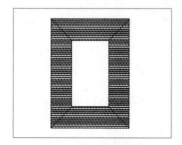

图 10-21　打开素材图形

图 10-22　弹出"插入"对话框

步骤 03 单击"浏览"按钮，弹出"选择图形文件"对话框，选择相应的文件，如图 10-23 所示。

步骤 04 单击"打开"按钮，返回"插入"对话框，单击"确定"按钮，如图 10-24 所示。

图 10-23 选择相应的文件

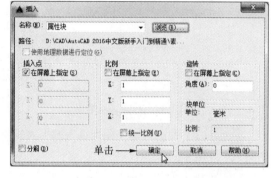

图 10-24 单击"确定"按钮

步骤 05 根据命令行的提示进行操作，输入插入点的坐标为"（2340，1170）"，按〈Enter〉键确认，弹出"编辑属性"对话框，输入属性块为"相框"，，如图 10-25 所示。

步骤 06 单击"确定"按钮，即可插入属性块，效果如图 10-26 所示。

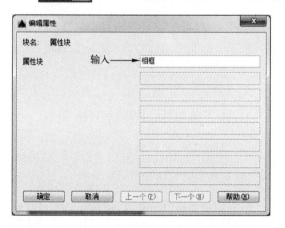

图 10-25 输入"相框"

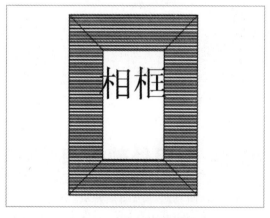

图 10-26 插入属性块

10.2.3 新手练兵——编辑属性块

在 AutoCAD 2016 中，块属性就像其他对象一样，用户可以对其进行编辑。

	素材文件	光盘\素材\第 10 章\编辑块的属性.dwg
	效果文件	光盘\效果\第 10 章\编辑块的属性.dwg
	视频文件	光盘\视频\第 10 章\10.2.3 新手练兵——编辑属性块.mp4

步骤 01 单击"菜单浏览器"按钮，在弹出的菜单列表中选择"打开"|"图形"命令，打开素材图形，如图 10-27 所示。

步骤 02 在绘图区中的属性定义块上双击鼠标左键，如图 10-28 所示。

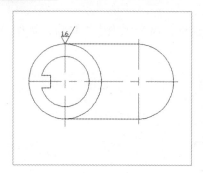

图 10-27 打开素材图形

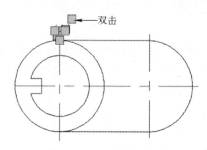

图 10-28 双击鼠标左键

步骤 03 弹出"增强属性编辑器"对话框，切换至"属性"选项卡，将值修改为"0.8"，如图 10-29 所示。

步骤 04 设置完成后，单击"确定"按钮，即可编辑块的属性，如图 10-30 所示。

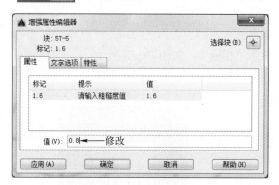

图 10-29 修改值

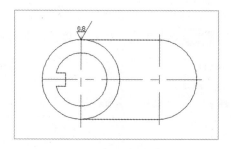

图 10-30 编辑块的属性

10.3 运用外部参照

外部参照是指一副图形对另一副图形的引用。在绘制图形时，如果一个图形文件需要参照其他图形或图像来绘制，而又不希望占用太多的存储空间，就可以使用 AutoCAD 的外部参照功能。本节主要介绍运用外部参照的操作方法。

10.3.1 外部参照与图块的区别

在 AutoCAD 2016 中，外部参照与块在当前图形中都是以单个对象的形式存在，但还是存在一定的差异。

外部参照是指一幅图形对另一幅图形的引用，就是把已有的图形文件插入到当前的图形中。

当打开有外部参照的图形文件时，系统则会询问是否把各个外部参照图形重新调入并在当前图形中显示出来。外部参照功能不但使用户可以利用一组子图形构造复杂的主图形，而且还允许单独对这些子图形进行各种修改。作为外部参照的子图形发生变化时，重新打开主图形之后，主图形内的子图形也随之发生相应的变化。

外部参照与图块的主要区别在以下两个方面。

如果把图形作为块插入到另一个图形中，块定义和所有相关联的几何图形都将存储在当前图形数据库中。修改原图形后，块不会随之更新。插入的块如果被分解，则同其他图形没有本质区别，相当于将一个图形文件中的图形对象复制和粘贴到另一个图形文件中。外部参照提供了另一种更为灵活的图形引用方法，使用外部参照可以将多个图形链接到当前图形中，并且作为外部参照的图形会随源图形的修改而更新。

当一个图形文件被作为外部参照插入到当前图形中时，外部参照中每个图形的数据仍然分别保存在各自的源图形文件中，当前图形中所保存的只是外部参照的名称和路径。因此，外部参照不会明显地增加当前图形的文件大小，这样就可以节省磁盘空间，也利于保持系统的性能。无论一个外部参照文件多么复杂，AutoCAD 都会把它作为一个单一对象来处理，而不允许进行分解。用户可对外部参照进行比例缩放、移动、复制、镜像或旋转等操作，还可以控制外部参照显示状态，但这些操作都不会影响到源图形文件。

10.3.2 新手练兵——附着 DWG 文件

在 AutoCAD 2016 中，一个图形能作为外部参照并同时附着到多个图形中，反之，也可以将多个图形作为参照图形附着到单个图形中。

素材文件	光盘\素材\第 10 章\个性沙发.dwg
效果文件	光盘\效果\第 10 章\个性沙发.dwg
视频文件	光盘\视频\第 10 章\10.3.2　新手练兵——附着 DWG 文件.mp4

步骤 **01** 启动 AutoCAD 2016，单击"功能区"选项板中的"插入"选项卡，在"参照"面板上单击"附着"按钮，如图 10-31 所示。

步骤 **02** 弹出"选择参照文件"对话框，选择相应的参照文件，如图 10-32 所示。

▶ 专家指点

单击快速访问工具栏右侧的下拉按钮，在弹出的列表框中选择"显示菜单栏"选项，显示菜单栏，然后选择"插入"|"DWG 参照"命令，也可以调用"DWG 参照"命令。

图 10-31　单击"附着"按钮

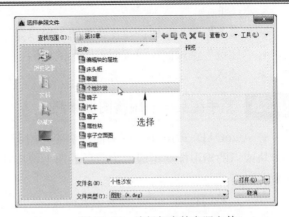

图 10-32　选择相应的参照文件

步骤 **03** 单击"打开"按钮，弹出"附着外部参照"对话框，如图 10-33 所示，保持默认选项，单击"确定"按钮。

步骤 04 指定合适的插入点，即可附着外部参照，如图 10-34 所示。

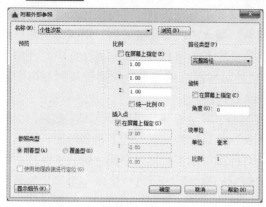

图 10-33 "附着外部参照"对话框

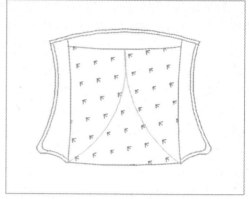

图 10-34 附着外部参照

在"附着外部参照"对话框中，各主要选项的含义如下。

➤ "名称"下拉列表：标识已选定要进行附着的*.dwg 文件。

➤ "浏览"按钮：单击该按钮，弹出"选择参照文件"对话框，从中可以为当前图形选择新的外部参照。

➤ "预览"显示区：显示已选定要进行附着的*.dwg 文件。

➤ "参照类型"选项区：指定外部参照为附着型还是覆盖型，与附着型的外部参照不同，当附着覆盖型外部参照的图形作为外部参照附着到另一图形中时，将忽略该覆盖型外部参照。

➤ "路径类型"下拉列表：用于选择完整（绝对）路径、外部参照文件的相对路径或无路径、外部参照的名称。

➤ "旋转"选项区：用于指定附着图形的旋转角度，可以在命令行的提示下或通过定点设备输入，也可以在对话框里输入旋转角度值。

➤ "块单位"选项区：显示有关插入块的单位信息。

➤ "使用地理数据进行定位"复选框：勾选该复选框，可以将使用地理数据的图形附着为参照。

➤ "显示细节"按钮：单击该按钮，可以显示外部参照文件路径。

➤ "比例"选项区：设置附着图形的比例。

➤ "插入点"选项区：设置附着图形的插入点。

10.3.3 新手练兵——附着图像参照

在 AutoCAD 2016 中，附着图像参照与附着外部参照都一样，其图像由一些称为像素的小方块或点的矩形栅格组成，附着后的图形像图块一样作为一个整体，用户可以对其进行多次重新附着。

素材文件	光盘\素材\第 10 章\客厅.bmp
效果文件	光盘\效果\第 10 章\客厅.dwg
视频文件	光盘\视频\第 10 章\10.3.3 新手练兵——附着图像参照.mp4

步骤 01 启动 AutoCAD 2016，在命令行中输入"IMAGEATTACH"（光栅图像参照）

命令，如图 10-35 所示，按〈Enter〉键确认。

步骤 02 弹出"选择参照文件"对话框，选择需要的图形文件，如图 10-36 所示，单击"打开"按钮。

图 10-35 输入"IMAGEATTACH"命令　　　　　图 10-36 选择需要的图形文件

▶ 专家指点

　　附加图像文件时，将该参照文件链接到当前图形。打开或重新加载参照文件时，当前图形中将显示对该文件所作的所有更改。其中在"附着图像"对话框中，各主要选项的含义与"附着外部参照"对话框相似。

　　附着图像参照后，可以使用"CLIP"命令剪裁图像，也可以对亮度、对比度、褪色度和透明度等进行设置。

步骤 03 弹出"附着图像"对话框，保持默认选项，单击"确定"按钮，如图 10-37 所示。

步骤 04 在绘图区中合适位置上，单击鼠标左键，输入缩放比例因子"10"并确认，即可完成附着图像参照，如图 10-38 所示。

图 10-37 单击"确定"按钮　　　　　图 10-38 完成附着图像参照

▶ 专家指点

　　显示菜单栏，选择"插入"|"光栅图像参照"命令，也可调用"光栅图像参照"命令。

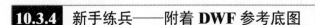
10.3.4 新手练兵——附着 DWF 参考底图

在 AutoCAD 2016 中，DWF 格式文件是一种从 DWG 格式文件创建的高度压缩的文件格式，可以将 DWF 文件作为参考底图附着到图形文件上，通过附着 DWF 文件，用户可以参照该文件而不增加图形文件的大小。

素材文件	光盘\素材\第 10 章\餐桌椅.dwf
效果文件	光盘\效果\第 10 章\餐桌椅.dwg
视频文件	光盘\视频\第 10 章\10.3.4　新手练兵——附着 DWF 参考底图.mp4

步骤 01 启动 AutoCAD 2016，在命令行中输入"DWFATTACH"（DWF 参考底图）命令，如图 10-39 所示，按〈Enter〉键确认。

步骤 02 弹出"选择参照文件"对话框，选择需要的图形文件，如图 10-40 所示。

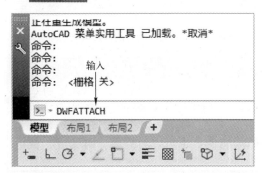

图 10-39　输入"DWFATTACH"命令　　　　图 10-40　选择需要的图形文件

步骤 03 单击"打开"按钮，弹出"附着 DWF 参考底图"对话框，如图 10-41 所示。

步骤 04 单击"确定"按钮，根据命令行提示进行操作，输入"(0,0)"，按两次〈Enter〉键确认，即可附着 DWF 参考底图，如图 10-42 所示。

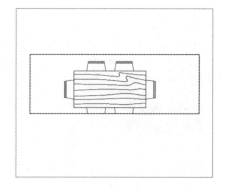

图 10-41　"附着 DWF 参考底图"对话框　　　　图 10-42　附着 DWF 参考底图

▶ 专家指点

　　显示菜单栏，选择"插入"|"DWF 参考底图"命令，也可以调用"DWF 参考底图"命令。

10.3.5 新手练兵——附着 **DGN** 文件

在 AutoCAD 2016 中,DGN 格式文件是 MicroStation 绘图软件的生成文件,该文件格式对精度、层数以及文件和单元的大小并不限制。另外,该文件中的数据都是经过快速优化、检验并压缩的,有利于节省存储空间。

	素材文件	光盘\素材\第 10 章\裤型设计.dgn
	效果文件	光盘\效果\第 10 章\裤型设计.dwg
	视频文件	光盘\视频\第 10 章\10.3.5 新手练兵——附着 DGN 文件.mp4

步骤 **01** 启动 AutoCAD 2016,在命令行中输入"DGNATTACH"(DGN 参考底图)命令,如图 10-43 所示,按〈Enter〉键确认。

▶ 专家指点

显示菜单栏,选择"插入"|"DGN 参考底图"命令,也可以调用"DGN 参考底图"命令。

步骤 **02** 弹出"选择参照文件"对话框,选择需要附着的参照文件,如图 10-44 所示,单击"打开"按钮。

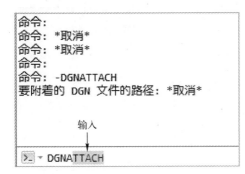

图 10-43 单击"外部参照"按钮

图 10-44 选择需要附着的参照文件

步骤 **03** 弹出"附着 DGN 参考底图"对话框,保持默认设置选项,如图 10-45 所示,单击"确定"按钮。

步骤 **04** 在绘图区中合适位置上,单击鼠标左键,输入比例因子为"1"并确认,即可附着 DGN 参考底图,如图 10-46 所示。

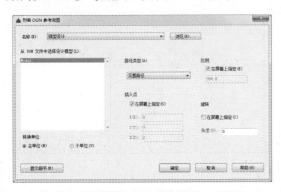

图 10-45 "附着 DGN 参考底图"对话框

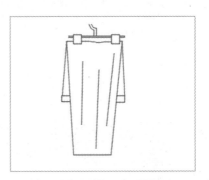

图 10-46 附着 DGN 参考底图

10.3.6 新手练兵——附着 PDF 文件

在 AutoCAD 2016 中，用户可以附着 PDF 参照进行辅助绘图，多页 PDF 文件一次可附着一页。此外，PDF 文件中的超文本链接将被转换为纯文字，并且不支持数字签名。

素材文件	光盘\素材\第 10 章\通盖轴测图.pdf
效果文件	光盘\效果\第 10 章\通盖轴测图. dwg
视频文件	光盘\视频\第 10 章\10.3.6 新手练兵——附着 PDF 文件.mp4

 步骤 01 启动 AutoCAD 2016，在命令行中输入"PDFATTACH"（PDF 参考底图）命令，如图 10-47 所示，按〈Enter〉键确认。

 步骤 02 弹出"选择参照文件"对话框，选择需要附着的参照文件，如图 10-48 所示。

▶ 专家指点

将 PDF 文件附着为参考底图时，可以将该参考文件链接到当前图形中。打开或重新加载参照文件时，当前图形中将显示对该文件所作的所有更改。当包含参照文件的图形被移动或保存到另一路径、另一本地磁盘驱动器或者另一个网络服务器中时，就必须编辑所有的相对路径，使其使用源图形文件的新位置，或者重新定位参照文件。

图 10-47 输入"PDFATTACH"命令

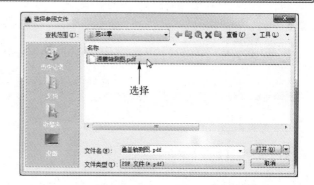

图 10-48 选择需要附着的参照文件

 步骤 03 单击"打开"按钮，弹出"附着 PDF 参考底图"对话框，如图 10-49 所示。

 步骤 04 单击"确定"按钮，在绘图区中合适位置上，单击鼠标左键，按〈Enter〉键确认，即可附着 PDF 参考底图，如图 10-50 所示。

图 10-49 "附着 PDF 参考底图"对话框

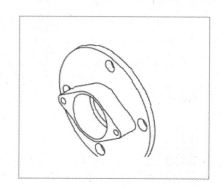

图 10-50 附着 PDF 参考底图

> 显示菜单栏，选择"插入"|"PDF 参考底图"命令，也可调用"PDF 参考底图"命令。

10.4 编辑与管理外部参照

在 AutoCAD 2016 中，用户可以在"外部参照"选项板中对外部参照进行编辑和管理。本节主要介绍编辑与管理外部参照的操作方法。

10.4.1 新手练兵——编辑外部参照

在 AutoCAD 2016 中，可以使用"在位编辑参照"命令编辑当前图形中的外部参照，也可以重新定义当前图形中的块定义。

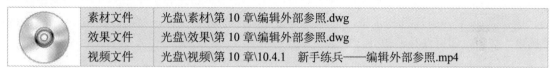

素材文件	光盘\素材\第 10 章\编辑外部参照.dwg
效果文件	光盘\效果\第 10 章\编辑外部参照.dwg
视频文件	光盘\视频\第 10 章\10.4.1 新手练兵——编辑外部参照.mp4

步骤 01 单击"菜单浏览器"按钮，在弹出的菜单列表中选择"打开"|"图形"命令，打开素材图形，如图 10-51 所示。

步骤 02 在命令行中输入"REFEDIT"（编辑参照）命令，按〈Enter〉键确认，根据命令行提示进行操作，在绘图区的图形上单击鼠标左键，弹出"参照编辑"对话框，如图 10-52 所示。

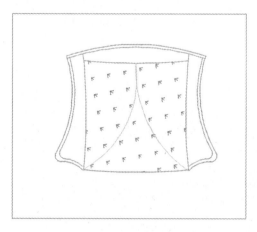

图 10-51 打开素材图形

图 10-52 弹出"参照编辑"对话框

步骤 03 选中"自动选择所有嵌套的对象"单选按钮，单击"确定"按钮，如图 10-53 所示。

步骤 04 执行操作后，即可编辑外部参照，如图 10-54 所示。

步骤 05 在"功能区"选项板中将弹出"编辑参照"面板，在"编辑参照"面板上单击"保存修改"按钮，如图 10-55 所示。

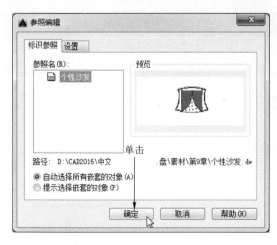

图 10-53 单击"确定"按钮

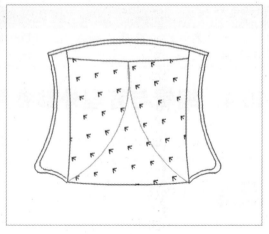

图 10-54 编辑外部参照

步骤 06 弹出信息提示框,提示所有参照编辑都将被保存,如图 10-56 所示,单击"确定"按钮,即可保存编辑外部参照。

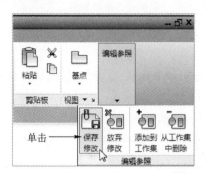

图 10-55 单击"保存修改"按钮

图 10-56 弹出信息提示框

10.4.2 新手练兵——拆离外部参照

在 AutoCAD 2016 中,当插入一个外部参照后,如果需要删除该外部参照,可以将其进行拆离操作。

素材文件	光盘\素材\第 10 章\四人桌.dwg、椅子.dwg
效果文件	无
视频文件	光盘\视频\第 10 章\10.4.2 新手练兵——拆离外部参照.mp4

步骤 01 单击"菜单浏览器"按钮,在弹出的菜单列表中选择"打开"|"图形"命令,打开素材图形,如图 10-57 所示。

步骤 02 在命令行中输入"XR"(外部参照)命令,并按〈Enter〉键确认,弹出"外部参照"面板,在"椅子"选项上单击鼠标右键,在弹出的快捷菜单中选择"拆离"选项,如图 10-58 所示。

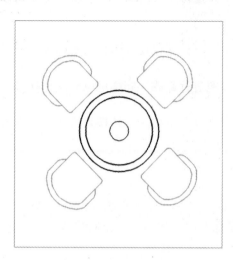

图 10-57　打开素材图形

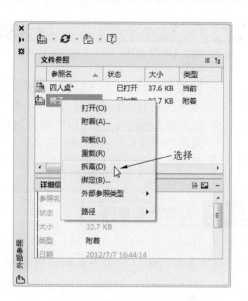

图 10-58　选择"拆离"选项

步骤 **03** 执行操作后，在"参照名"列表框中将不再显示"椅子"选项，如图 10-59 所示。

步骤 **04** 关闭"外部参照"面板，绘图区中将不显示外部参照，如图 10-60 所示。

图 10-59　不再显示"椅子"选项

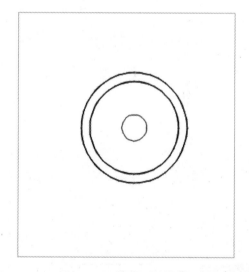

图 10-60　不显示外部参照

在"外部参照"面板中，各主要选项的含义如下。

➤ "附着 DWG"按钮：单击该按钮右侧的下拉按钮，用户可以从弹出的下拉列表中选择附着 DWG、DWF、DGN、PDF 或图像。

➤ "刷新"按钮：单击该按钮右侧的下拉按钮，用户可以从弹出的下拉列表中选择"刷新"或"重载所有参照"选项。

➤ "文件参照"列表框：在该列表框中，显示了当前图形中的各个外部参照的名称，可以将显示设置为以列表图或树状图结构显示模式。

▶ 专家指点

　　在 AutoCAD 2016 中，用户可以用同样的方法，根据需要对外部参照进行卸载、重载和绑定操作。

> ➤ 卸载与拆离不同，卸载并不删除外部参照的定义，而仅仅取消外部参照的图形显示（包括其所有副本）。
> ➤ 运用重载功能，在任何时候都可以从外部参照进行卸载，同样可以一次选择多个外部参照文件，同时进行卸载。
> ➤ 使用绑定可以断开指定的外部参照与原图形文件的链接，并转换为块对象，成为当前图形的永久组成部分。

10.4.3　卸载外部参照

　　在 AutoCAD 2016 中，当已插入一个外部参照时，在"外部参照"面板的"文件参照"列表框中选中已插入的外部参照文件，单击鼠标右键，然后在弹出的快捷菜单中选择"卸载"选项，则可以对指定的外部参照进行卸载，如图 10-61 所示。

　　"卸载"与"拆离"不同，该操作并不删除外部参照的定义，而仅仅取消外部参照的图形显示（包括其所有副本）。

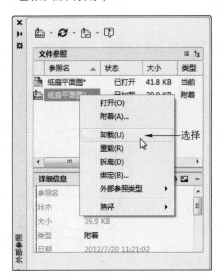
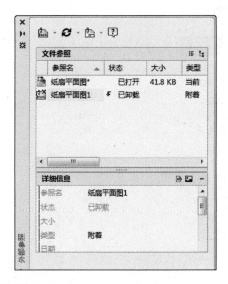

图 10-61　卸载外部参照

10.4.4　重载外部参照

　　在 AutoCAD 2016 中，当已插入一个外部参照时，在"外部参照"面板中的"文件参照"列表框中选中已经插入的外部参照文件，单击鼠标右键，在弹出的快捷菜单中选择"重载"选项，即可以对指定的外部参照进行更新，如图 10-62 所示。

　　在打开一个附着有外部参照的图形文件时，将自动重载所有附着的外部参照，但是在编辑该文件的过程中不能实时地反映原图形文件的改变。因此，利用重载功能可以在任何时候对外部参照进行卸载。同样可以一次选择多个外部参照文件，同时进行卸载。

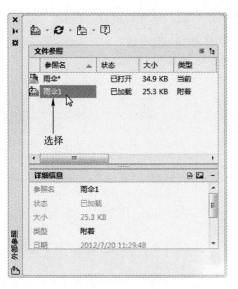
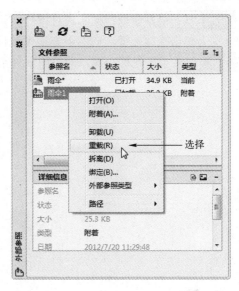

图 10-62　重载外部参照

10.4.5　新手练兵——剪裁外部参照

在 AutoCAD 2016 中，剪裁命令用于定义外部参照的剪裁边界、设置前后剪裁面，这样就可以只显示剪裁范围以内的外部参照对象（即将剪裁范围以外的外部参照从当前显示图形中裁掉）。

素材文件	光盘\素材\第 10 章\盆景.dwg
效果文件	光盘\效果\第 10 章\盆景.dwg
视频文件	光盘\视频\第 10 章\10.4.5　新手练兵——剪裁外部参照.mp4

步骤 01　单击"菜单浏览器"按钮，在弹出的菜单列表中选择"打开"|"图形"命令，打开素材图形，如图 10-63 所示。

步骤 02　单击"功能区"选项板中的"插入"选项卡，在"参照"面板上单击"剪裁"按钮 ，如图 10-64 所示。

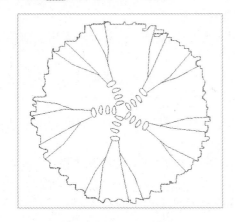

图 10-63　打开素材图形

图 10-64　单击"剪裁"按钮

步骤 03 根据命令行提示进行操作，选择剪裁对象，连续按两次〈Enter〉键确认，在合适位置上单击鼠标左键，向右下方拖曳鼠标，如图 10-65 所示。

步骤 04 单击鼠标左键，即可剪裁外部参照，效果如图 10-66 所示。

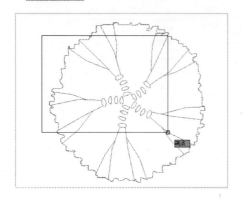

图 10-65 向右下方拖曳鼠标

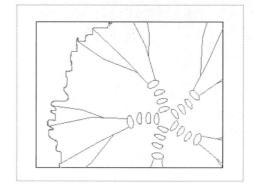

图 10-66 剪裁外部参照

执行"剪裁"命令后，命令行中提示如下。

命令：CLIP
选择要剪裁的对象：选择剪裁对象。
输入剪裁选项[开(ON)/关(OFF)/剪裁深度(C)/删除(D)/生成多段线(P)/新建边界(N)] <新建边界>：选择相应选项。
外部模式 – 边界外的对象将被隐藏。
指定剪裁边界或选择反向选项：[选择多段线(S)/多边形(P)/矩形(R)/反向剪裁(I)] <矩形>：指定剪裁的边界，或者选择其他选项。

命令行中各选项的含义如下。

➤ 开（ON）：显示当前图形中外部参照或块的被剪裁部分。

➤ 关（OFF）：显示当前图形中外部参照或块的完整几何图形，忽略剪裁边界。

➤ 剪裁深度（C）：在外部参照或块上设定前剪裁平面和后剪裁平面，系统将不显示由边界和指定深度所定义的区域外的对象。剪裁深度应用在平行于剪裁边界的方向上。

➤ 删除（D）：为选定的外部参照或块删除剪裁边界，要临时关闭剪裁边界，请选择"关"选项，"删除"选项将删除剪裁边界和剪裁深度。

➤ 生成多段线（P）：自动绘制一条与剪裁边界重合的多段线。此多段线采用当前的图层、线型、线宽和颜色设置。

➤ 新建边界（N）：定义一个矩形或多边形剪裁边界，或者用多段线生成一个多边形剪裁边界。

➤ 选择多段线（S）：使用选定的多段线定义边界。此多段线可以是开放的，但是必须由直线段组成，并且不能自交。

➤ 多边形（P）：使用指定多边形顶点中的三个或更多点定义多边形剪裁边界。

➤ 矩形（R）：使用指定的对角点定义矩形边界。

➤ 反向剪裁（I）：反转剪裁边界模式，剪裁边界外部或边界内部的对象。

11 创建与设置表格

学习提示

在 AutoCAD 2016 中，用户可以使用"表格"命令创建表格，也可以从 Microsoft Excel 中直接复制表格，并将其作为 AutoCAD 表格对象粘贴到图形中，还可以从外部直接导入表格对象。本章主要介绍创建与设置表格的各种操作方法。

本章案例导航

- 表格的创建
- 文本的输入
- 合并单元格
- 设置列宽
- 设置行高

- 在表格中使用公式
- 表格底纹的设置
- 表格线宽的设置
- 线型颜色的设置
- 线型样式的设置

11.1 表格的创建

在 AutoCAD 2016 中，用户可以使用"表格"命令创建表格，还可以直接插入设置好样式的表格，而不需要再绘制由单独图线组成的表格，其操作方法与 Word 和 Excel 基本相同，应用非常方便。表格在各类制图设计中的应用非常广泛，如建筑设计制图中的图例表等。

11.1.1 表格样式的创建

表格样式可以控制表格的外观，用于保证标准的字体、颜色、文本、高度和行距。用户可以使用默认的表格样式，也可以根据需要自定义表格样式。

启动 AutoCAD 2016，在"功能区"选项板的"默认"选项卡中，单击"注释"面板中间的下拉按钮，在展开面板中单击"表格样式"按钮，弹出"表格样式"对话框，如图 11-1 所示。

单击"新建"按钮，弹出"创建新的表格样式"对话框，在"新样式名"文本框中输入"表格样式"，如图 11-2 所示。

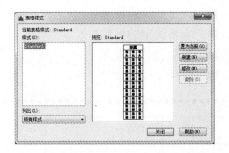 

图 11-1　弹出"表格样式"对话框　　　　图 11-2　输入"表格样式"

单击"继续"按钮，弹出"新建表格样式：表格样式"对话框，在"常规"选项卡中，设置"对齐"为"正中"，设置"水平"和"垂直"边距均为"2"，如图 11-3 所示。

单击"确定"按钮，返回"表格样式"对话框，完成新建表格样式的操作，在"样式"列表框中将显示新建的表格样式，如图 11-4 所示。

 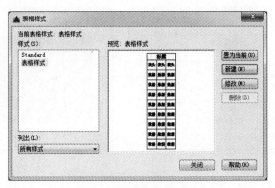

图 11-3　设置参数　　　　图 11-4　新建表格样式

"表格样式"对话框中，各主要选项的含义如下。

- "样式"列表框：显示所有已设定的表格样式。
- "列出"下拉列表：用来控制"样式"列表框中样式的显示。
- "预览：表格样式"显示区：用于显示选中表格的样式。
- "置为当前"按钮：在"样式"列表框中选择相应样式，单击该按钮，可以将选定的样式设定为当前样式。
- "新建"按钮：用于创建新的表格样式。
- "修改"按钮：用于对选中的表格样式进行相应修改。
- "删除"按钮：用于删除没有使用的表格样式。

在"新建表格样式：表格样式"对话框中有 3 个重要的选项卡，其含义分别如下。

- "常规"选项卡：用于控制数据栏与标题栏的上下位置关系。
- "文字"选项卡：用于设置文字属性，在"文字样式"下拉列表中可以选择已定义的文字样式，也可以单击右侧的按钮 … ，重新定义文字样式。此外，还可以设置文字的高度、颜色和角度等。
- "边框"选项卡：在该选项卡中，单击下面的边框线按钮，可以控制数据边框线的形式，包括所有边框、外边框、内边框、底部边框、左边框、上边框、右边框和无边框。此外，还可以设置边框的线宽、线型以及颜色，"间距"文本框用于控制单元边界和内容之间的间距。

▶ 专家指点

在 AutoCAD 2016 中，用户还可以通过以下两种方法调用"表格样式"命令。
- 命令：在命令行中输入"TABLESTYLE"（表格样式）命令，按〈Enter〉键确认。
- 菜单栏：显示菜单栏，选择"格式"|"表格样式"命令。
执行以上任意一种操作，均可调用"表格样式"命令。

11.1.2　新手练兵——表格的创建

在 AutoCAD 2016 中创建表格时，首先必须创建一个空表格，然后在表格单元中添加内容。用户可以直接插入表格对象而不需要用单独的直线绘制组成表格，并且还可以对已创建好的表格进行相应编辑。

素材文件	无
效果文件	光盘\效果\第 11 章\创建表格.dwg
视频文件	光盘\视频\第 11 章\11.1.2　新手练兵——表格的创建.mp4

步骤 01 启动 AutoCAD 2016，在"功能区"选项板的"默认"选项卡中，单击"注释"面板上的"表格"按钮 ，如图 11-5 所示。

步骤 02 弹出"插入表格"对话框，在"列和行设置"选项区中，设置"列数"为"10"、"列宽"为"100"、"数据行数"为"5"、"行高"为"10"，如图 11-6 所示。

▶ 专家指点

在 AutoCAD 2016 中，用户还可以通过以下两种方法调用"表格"命令。
- 命令：在命令行中输入"TABLE"（表格）命令，按〈Enter〉键确认。
- 菜单栏：显示菜单栏，选择"绘图"|"表格"命令。
执行以上任意一种操作，均可调用"表格"命令。

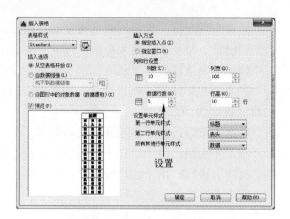

图 11-5　单击"表格"按钮　　　　　　　图 11-6　设置表格相应参数

| 步骤 | 03 | 单击"确定"按钮，在绘图区中的合适位置，单击鼠标左键，如图 11-7 所示。 |
| 步骤 | 04 | 执行操作后，按两次〈Esc〉键退出，即可创建表格，效果如图 11-8 所示。 |

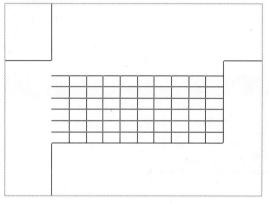

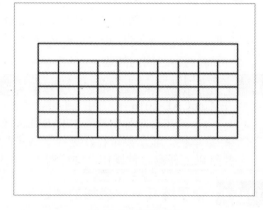

图 11-7　单击鼠标左键绘制表格　　　　　　图 11-8　创建表格

在"插入表格"对话框中，各主要选项区的含义如下。

➢ "表格样式"选项区：在要创建表格的当前图形中选择表格样式。单击列表框，用户还可以在弹出的列表中选择其他的表格样式。

➢ "插入选项"选项区：指定插入表格的方式。

➢ "预览"显示区：控制是否显示预览，如果从空的表格开始，则预览将显示表格样式的样例。如果创建表格链接，则预览结果表格。在处理大型表格时，可以清除此选项以提高性能。

➢ "插入方式"选项区：指定表格的位置。

➢ "列和行设置"选项区：用于设置列和行的数目和大小。

➢ "设置单元样式"选项区：对于那些不包含起始表格的表格样式，需指定新表格中行的单元格式。

11.1.3　新手练兵——文本的输入

在 AutoCAD 2016 中，创建表格后，用户可根据需要在表格中输入相应文本内容。

	素材文件	光盘\素材\第 11 章\台盆.dwg
	效果文件	光盘\效果\第 11 章\台盆.dwg
	视频文件	光盘\视频\第 11 章\11.1.3 新手练兵——文本的输入.mp4

步骤 **01** 单击"菜单浏览器"按钮，在弹出的菜单列表中选择"打开"|"图形"命令，打开素材图形，如图 11-9 所示。

步骤 **02** 在需要输入文本的表格上双击鼠标左键，弹出"文字编辑器"选项卡，如图 11-10 所示。

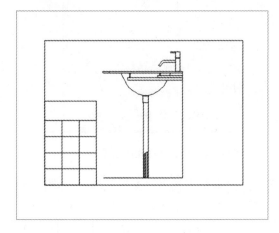
图 11-9 打开素材图形

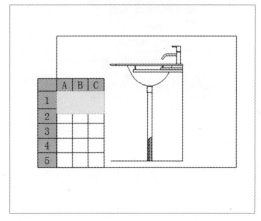
图 11-10 弹出"文字编辑器"选项卡

步骤 **03** 设置文字高度为"4"，在文本框中输入文字"台盆表"，如图 11-11 所示。

步骤 **04** 输入完成后，在绘图区的空白处单击鼠标左键，即可完成文本的输入，效果如图 11-12 所示。

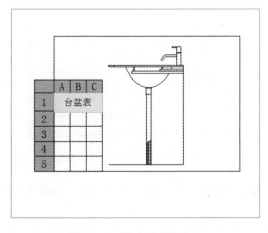
图 11-11 输入"台盆表"

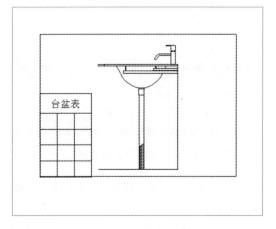
图 11-12 完成文本的输入

11.1.4 调用外部表格

在 AutoCAD 2016 中，用户可以根据需要使用"数据链接"调用外部表格。

启动 AutoCAD 2016，单击"功能区"选项板中的"注释"选项卡，在"表格"面板上单击"链接数据"按钮，如图 11-13 所示。

弹出"数据链接管理器"对话框，在"链接"列表框中选择"创建新的 Excel 数据链接"选项，如图 11-14 所示。

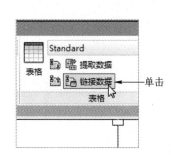

图 11-13　单击"数据链接"按钮

图 11-14　选择相应选项

弹出"输入数据链接名称"对话框，在"名称"文本框中输入"家居装饰"，如图 11-15 所示。

单击"确定"按钮，弹出"新建 Excel 数据链接：家居装饰"对话框，在"文件"选项区中单击"浏览"按钮，如图 11-16 所示。

图 11-16　单击"浏览"按钮

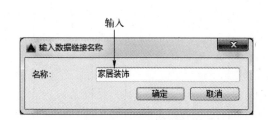

图 11-15　输入"家居装饰"

弹出"另存为"对话框，在其中用户可根据需要选择相应的 Excel 链接文件，如图 11-17 所示。

单击"打开"按钮，返回"新建 Excel 数据链接：家居装饰"对话框，在对话框下方的"预览"窗口中，可以预览链接的 Excel 文件，如图 11-18 所示。

单击"确定"按钮，返回"数据链接管理器"对话框，在"链接"列表框中的"家居装饰"选项中单击鼠标右键，在弹出的快捷菜单中选择"打开 Excel 文件"选项，如图 11-19 所示。

图 11-17 选择相应的 Excel 链接文件

图 11-18 预览链接的 Excel 文件

执行操作后，即可调用外部表格，效果如图 11-20 所示。

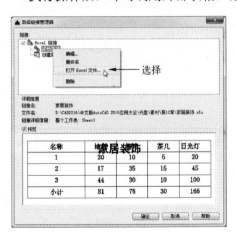

图 11-19 选择"打开 Excel 文件"选项

	A	B	C	D	E
1					
2		家居装饰			
3					
4	名称	地板	窗帘	茶几	日光灯
5	1	20	10	5	20
6	2	17	35	15	45
7	3	44	30	10	100
8	小计	81	75	30	165
9					
10					
11					
12					
13					
14					
15					

图 11-20 调用外部表格的效果

11.2 表格的设置

在 AutoCAD 2016 中，一般情况下，不可能一次就创建出完全符合要求的表格，此外，由于情形的变化，也需要对表格进行适当的修改，使其满足需求。本节主要介绍管理表格的各种操作方法，如设置列宽、设置行高、插入列以及插入行等。

11.2.1 新手练兵——合并单元格

在 AutoCAD 2016 中，合并单元格是指将多个单元格合并成一个单元格。下面介绍合并单元格的操作方法。

	素材文件	光盘\素材\第 11 章\明细单.dwg
	效果文件	光盘\效果\第 11 章\明细单.dwg
	视频文件	光盘\视频\第 11 章\11.2.1 新手练兵——合并单元格.mp4

步骤 01 单击"菜单浏览器"按钮,在弹出的菜单列表中选择"打开"|"图形"命令,打开素材图形,如图 11-21 所示。

步骤 02 在表格中选择需要合并的单元格,如图 11-22 所示。

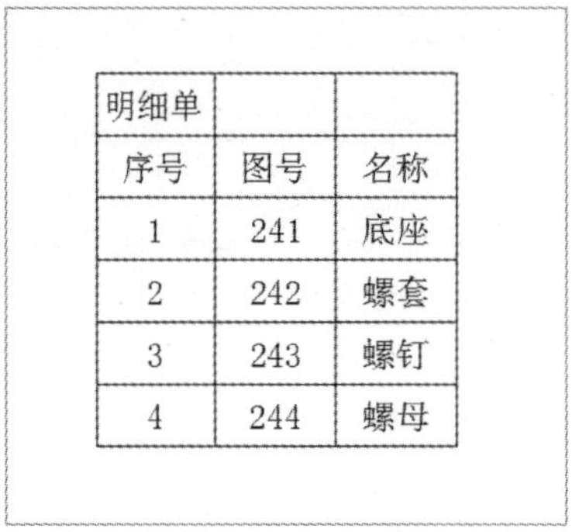

明细单		
序号	图号	名称
1	241	底座
2	242	螺套
3	243	螺钉
4	244	螺母

图 11-21 打开素材图形

图 11-22 选择需要合并的单元格

步骤 03 弹出"表格单元"选项卡,在"合并"面板上单击"合并单元"下拉按钮,在弹出的列表框中单击"合并全部"按钮,如图 11-23 所示。

步骤 04 执行操作后,按〈Esc〉键退出,即可合并单元格,效果如图 11-24 所示。

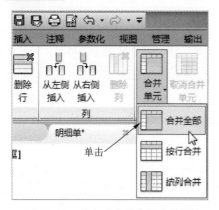

图 11-23 单击"合并全部"按钮

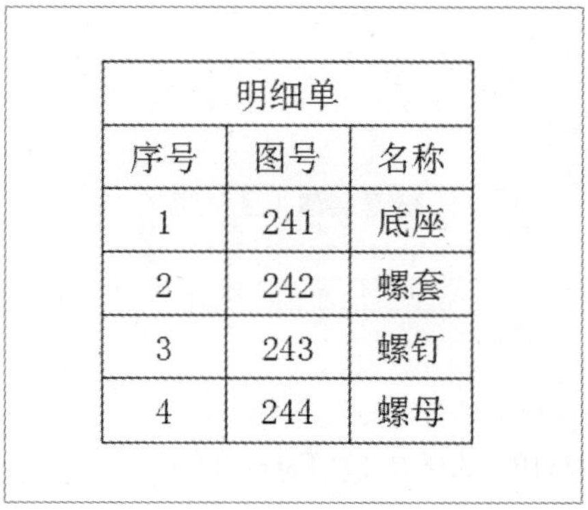

明细单		
序号	图号	名称
1	241	底座
2	242	螺套
3	243	螺钉
4	244	螺母

图 11-24 合并单元格

11.2.2 取消合并单元格

在 AutoCAD 2016 中,取消合并单元格是指将一个单元格拆分为多个单元格。

在绘图区中选择需要取消合并的单元格,弹出"表格单元"选项卡,单击"合并"面板中的"取消合并单元"按钮▦,如图 11-25 所示,即可取消合并单元格。

图 11-25 取消合并单元格

11.2.3 新手练兵——设置列宽

一般情况下，AutoCAD 2016 会根据表格插入的数量自动调整列宽，用户也可以自定义表格的列宽，以满足不同的需求。

素材文件	光盘\素材\第 11 章\图纸目录.dwg
效果文件	光盘\效果\第 11 章\图纸目录.dwg
视频文件	光盘\视频\第 11 章\11.2.3　新手练兵——设置列宽.mp4

步骤 01 单击"菜单浏览器"按钮，在弹出的菜单列表中选择"打开"|"图形"命令，打开素材图形，如图 11-26 所示。

步骤 02 在绘图区中选择需要调整列宽的表格，如图 11-27 所示。

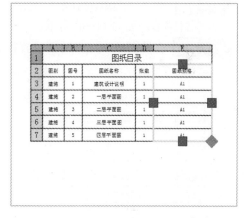

图 11-26　打开素材图形　　　　　图 11-27　选择需要调整列宽的表格

步骤 03 在"功能区"选项板的"视图"选项卡中，单击"选项板"面板上的"特性"按钮，弹出"特性"面板，在"单元宽度"文本框中输入"150"，如图 11-28 所示。

步骤 04 按〈Enter〉键确认，即可调整表格的列宽，效果如图 11-29 所示。

图 11-28　在文本框中输入"150"　　　　　图 11-29　调整表格的列宽

▶ 专家指点

　　在绘图区中选择需要调整列宽的表格，将鼠标移至表格右侧的控制点上，单击鼠标左键并向右拖曳，至合适位置后释放鼠标，也可以调整表格的列宽效果。

11.2.4　新手练兵——设置行高

　　一般情况下，AutoCAD 2016 会根据表格插入的数量自动调整行高，用户也可以自定义表格的行高，以满足不同的需求。

素材文件	光盘\素材\第 11 章\设置行高.dwg
效果文件	光盘\效果\第 11 章\设置行高.dwg
视频文件	光盘\视频\第 11 章\11.2.4　新手练兵——设置行高.mp4

　　步骤 01　单击"菜单浏览器"按钮，在弹出的菜单列表中选择"打开"|"图形"命令，打开素材图形，如图 11-30 所示。

　　步骤 02　在绘图区中选择需要设置行高的表格，如图 11-31 所示。

图 11-30　打开素材图形　　　　　　　图 11-31　选择需要设置行高的表格

　　步骤 03　在"功能区"选项板的"视图"选项卡中，单击"选项板"面板上的"特性"按钮，弹出"特性"面板，在"单元高度"文本框中输入"80"，如图 11-32 所示。

　　步骤 04　按〈Enter〉键确认，即可设置表格的行高，效果如图 11-33 所示。

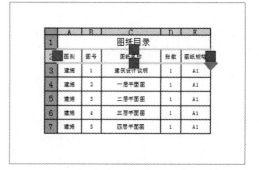

图 11-32　在文本框中输入"80"　　　　　　图 11-33　设置表格的行高

11.2.5　新手练兵——插入列

使用表格时经常会出现列数不够用的情况，此时使用 AutoCAD 2016 提供的"插入列"命令，可以很方便地完成列的添加操作。下面介绍插入列的操作方法。

素材文件	光盘\素材\第 11 章\涡轮表格.dwg
效果文件	光盘\效果\第 11 章\涡轮表格.dwg
视频文件	光盘\视频\第 11 章\11.2.5　新手练兵——插入列.mp4

步骤 01　单击"菜单浏览器"按钮，在弹出的菜单列表中选择"打开"|"图形"命令，打开素材图形，如图 11-34 所示。

步骤 02　在表格中选择最右侧的单元格，如图 11-35 所示。

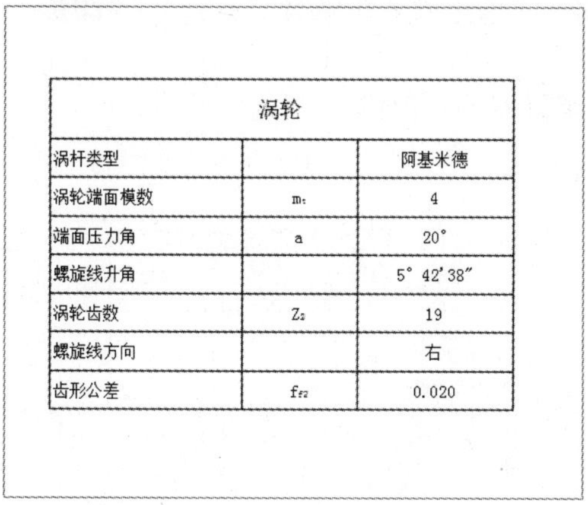

图 11-34　打开素材图形

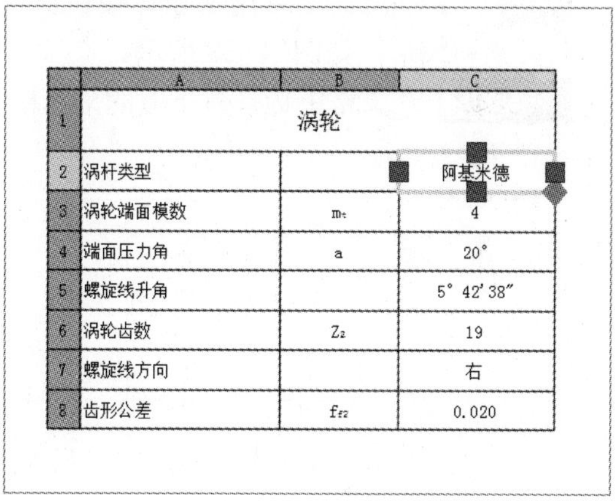

图 11-35　选择最右侧的单元格

步骤 03　在"功能区"选项板的"表格单元"选项卡中，单击"列"面板上的"从右侧插入"按钮，如图 11-36 所示。

步骤 04　执行操作后，即可在表格的右侧插入一列，效果如图 11-37 所示。

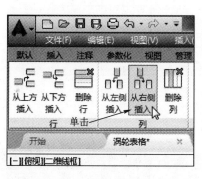

图 11-36　单击"从右侧插入"按钮

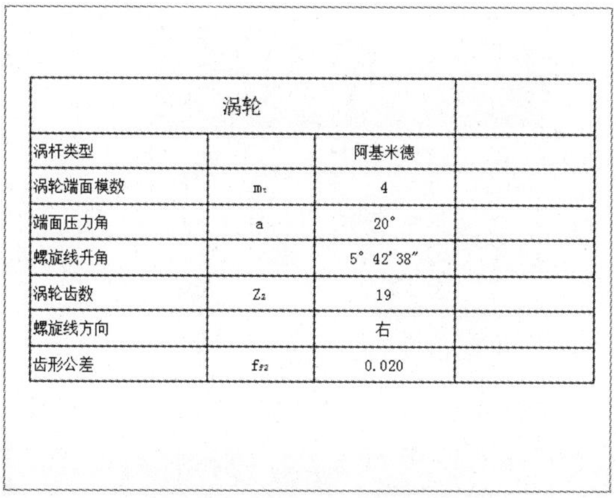

图 11-37　在表格的右侧插入一列

▶ 专家指点

在表格中选择最右侧的单元格，单击鼠标右键，在弹出的快捷菜单中选择"列"|"从右侧插入"选项，执行操作后，也可以在表格的右侧插入一列。

11.2.6 新手练兵——插入行

插入行的方法与插入列的方法基本类似，只要掌握了插入列的方法，插入行也非常简单。下面向用户介绍插入行的操作方法。

素材文件	光盘\素材\第 11 章\把手表格.dwg
效果文件	光盘\效果\第 11 章\把手表格.dwg
视频文件	光盘\视频\第 11 章\11.2.6　新手练兵——插入行.mp4

步骤 01 单击"菜单浏览器"按钮，在弹出的菜单列表中选择"打开"|"图形"命令，打开素材图形，如图 11-38 所示。

步骤 02 在表格中选择最下方的单元格，如图 11-39 所示。

名称	合叶	把手
1	10	17
2	27	28
3	34	30
小计	71	75

图 11-38　打开素材图形

	A	B	C
1	名称	合叶	把手
2	1	10	17
3	2	27	28
4	3	34	30
5	小计	71	75

图 11-39　选择最下方的单元格

步骤 03 在"功能区"选项板的"表格单元"选项卡中，单击"行"面板上的"从上方插入"按钮，如图 11-40 所示。

步骤 04 按〈Esc〉键退出，即可在表格的上方插入一行，效果如图 11-41 所示。

图 11-40　单击"从下方插入"按钮

名称	合叶	把手
1	10	17
2	27	28
3	34	30
小计	71	75

图 11-41　在表格的上方插入一列

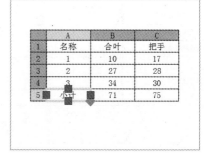

▶ 专家指点

在表格中选择最下方的单元格，单击鼠标右键，在弹出的快捷菜单中选择"行"|"从上方插入"选项，执行操作后，也可以在表格的上方插入一行。

11.2.7　删除行

在 AutoCAD 2016 中，用户可以使用"表格单元"选项卡中的相应按钮删除行。

在绘图区中选择需要删除的行，单击"表格单元"选项卡中的"删除行"按钮，如图 11-42 所示，即可删除行。

图 11-42　删除行

> ▶ 专家指点
>
> 在表格中选择最下方的单元格，单击鼠标右键，在弹出的快捷菜单中选择"行"|"删除"选项，执行操作后，也可以在表格的下方删除一行。

11.2.8　删除列

在 AutoCAD 2016 中，当工作表中的某些数据及其位置不再需要时，可以将其删除。

在绘图区中选择需要删除的列，单击"表格单元"选项卡中的"删除列"按钮，如图 11-43 所示，即可删除列。

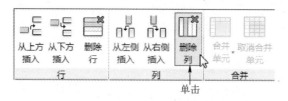

图 11-43　删除列

> ▶ 专家指点
>
> 在表格中选择最右侧的单元格，单击鼠标右键，在弹出的快捷菜单中选择"列"|"删除"选项，执行操作后，也可以在表格的右侧删除一列。

11.2.9　新手练兵——在表格中使用公式

在 AutoCAD 2016 的表格中，用户可以使用公式进行复杂的计算。

素材文件	光盘\素材\第 11 章\材料分配表.dwg
效果文件	光盘\效果\第 11 章\材料分配表.dwg
视频文件	光盘\视频\第 11 章\11.2.9　新手练兵——在表格中使用公式.mp4

步骤 01　单击"菜单浏览器"按钮，在弹出的菜单列表中选择"打开"|"图形"命令，打开素材图形，如图 11-44 所示。

步骤 02　在表格中选择右下方的单元格，如图 11-45 所示。

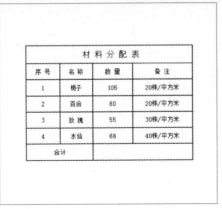

图 11-44　打开素材图形

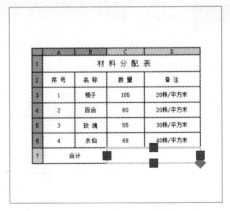

图 11-45　选择右下方的单元格

步骤 03　在"功能区"选项板的"表格单元"选项卡中，单击"插入"面板上的"公式"按钮 fx，在弹出的列表框中选择"求和"选项，如图 11-46 所示。

步骤 04　根据命令行提示进行操作，在表格中的合适位置上单击鼠标左键并拖曳，选择"数量"列中需要求和的数值，如图 11-47 所示。

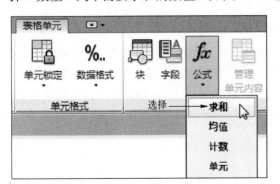

图 11-46　选择"求和"选项

图 11-47　选择需要求和的数值

步骤 05　执行操作后，在表格中将显示需要求和的表格区域，如图 11-48 所示。

步骤 06　按〈Enter〉键确认，即可得出计算结果，效果如图 11-49 所示。

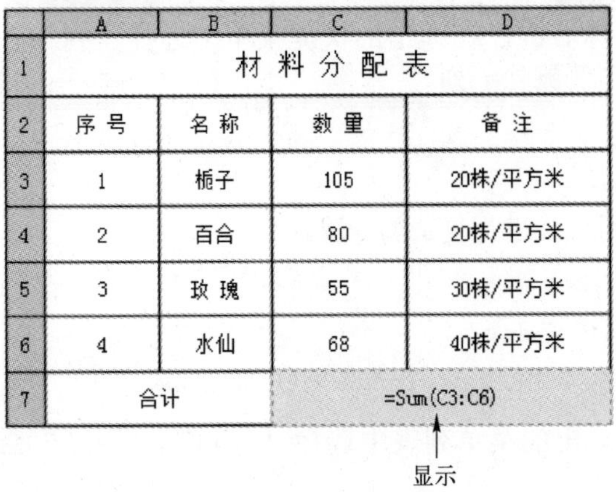

	A	B	C	D
1	材 料 分 配 表			
2	序 号	名 称	数 量	备 注
3	1	栀子	105	20株/平方米
4	2	百合	80	20株/平方米
5	3	玫瑰	55	30株/平方米
6	4	水仙	68	40株/平方米
7	合计		=Sum(C3:C6)	

显示

图 11-48　显示需要求和的表格区域

材 料 分 配 表			
序 号	名 称	数 量	备 注
1	栀子	105	20株/平方米
2	百合	80	20株/平方米
3	玫瑰	55	30株/平方米
4	水仙	68	40株/平方米
合计		308	

结果

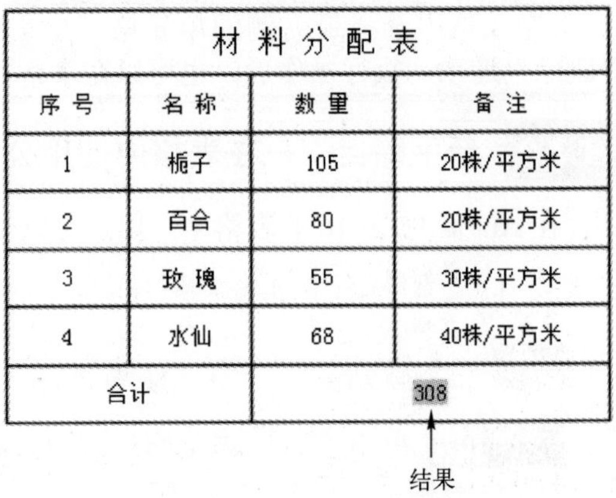

图 11-49　得出计算结果

▶ 专家指点

　　在表格中选择右下方的单元格，单击鼠标右键，在弹出的快捷菜单中选择"插入点"|"公式"|"方程式"选项，执行操作后，根据命令行提示进行操作，也可以在表格中使用公式进行计算。

11.3 表格特性的设置

　　创建并编辑表格后，用户还可以根据需要对表格进行格式化操作。AutoCAD 2016 提供了丰富的格式化功能，用户可以设置表格底纹、表格线宽、表格线型颜色以及表格线型样式等。

11.3.1 新手练兵——表格底纹的设置

　　在 AutoCAD 2016 中，当表格中的底纹不能满足用户需求时，可以自定义表格底纹。下面介绍设置表格底纹的操作方法。

素材文件	光盘\素材\第 11 章\房间分区.dwg
效果文件	光盘\效果\第 11 章\房间分区.dwg
视频文件	光盘\视频\第 11 章\11.3.1　新手练兵——表格底纹的设置.mp4

　　步骤 01　单击"菜单浏览器"按钮，在弹出的菜单列表中选择"打开"|"图形"命令，打开素材图形，如图 11-50 所示。

　　步骤 02　选择需要设置底纹的表格，如图 11-51 所示。

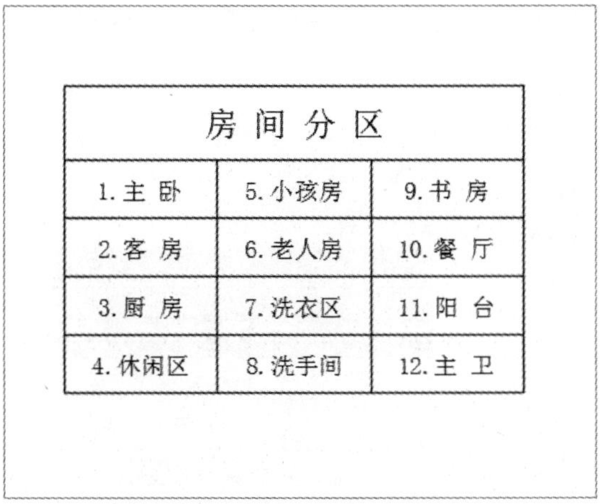

	房 间 分 区		
1. 主 卧	5. 小孩房	9. 书 房
2. 客 房	6. 老人房	10. 餐 厅
3. 厨 房	7. 洗衣区	11. 阳 台
4. 休闲区	8. 洗手间	12. 主 卫

图 11-50　打开素材图形

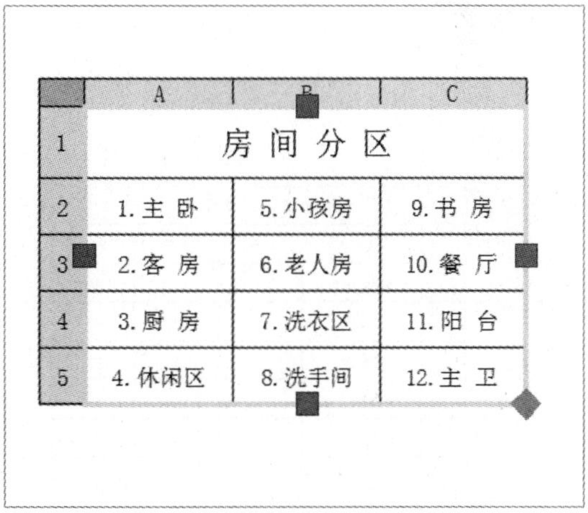

	A	B	C
1	房 间 分 区		
2	1. 主 卧	5. 小孩房	9. 书 房
3	2. 客 房	6. 老人房	10. 餐 厅
4	3. 厨 房	7. 洗衣区	11. 阳 台
5	4. 休闲区	8. 洗手间	12. 主 卫

图 11-51　选择需要设置底纹的表格

　　步骤 03　弹出"表格单元"选项卡，在"单元样式"面板中，设置"表格单元背景色"为"青"，如图 11-52 所示。

　　步骤 04　执行操作后，即可设置表格底纹，效果如图 11-53 所示。

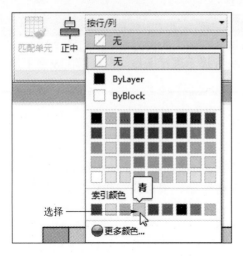

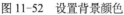

图 11-52　设置背景颜色

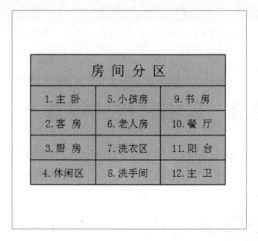

图 11-53　设置表格底纹

11.3.2　新手练兵——表格线宽的设置

在 AutoCAD 2016 中，用户可以设置表格线宽效果。

素材文件	光盘\素材\第 11 章\设置表格线宽.dwg
效果文件	光盘\效果\第 11 章\设置表格线宽.dwg
视频文件	光盘\视频\第 11 章\11.3.2　新手练兵——表格线宽的设置.mp4

步骤 01　单击"菜单浏览器"按钮，在弹出的菜单列表中选择"打开"|"图形"命令，打开素材图形，如图 11-54 所示。

步骤 02　选择需要设置线宽的表格，在"功能区"选项板的"表格单元"选项卡中，单击"单元样式"面板上的"编辑边框"按钮田，如图 11-55 所示。

图 11-54　打开素材图形

图 11-55　单击"编辑边框"按钮

步骤 04　弹出"单元边框特性"对话框，在"边框特性"选项区中单击"线宽"右侧的下拉按钮，在弹出的列表框中选择"0.30mm"选项，如图 11-56 所示。

步骤 05　单击"所有边框"按钮田，然后单击"确定"按钮，按〈Esc〉键退出，并在状态栏上单击"显示/隐藏线宽"按钮 ，即可设置表格线宽，效果如图 11-57 所示。

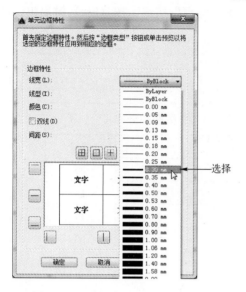

图 11-56 选择"0.30mm"选项

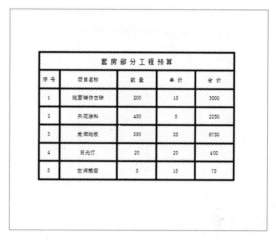

图 11-57 设置表格线宽

11.3.3 新手练兵——线型颜色的设置

在 AutoCAD 2016 中，用户还可以根据需要设置表格的线型颜色。

素材文件	光盘\素材\第 11 章\户型面积分布.dwg
效果文件	光盘\效果\第 11 章\户型面积分布.dwg
视频文件	光盘\视频\第 11 章\11.3.3　新手练兵——线型颜色的设置.mp4

步骤 01 单击"菜单浏览器"按钮，在弹出的菜单列表中选择"打开"|"图形"命令，打开素材图形，如图 11-58 所示。

步骤 02 在绘图区中选择需要设置线型颜色的表格，如图 11-59 所示。

图 11-58 打开素材图形

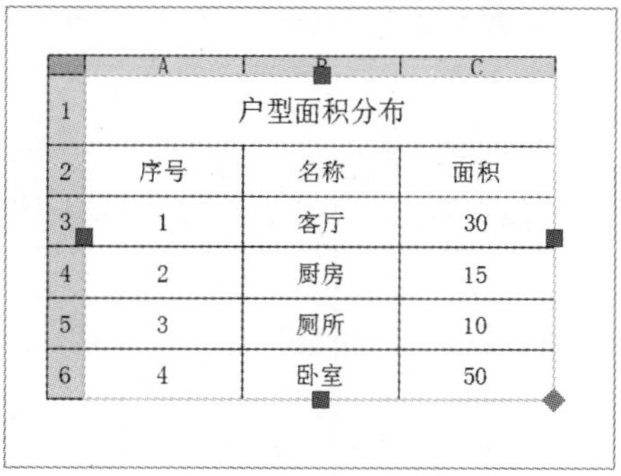

图 11-59 选择表格

步骤 03 在"功能区"选项板的"表格单元"选项卡中，单击"单元样式"面板上的"编辑边框"按钮 田，弹出"单元边框特性"对话框，单击"颜色"右侧的下拉按钮，在弹出的列表框中选择"红"选项，如图 11-60 所示。

步骤 04 单击"所有边框"按钮田，然后单击"确定"按钮，按〈Esc〉键退出，即可设置表格线型的颜色，如图 11-61 所示。

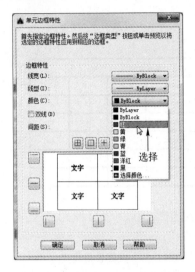

图 11-60 选择"红"选项

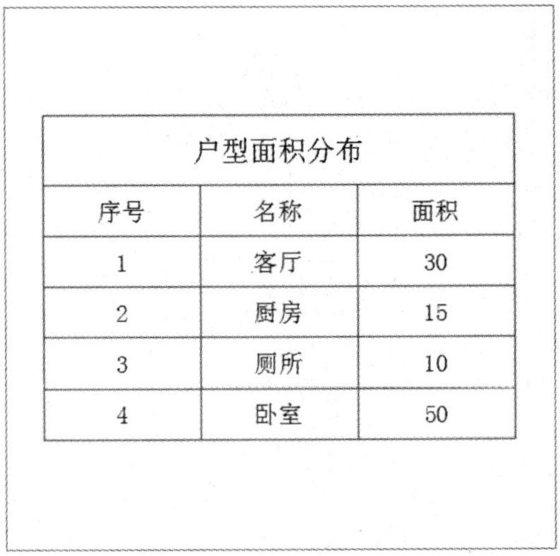

户型面积分布

序号	名称	面积
1	客厅	30
2	厨房	15
3	厕所	10
4	卧室	50

图 11-61 设置表格线型的颜色

11.3.4 新手练兵——线型样式的设置

在编辑表格的过程中，用户还可以设置表格的线型样式。

素材文件	光盘\素材\第 11 章\工程预算.dwg
效果文件	光盘\效果\第 11 章\工程预算.dwg
视频文件	光盘\视频\第 11 章\11.3.4 新手练兵——线型样式的设置.mp4

步骤 01 单击"菜单浏览器"按钮，在弹出的菜单列表中选择"打开"|"图形"命令，打开素材图形，如图 11-62 所示。

步骤 02 在绘图区中选择需要设置线型样式的表格，如图 11-63 所示。

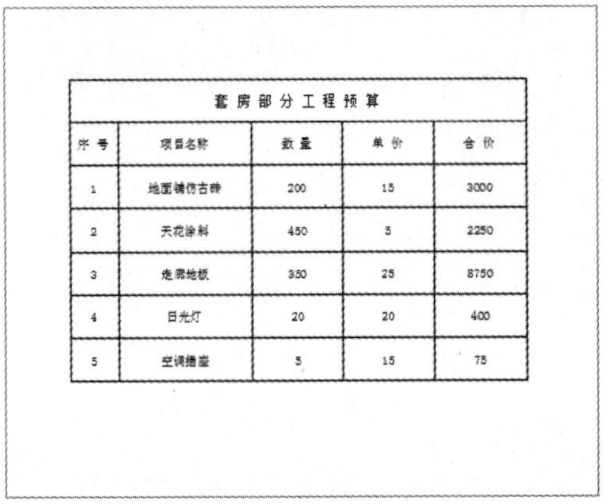

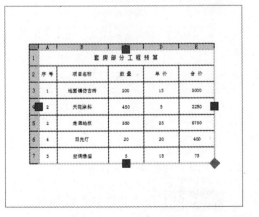

图 11-62 打开素材图形

图 11-63 选择表格

步骤 03 在"功能区"选项板的"表格单元"选项卡中，单击"单元样式"面板上的"编辑边框"按钮田，弹出"单元边框特性"对话框，单击"线型"右侧的下拉按钮，在弹出的列表框中选择"其他"选项，如图11-64所示。

步骤 04 弹出"选择线型"对话框，单击"加载"按钮，如图11-65所示。

图11-64 选择"其他"选项

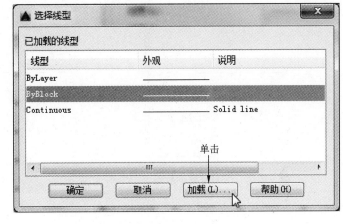

图11-65 单击"加载"按钮

步骤 05 弹出"加载或重载线型"对话框，在下拉列表框中选择第二个加载选项，如图11-66所示。

步骤 06 单击"确定"按钮，返回"选择线型"对话框，在其中选择相应线型，如图11-67所示。

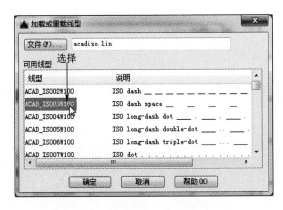

图11-66 选择第二个加载选项

图11-67 选择相应线型

步骤 07 单击"确定"按钮，返回"单元边框特性"对话框，单击"所有边框"按钮，如图11-68所示。

步骤 08 单击"确定"按钮，按〈Esc〉键退出，即可设置表格的线型样式，效果如图11-69所示。

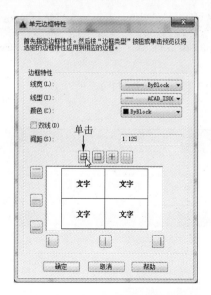

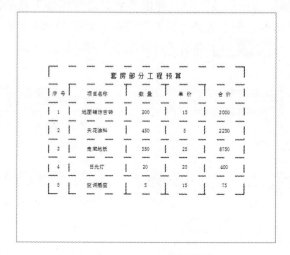

图 11-68　单击"所有边框"按钮　　　　　　图 11-69　设置表格的线型样式

创建与设置尺寸标注

12

学习提示

在 AutoCAD 2016 中，尺寸标注主要用于描述对象各组成部分的大小及相对位置关系，是实际生产中的重要依据，而尺寸标注在工程绘图中也是不可缺少的一个重要环节。使用尺寸标注，可以清晰地查看图形的真实尺寸。本章主要介绍创建与设置尺寸标注的操作方法。

本章案例导航

- 标注样式的设置
- 标注样式的替代
- 标注主单位的设置
- 换算单位的设置
- 标注公差的设置

- 线性尺寸标注
- 对齐尺寸标注
- 半径尺寸标注
- 角度尺寸标注
- 几何公差尺寸标注

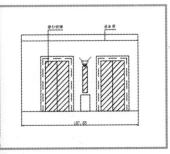
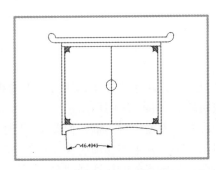
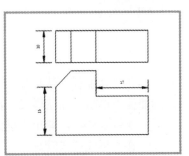
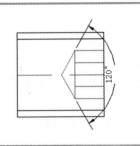
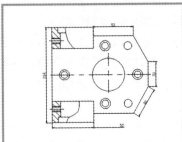
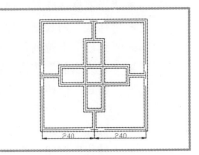

12.1　认识标注样式

标注样式是决定尺寸标注形式的尺寸变量设置集合，使用标注样式可以控制标注的格式和外观，建立严格的绘图标准，并且有利于对标注格式及用途进行修改。本节主要介绍创建与设置标注样式的操作方法。

12.1.1　了解标注样式

标注样式是决定尺寸标注形式的尺寸变量设置集合。通过创建和编辑尺寸标注样式，可以设置和修改尺寸标注系统变量，并控制任何类型的尺寸标注布局形式。

在 AutoCAD 2016 中，标注样式定义如下内容。

➢ 尺寸线、尺寸界线、箭头和圆心标记的格式和位置。

➢ 标注文字的外观、位置和对齐方式。

➢ 标注文字和尺寸线的放置规则。

➢ 全局标注比例、主单位、换算单位和角度标注单位的格式和精度。

➢ 公差的格式和精度。

在进行标注时，AutoCAD 使用当前的标注样式，直到另一种样式设置为当前样式为止。AutoCAD 默认的标注样式为 Standard，该样式基本上是根据美国国家标准协会（ANSI）标注标准设计的。如果开始绘制新图形时选择了公制单位，则默认标注样式将为 ISO-25（国际标准组织标注标准）。此外，DIN（德国工业标准）和 JIS（日本工业标准）样式分别是由 AutoCAD DIN 和 JIS 图形样板提供。

12.1.2　标注样式管理器

在 AutoCAD 2016 中，创建标注样式之前需要对"标注样式管理器"对话框有一个良好的认知。

在"功能区"选项板的"默认"选项卡中，单击"注释"面板中间的下拉按钮，在展开的面板中单击"标注样式"按钮 🔧，如图 12-1 所示。

执行操作后，弹出"标注样式管理器"对话框，如图 12-2 所示。

在"标注样式管理器"对话框中，各主要选项的含义如下。

➢ "当前标注样式"显示区：显示当前的标注样式名称。

➢ "样式"列表框：显示图形中的所有标注样式。

➢ "列出"下拉列表：在该下拉列表中，可以选择显示哪种标注样式。

➢ "置为当前"按钮：将选定的标注样式设置为当前标注样式。

➢ "新建"按钮：单击该按钮，弹出"创建新标注样式"对话框，从中可以定义新的标注样式。

➢ "修改"按钮：单击该按钮，弹出"修改当前样式"对话框，可以修改标注样式。

➢ "替代"按钮：单击该按钮，弹出"替代当前样式"对话框，从中可以设定标注样式的临时替代值。

➢ "比较"按钮：单击该按钮，弹出"比较标注样式"对话框，从中可以比较两个标注样式或列出一个标注样式的所有特性。

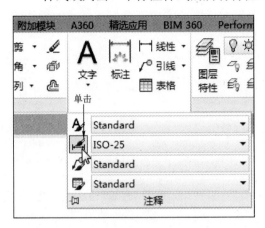

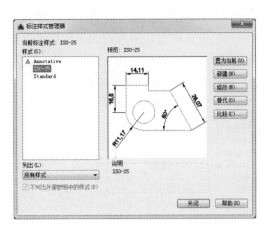

图 12-1 单击"标注样式"按钮　　　　图 12-2 弹出"标注样式管理器"对话框

12.1.3 标注样式的创建

在 AutoCAD 2016 中，系统默认的标注样式包括 ISO-25 和 Standard 标注样式，用户可以根据绘图的需要创建标注样式。

在"功能区"选项板的"常用"选项卡中，单击"注释"面板中间的下拉按钮，在展开的面板中，单击"标注样式"按钮。

弹出"标注样式管理器"对话框，单击"新建"按钮，弹出"创建新标注样式"对话框，在"新样式名"文本框中输入"标注样式"，如图 12-3 所示。

单击"继续"按钮，弹出"新建标注样式：标注样式"对话框，在"线"选项卡的"尺寸界线"选项区中，设置"颜色"为"洋红"，"超出尺寸线"和"起点偏移量"均为"10"，如图 12-4 所示。

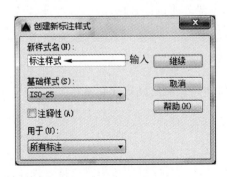

图 12-3 输入"标注样式"

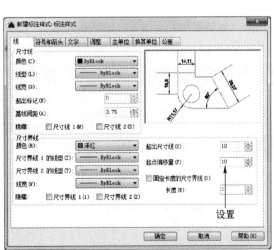

图 12-4 设置各选项

切换至"文字"选项卡，在"文字外观"选项区中设置"文字颜色"为"蓝"、"文字高度"为"50",如图 12-5 所示。

单击"确定"按钮,返回"标注样式管理器"对话框,完成新建标注样式的操作,在"样式"列表框中将显示新建的标注样式,如图 12-6 所示。

图 12-5　设置各选项

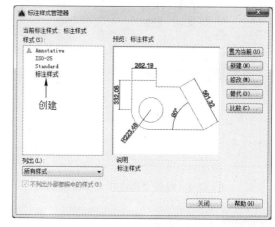

图 12-6　新建标注样式

在"新建标注样式:标注样式"对话框中,各选项卡的含义如下。

➤ "线"选项卡:用于设置尺寸线、尺寸界线的颜色、线型、线宽、超出标记和基线间距等。

➤ "符号和箭头"选项卡:用于设置箭头、圆心标记、弧长符号及折弯半径标注的格式和位置。

➤ "文字"选项卡:用于设置标注文字的格式、位置和对齐方式。

➤ "调整"选项卡:用于控制标注文字、箭头、引线和尺寸线的放置。

➤ "主单位"选项卡:用于设置主标注单位的格式和精度,并设定标注文字的前缀和扩展名。

➤ "换算单位"选项卡:用于指定标注测量值中换算单位的显示,并设置其格式和精度。

➤ "公差"选项卡:用于指定标注文字中公差的显示及格式。

▶ 专家指点

标注样式是决定尺寸标注形成的尺寸变量设置的集合。通过创建标注样式,可以设置尺寸标注的系统变量,并控制任何类型的尺寸标注的布局及形成。

12.1.4　新手练兵——标注样式的设置

在 AutoCAD 2016 中,用户可根据需要设置尺寸线和尺寸界线的格式和单位。

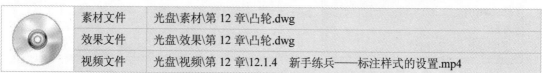

素材文件	光盘\素材\第 12 章\凸轮.dwg
效果文件	光盘\效果\第 12 章\凸轮.dwg
视频文件	光盘\视频\第 12 章\12.1.4　新手练兵——标注样式的设置.mp4

步骤 01 单击"菜单浏览器"按钮,在弹出的菜单列表中选择"打开"|"图形"命令,打开素材图形,如图 12-7 所示。

步骤 02 在命令行中输入"DIMSTYLE"（标注样式）命令，按〈Enter〉键确认，弹出"标注样式管理器"对话框，单击"修改"按钮，如图12-8所示。

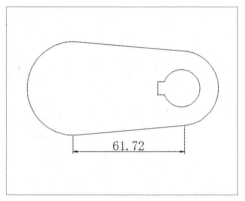

图12-7 打开素材图形

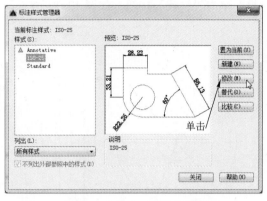

图12-8 单击"修改"按钮

步骤 03 弹出"修改标注样式：ISO-25"对话框，切换至"线"选项卡，单击"尺寸线"选项区中"颜色"右侧的下拉按钮，在弹出的列表框中选择"洋红"选项，如图12-9所示。

步骤 04 依次单击"确定"和"关闭"按钮，即可设置标注样式，效果如图12-10所示。

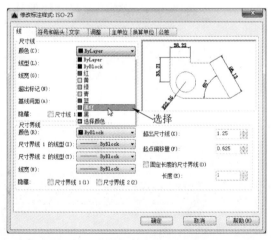

图12-9 选择"洋红"选项

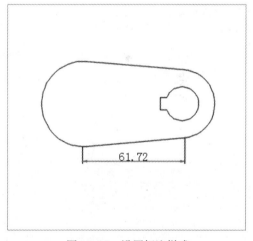

图12-10 设置标注样式

12.1.5 新手练兵——标注样式的替代

在AutoCAD 2016中，用户可以设置标注延伸线的相应属性。

	素材文件	光盘\素材\第12章\V带轮.dwg
	效果文件	光盘\效果\第12章\V带轮.dwg
	视频文件	光盘\视频\第12章\12.1.5 新手练兵——标注样式的替代.mp4

步骤 01 单击"菜单浏览器"按钮，在弹出的菜单列表中选择"打开"|"图形"命

令，打开素材图形，如图 12-11 所示。

步骤 02 输入"DIMSTYLE"（标注样式）命令并确认，弹出"标注样式管理器"对话框，单击"替代"按钮，如图 12-12 所示。

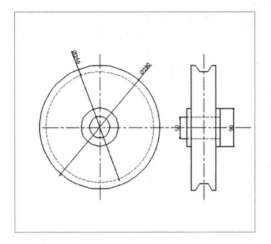

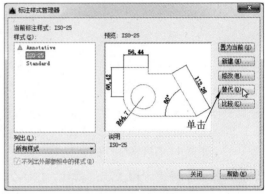

图 12-11　打开素材图形

图 12-12　单击"替代"按钮

步骤 03 弹出"替代当前样式：ISO-25"对话框，在"线"选项卡中，设置"尺寸线"和"尺寸界线"的"颜色"均为"蓝"，如图 12-13 所示。

步骤 04 在"文字"选项卡中，设置"文字高度"为"20"，设置"从尺寸线偏移"为"2"，如图 12-14 所示。

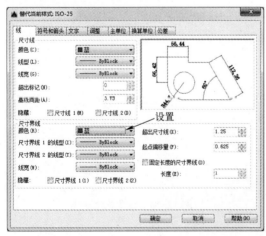

图 12-13　设置线

图 12-14　设置文字

步骤 05 单击"确定"按钮，返回到"标注样式管理器"对话框，选择"样式替代"选项，单击鼠标右键，在弹出的快捷菜单中选择"保存到当前样式"选项，如图 12-15 所示。

步骤 06 执行操作后，即可替代标注样式，关闭"标注样式管理器"对话框，查看替代标注样式的效果，如图 12-16 所示。

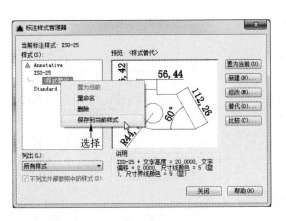

图 12-15 选择"保存到当前样式"选项

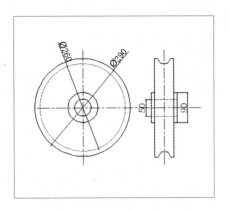

图 12-16 替代标注样式

12.1.6 新手练兵——标注主单位的设置

在 AutoCAD 2016 中，用户可以设置主单位的格式与精度等属性。

素材文件	光盘\素材\第 12 章\楔键.dwg
效果文件	光盘\效果\第 12 章\楔键.dwg
视频文件	光盘\视频\第 12 章\12.1.6 新手练兵——标注主单位的设置.mp4

步骤 **01** 单击"菜单浏览器"按钮，在弹出的菜单列表中选择"打开"|"图形"命令，打开素材图形，如图 12-17 所示。

步骤 **02** 在命令行中输入"DIMSTYLE"（标注样式）命令，按〈Enter〉键确认，弹出"标注样式管理器"对话框，单击"修改"按钮，如图 12-18 所示。

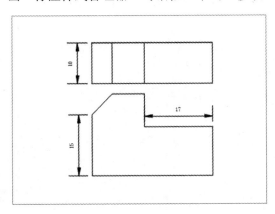

图 12-17 打开素材图形

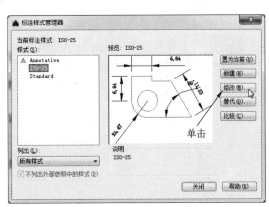

图 12-18 单击"修改"按钮

步骤 **03** 弹出"修改标注样式：ISO-25"对话框，切换至"主单位"选项卡，在"测量单位比例"选项区中，设置"比例因子"为"5"，如图 12-19 所示。

步骤 **04** 设置完成后，依次单击"确定"和"关闭"按钮，即可设置标注主单位，效果如图 12-20 所示。

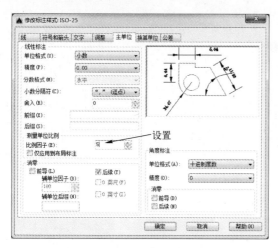

图 12-19　设置"比例因子"为 5

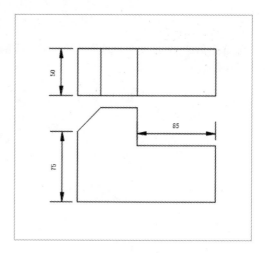

图 12-20　设置标注主单位

12.1.7　新手练兵——换算单位的设置

在"修改标注样式"对话框中，单击"换算单位"选项卡，可以设置换算单位的格式与精度等属性。在 AutoCAD 2016 中，通过换算标注单位，可以转换不同测量单位制的标注，通常显示英制标注的等效公制标注或公制标注的等效英制标注。在标注文字中，换算标注单位显示在主单位旁边的方括号中。

素材文件	光盘\素材\第 12 章\三角板.dwg
效果文件	光盘\效果\第 12 章\三角板.dwg
视频文件	光盘\视频\第 12 章\12.1.7　新手练兵——换算单位的设置.mp4

步骤 01　单击"菜单浏览器"按钮，在弹出的菜单列表中选择"打开"|"图形"命令，打开素材图形，如图 12-21 所示。

步骤 02　在命令行中输入"DIMSTYLE"（标注样式）命令，按〈Enter〉键确认，弹出"标注样式管理器"对话框，单击"修改"按钮，如图 12-22 所示。

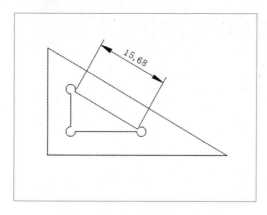

图 12-21　打开素材图形

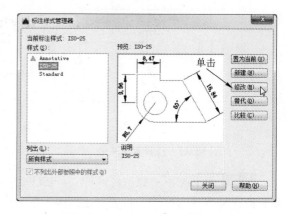

图 12-22　单击"修改"按钮

步骤 03　弹出"修改标注样式：ISO-25"对话框，切换至"换算单位"选项卡，勾选

"显示换算单位"复选框，单击"精度"右侧的下拉按钮，在弹出的列表框中选择"0"选项，如图 12-23 所示。

步骤 04 依次单击"确定"和"关闭"按钮，即可设置换算单位，效果如图 12-24 所示。

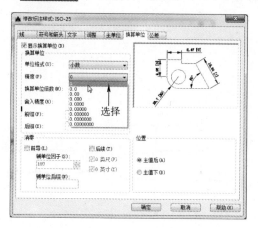

图 12-23 选择 0 选项

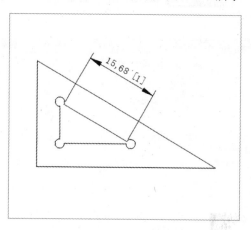

图 12-24 设置换算单位

12.1.8 新手练兵——标注公差的设置

在"修改标注样式"对话框中，单击"公差"选项卡，在其中可以设置是否标注公差，以及以何种方式进行标注等。

素材文件	光盘\素材\第 12 章\标注样图.dwg
效果文件	光盘\效果\第 12 章\标注样图.dwg
视频文件	光盘\视频\第 12 章\12.1.8 新手练兵——标注公差的设置.mp4

步骤 01 单击"菜单浏览器"按钮，在弹出的菜单列表中选择"打开"|"图形"命令，打开素材图形，如图 12-25 所示。

步骤 02 在命令行中输入"DIMSTYLE"（标注样式）命令，按〈Enter〉键确认，弹出"标注样式管理器"对话框，单击"修改"按钮，如图 12-26 所示。

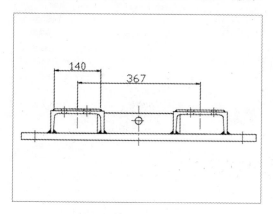

图 12-25 打开素材图形

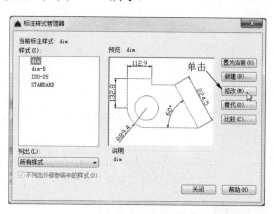

图 12-26 单击"修改"按钮

步骤 03 弹出"修改标注样式：dim"对话框，切换至"公差"选项卡，在"公差格式"选项区中设置"方式"为"极限偏差"，如图 12-27 所示。

步骤 04 依次单击"确定"和"关闭"按钮，即可设置标注公差，效果如图 12-28 所示。

图 12-27 设置选项

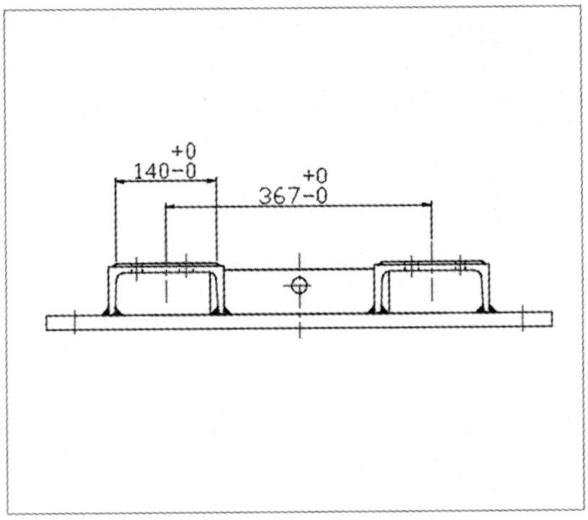

图 12-28 设置标注公差

12.1.9 删除标注样式

在 AutoCAD 2016 中，如果某个标注样式不需要，用户可以将其删除。

命令行中输入"DIMSTYLE"（标注样式）命令，并按〈Enter〉键确认，弹出"标注样式管理器"对话框，在"样式"列表中选择相应的选项，单击鼠标右键，在弹出的快捷菜单中选择"删除"选项，如图 12-29 所示。

弹出"标注样式-删除标注样式"信息提示框，单击"是"按钮，执行操作后，即可删除标注样式，如图 12-30 所示。

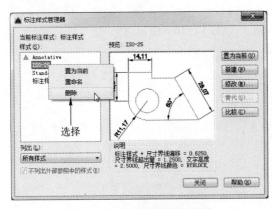

图 12-29 选择"删除"选项

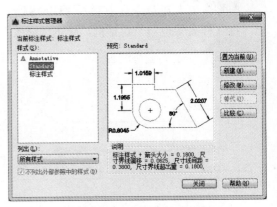

图 12-30 删除标注样式

12.1.10 重命名标注样式

在 AutoCAD 2016 中，在使用 CAD 标准文件检查图形文件之前，需要将要检查的图形文件设置为当前图形文件。

在命令行中输入"D"（标注样式）命令，按〈Enter〉键确认，弹出"标注样式管理器"对话框，在"样式"列表中选择相应的选项，单击鼠标右键，在弹出的快捷菜单中选择"重命名"选项，如图 12-31 所示。

输入"标注样式更新"，在对话框中任意位置单击鼠标左键，即可重命名标注样式，如图 12-32 所示。

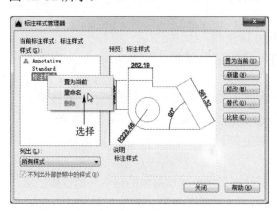

图 12-31 选择"重命名"选项

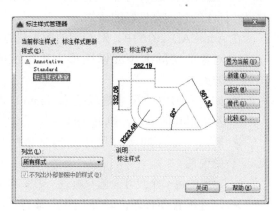

图 12-32 重命名标注样式

12.2 认识尺寸标注

尺寸标注对表达有关设计元素的尺寸、材料等信息有着非常重要的作用。在对图形进行尺寸标注之前，需要对标注的基础（组成、规则、类型及步骤等知识）有一个初步的了解与认识。

12.2.1 了解尺寸标注

在 AutoCAD 2016 中，尺寸标注是一项重要的内容，它可以清楚地反映对象的大小以及对象间的关系。

通常，一个完整的尺寸标注由尺寸线、尺寸界线、尺寸文字、尺寸箭头组成，有时还用到圆心标记和中心线。

尺寸标注各主要组成部分的含义如下。

➤ 尺寸线：用于表明标注的范围。AutoCAD 通常将尺寸线放置在测量区域内。如果空间不足，则可将尺寸线或文字移到测量区域的外部，这取决于标注样式的放置规则。对于角度标注，尺寸线是一段圆弧。尺寸线应使用细实线绘制。

➤ 尺寸界线：应从图形的轮廓线、轴线以及对称中心线引出。同时，轮廓线、轴线和对称中心线也可以作为尺寸界线。尺寸界线也应使用细实线绘制。

➤ 尺寸文字：用于标明机件的测量值。尺寸文字应按标准字体书写，在同一张图样上的字体高度要一致。尺寸文字在图样中遇到图线时，需将图线断开，如果图线断开影响图形表达，则需调整尺寸标注的位置。

> 尺寸箭头：尺寸箭头显示在尺寸线的端部，用于指出测量的开始和结束位置。AutoCAD 默认使用闭合的填充箭头符号。此外，系统还提供了多种箭头符号，如建筑标记、小斜线箭头、点和斜杠等。

12.2.2 尺寸标注的要求

在 AutoCAD 2016 中，尺寸标注在不同的领域有着不同的规定。在进行标注时，用户需对尺寸标注的规则有良好的认知。

在 AutoCAD 2016 中，对绘制的图形进行尺寸标注时，应遵守以下规则。

> 对象的实际大小应以图形上所标注的尺寸数值为依据，与图形大小及绘图的准确无关。
> 如果图形中的尺寸是以毫米（mm）为单位，不需要标注计量单位的代号或名称。若采用其他单位，则必须注明计量单位代号或名称，如°（度）、m（米）等。
> 图形中标注的所有尺寸应当是该图形所表示的最后完工尺寸，如果不是，须另加说明。
> 对象的每一个尺寸一般只标注一次，并且标注在最能反映该对象的最清晰的位置上。
> 尺寸配置要合理，功能尺寸应该直接标注。同一要素的尺寸应尽可能集中标注，如孔的直径和深度、槽的深度和宽度等；尽量避免在不可见的轮廓线上标注尺寸，数字之间不允许任何图线穿过，必要时可以将图线断开。

12.2.3 尺寸标注的类型

在 AutoCAD 2016 中，用户可以沿对象的各个方向创建尺寸标注，可以根据需要选择尺寸标注类型。

尺寸标注分为线性标注、对齐尺寸标注、坐标尺寸标注、弧长尺寸标注、半径尺寸标注、折弯尺寸标注、直径尺寸标注、角度尺寸标注、引线标注、基线标注以及连续标注等。其中，线性尺寸标注又分为水平标注、垂直标注和旋转标注 3 种。

在 AutoCAD 2016 中，用户可以为各种对象沿各个方向创建尺寸标注。

对图形进行尺寸标注时，通常按如下步骤进行操作。

> 为所有尺寸标注建立单独的图层，以便管理图形。
> 专门为尺寸文本创建文本样式。
> 创建合适的尺寸标注样式。还可以为尺寸标注样式创建子标注样式或替代标注样式，以标注一些特殊尺寸。
> 设置并打开对象捕捉模式，利用各种尺寸标注命令标注尺寸。

12.3 创建尺寸标注

在 AutoCAD 2016 中，设置好标注样式后，即可使用该样式标注对象。常用的长度型尺寸标注主要有线性标注、对齐标注、基线标注和连续标注等类型。本节主要介绍创建长度型尺寸标注的操作方法。

12.3.1 新手练兵——线性尺寸标注

在 AutoCAD 2016 中，线性尺寸标注主要用来标注当前坐标系 XY 平面中两点之间的距离。用户可以直接指定标注定义点，也可以通过指定标注对象的方法来定义标注点。

素材文件	光盘\素材\第 12 章\钳座.dwg
效果文件	光盘\效果\第 12 章\钳座.dwg
视频文件	光盘\视频\第 12 章\12.3.1 新手练兵——线性尺寸标注.mp4

步骤 01 单击"菜单浏览器"按钮，在弹出的菜单列表中选择"打开"|"图形"命令，打开素材图形，如图 12-33 所示。

步骤 02 在"功能区"选项板的"注释"选项卡中，单击"标注"面板上的"线性"按钮 ，如图 12-34 所示。

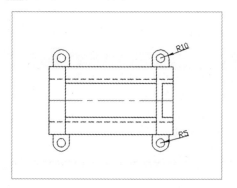

图 12-33 打开素材图形

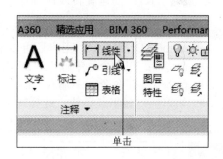

图 12-34 单击"线性"按钮

步骤 03 根据命令行提示进行操作，依次捕捉左侧垂直直线的上下端点，向左引导光标，如图 12-35 所示。

步骤 04 在合适位置处单击鼠标左键，即可创建线性尺寸标注，效果如图 12-36 所示。

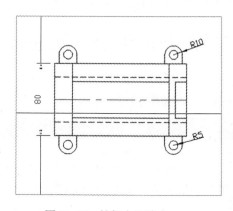

图 12-35 捕捉上下端点

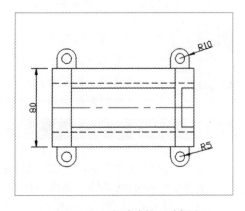

图 12-36 创建线性尺寸标注

执行"线性"命令后，命令行中的提示如下。

命令：DIMLINEAR
指定第一个尺寸界线原点或 <选择对象>：指定尺寸标注第一个尺寸界线原点。
指定第二条尺寸界线原点：指定尺寸标注的第二个尺寸界线原点。
指定尺寸线位置或[多行文字(M)/文字(T)/角度(A)/水平(H)/垂直(V)/旋转(R)]：指定尺寸线的位置，或者选择选项。
标注文字 = 187.85：在标尺寸线上显示标注的文字。

命令行中各选项的含义如下。

➢ 多行文字（M）：显示多行文字编辑器，可用它来编辑标注文字。

➢ 文字（T）：在命令行中显示尺寸文字的自动测量值，用户可以使用它来修改尺寸值。

➢ 角度（A）：指定文字的倾斜角度，使尺寸文字倾斜标注。

➢ 水平（H）：创建水平尺寸标注。

➢ 垂直（V）：创建垂直尺寸标注。

➢ 旋转（R）：创建旋转线性标注。

▶ **专家指点**

在 AutoCAD 2016 中，用户还可以通过以下 3 种方法调用"线性"命令：

➢ 命令 1：在命令行中输入"DIMLINEAR"（线性）命令。

➢ 命令 2：在命令行中输入"DLI"（线性）命令。

➢ 菜单栏：显示菜单栏，选择"标注"|"线性"命令。

执行以上任意一种操作，均可调用"线性"命令。

12.3.2 新手练兵——对齐尺寸标注

在机械制图过程中，经常需要标注倾斜线段的实际长度，当用户需要得到线段的实际长度，而线段的倾斜角度未知时，就需要使用 AutoCAD 2016 提供的对齐标注功能。

素材文件	光盘\素材\第 12 章\支撑块.dwg
效果文件	光盘\效果\第 12 章\支撑块.dwg
视频文件	光盘\视频\第 12 章\12.3.2　新手练兵——对齐尺寸标注.mp4

步骤 **01** 单击"菜单浏览器"按钮，在弹出的菜单列表中选择"打开"|"图形"命令，打开素材图形，如图 12-37 所示。

步骤 **02** 在"功能区"选项板的"注释"选项卡中，单击"标注"面板上"线性"右侧的下拉按钮，在弹出的列表框中单击"已对齐"按钮 ，如图 12-38 所示。

▶ **专家指点**

在 AutoCAD 2016 中，用户还可以通过以下两种方法调用"对齐"命令。

➢ 命令：在命令行中输入"DIMALIGNED"（对齐）命令。

➢ 菜单栏：显示菜单栏，选择"标注"|"对齐"命令。

执行以上任意一种操作，均可调用"对齐"命令。

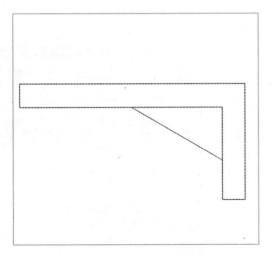

图 12-37　打开素材图形

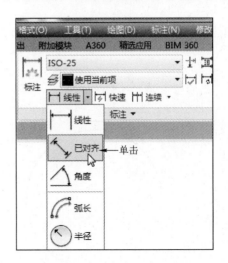

图 12-38　单击"已对齐"按钮

步骤 03　根据命令行提示进行操作，依次捕捉倾斜直线上的两个端点，如图 12-39 所示。

步骤 04　向下方引导鼠标，至合适位置后单击鼠标左键，即可创建对齐尺寸标注，效果如图 12-40 所示。

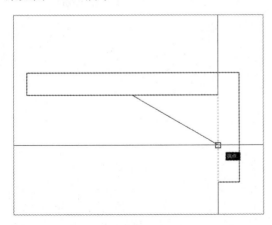

图 12-39　捕捉两个端点

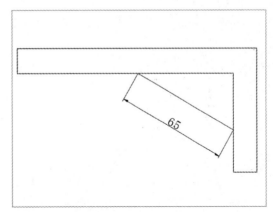

图 12-40　创建对齐尺寸标注

12.3.3 新手练兵——半径尺寸标注

在 AutoCAD 2016 中，半径标注就是标注圆或圆弧的半径尺寸。

素材文件	光盘\素材\第 12 章\圆桌.dwg
效果文件	光盘\效果\第 12 章\圆桌.dwg
视频文件	光盘\视频\第 12 章\12.3.3　新手练兵——半径尺寸标注.mp4

步骤 01　单击"菜单浏览器"按钮，在弹出的菜单列表中选择"打开"|"图形"命令，打开素材图形，如图 12-41 所示。

步骤 02　在"功能区"选项板的"注释"选项卡中，单击"标注"面板上"线性"右侧的下拉按钮，在弹出的列表框中单击"半径"按钮 ⊘，如图 12-42 所示。

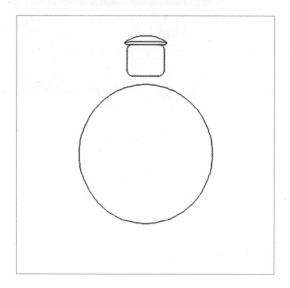

图 12-41　打开素材图形

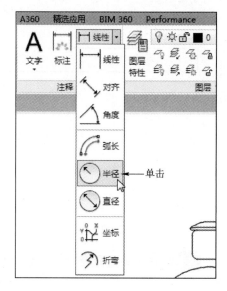

图 12-42　单击"半径"按钮

步骤 03　在绘图区中选择圆为标注对象，如图 12-43 所示，并向右引导鼠标。

步骤 04　至合适位置后单击鼠标左键，即可创建半径尺寸标注，效果如图 12-44 所示。

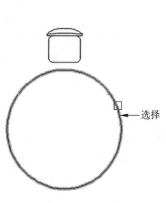

图 12-43　选择圆

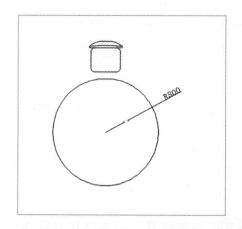

图 12-44　创建半径尺寸标注

12.3.4　新手练兵——角度尺寸标注

在工程图中，常常需要标注两条直线或 3 个点之间的夹角，可以使用"角度"命令进行角度尺寸标注。

素材文件	光盘\素材\第 12 章\办公桌.dwg
效果文件	光盘\效果\第 12 章\办公桌.dwg
视频文件	光盘\视频\第 12 章\12.3.4　新手练兵——角度尺寸标注.mp4

步骤 01 单击"菜单浏览器"按钮,在弹出的菜单列表中选择"打开"|"图形"命令,打开素材图形,如图 12-45 所示。

步骤 02 在"功能区"选项板的"注释"选项卡中,单击"标注"面板上"线性"右侧的下拉按钮,在弹出的列表框中单击"角度"按钮△,如图 12-46 所示。

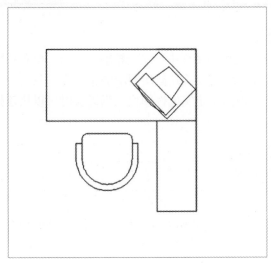

图 12-45 打开素材图形

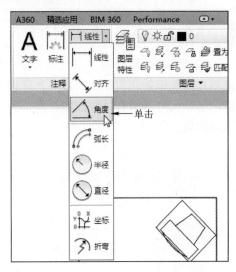

图 12-46 单击"角度"按钮

步骤 03 根据命令行提示进行操作,依次选择左侧两条直线,如图 12-47 所示,并向右引导光标。

步骤 04 至合适位置后单击鼠标左键,即可创建角度尺寸标注,效果如图 12-48 所示。

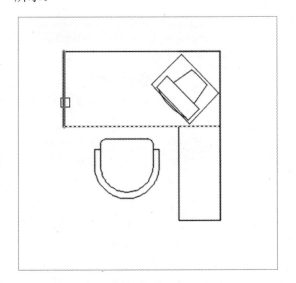

图 12-47 选择直线

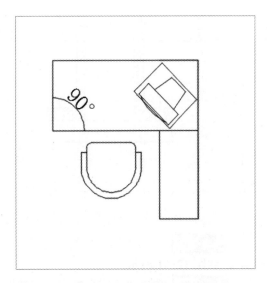

图 12-48 创建角度尺寸标注

▶ 专家指点

在 AutoCAD 2016 中，用户还可以通过以下 3 种方法调用"角度"命令。
➢ 命令 1：在命令行中输入"DIMANGULAR"（角度）命令。
➢ 命令 2：在命令行中输入"DAN"（角度）命令。
➢ 菜单栏：显示菜单栏，选择"标注"|"角度"命令。
执行以上任意一种操作，均可调用"角度"命令。

12.3.5 新手练兵——几何公差尺寸标注

在 AutoCAD 2016 中，几何公差主要用来定义机械图样中形状或轮廓、方向、位置和跳动等相对精确的几何图形的最大允许误差，以指定实现正确功能所要求的精确度。几何公差标注包括尺寸基准和特征控制框两部分，尺寸基准用于定义属性图块，当需要时可以快速插入该图块。

	素材文件	光盘\素材\第 12 章\零件.dwg
	效果文件	光盘\效果\第 12 章\零件.dwg
	视频文件	光盘\视频\第 12 章\12.3.5　新手练兵——几何公差尺寸标注.mp4

步骤 01　单击"菜单浏览器"按钮，在弹出的菜单列表中选择"打开"|"图形"命令，打开素材图形，如图 12-49 所示。

步骤 02　在"功能区"选项板的"注释"选项卡中，单击"标注"面板中间的下拉按钮，在展开的面板上单击"公差"按钮⊞，如图 12-50 所示。

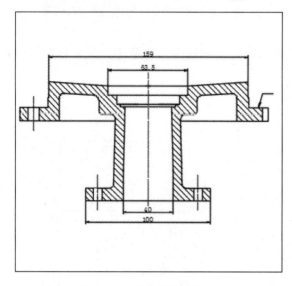

图 12-49　打开素材图形

图 12-50　单击"公差"按钮

步骤 03　弹出"几何公差"对话框，在其中设置"公差 1"为"0.05"、"基准 1"为"A"，如图 12-51 所示。

步骤 04　单击"确定"按钮，在绘图区中的合适位置上单击鼠标左键，即可创建几何公差尺寸标注，效果如图 12-52 所示。

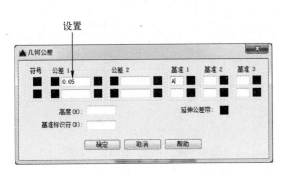

图 12-51 弹出"几何公差"对话框

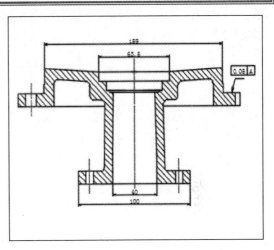

图 12-52 创建几何公差尺寸标注

12.4 设置尺寸标注

在 AutoCAD 2016 中，对于已经存在的尺寸标注，系统提供了多种编辑方法，各种方法的便捷程度不同，适用的范围也不相同，用户应根据实际需要选择适当的编辑方法。本节主要介绍编辑尺寸标注的操作方法。

12.4.1 新手练兵——设置标注位置

在 AutoCAD 2016 中，用户可根据需要移动标注文字的位置。

素材文件	光盘\素材\第 12 章\电路图.dwg
效果文件	光盘\效果\第 12 章\电路图.dwg
视频文件	光盘\视频\第 12 章\12.4.1　新手练兵——设置标注位置.mp4

步骤 01　单击"菜单浏览器"按钮，在弹出的菜单列表中选择"打开"|"图形"命令，打开素材图形，如图 12-53 所示。

步骤 02　在"功能区"选项板中的"注释"选项卡中，单击"标注"面板中间的下拉按钮，在展开的面板上单击"右对正"按钮，如图 12-54 所示。

步骤 03　根据命令行提示进行操作，在绘图区中的尺寸标注上，单击鼠标左键，如图 12-55 所示。

步骤 04　执行操作后，即可设置标注位置，效果如图 12-56 所示。

▶ 专家指点

单击"注释"选项卡的"标注"面板中间的下拉按钮，在展开的面板中单击"右对正"按钮或输入"EDITTABLECELL"命令。

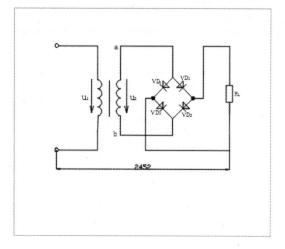

图 12-53　打开素材图形

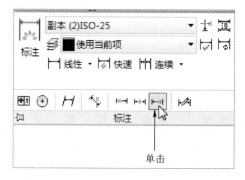

单击

图 12-54　单击"右对正"按钮

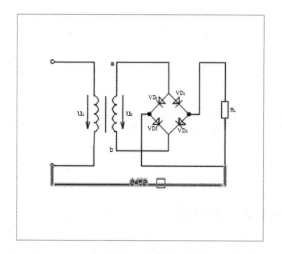

图 12-55　在尺寸标注上单击鼠标左键

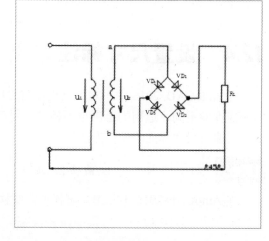

图 12-56　设置标注文字的位置

12.4.2　新手练兵——设置标注内容

在 AutoCAD 2016 中，用户可以编辑标注文字的内容。

素材文件	光盘\素材\第 12 章\马鞍形零件.dwg
效果文件	光盘\效果\第 12 章\马鞍形零件.dwg
视频文件	光盘\视频\第 12 章\12.4.2　新手练兵——设置标注内容.mp4

步骤 **01** 单击"菜单浏览器"按钮，在弹出的菜单列表中选择"打开"|"图形"命令，打开素材图形，如图 12-57 所示。

步骤 02 在左侧长度为"200"的尺寸标注上双击鼠标左键,弹出"文字编辑器"选项卡和文本框,输入"零件长度",在绘图区中的空白处单击鼠标左键,即可编辑标注文字,如图 12-58 所示。

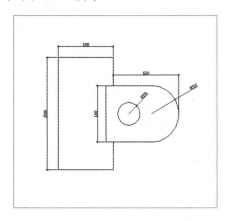

图 12-57 打开素材图形

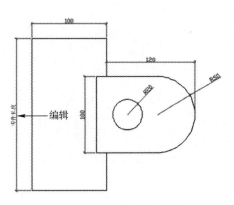

图 12-58 编辑标注文字

12.4.3 新手练兵——修改关联标注

关联尺寸标注是指所标注尺寸与被标注对象有关联关系。若标注的尺寸值是按自动测量值标注,则尺寸标注是按尺寸关联模式标注的,如果改变被标注对象的大小,相应的标注尺寸也将发生改变,尺寸界线和尺寸线的位置都将改变到相应的新位置,尺寸值也改变成新测量值;反之,改变尺寸界线起始点位置,尺寸值也会发生相应的变化。

素材文件	光盘\素材\第 12 章\深沟球轴承.dwg
效果文件	光盘\效果\第 12 章\深沟球轴承.dwg
视频文件	光盘\视频\第 12 章\12.4.3 新手练兵——修改关联标注.mp4

步骤 01 单击"菜单浏览器"按钮,在弹出的菜单列表中选择"打开"|"图形"命令,打开素材图形,如图 12-59 所示。

步骤 02 在"功能区"选项板的"注释"选项卡中,单击"标注"面板中的"重新关联"按钮,如图 12-60 所示。

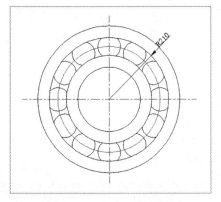

图 12-59 打开素材图形

图 12-60 单击"重新关联"按钮

步骤 **03** 根据命令行提示进行操作，在绘图区中选择半径尺寸标注，如图 12-61 所示。

步骤 **04** 按〈Enter〉键确认，选择最外侧大圆，即可修改关联标注，效果如图 12-62 所示。

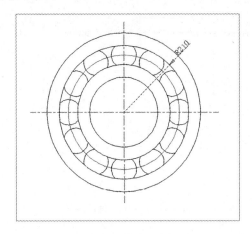

图 12-61 选择尺寸标注

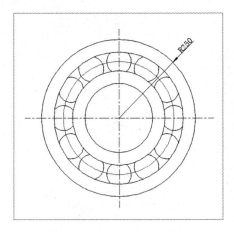

图 12-62 修改关联标注

执行"重新关联"命令后，命令行中的提示如下。

命令：DIMREASSOCIATE
选择要重新关联的标注 ...
选择对象或 [解除关联(D)]:选择解除关联对象。
指定第一个尺寸界线原点或 [选择对象(S)]<下一个>:指定重新关联标注的第一个尺寸界线原点。
指定第二个尺寸界线原点 <下一个>:指定重新关联标注的第二个尺寸界线原点。

精 通 篇
创建与控制三维图形

13

学习提示

三维模型具有线框和表面模型所没有的特征，其内部是实心的。在 AutoCAD 2016 中，除了绘制基本三维面和实体模型的方法之外，还提供了绘制旋转、平移、直纹和边界表面的方法，可以将满足一定条件的两个或多个二维对象转换为三维对象。

本章案例导航

- 创建三维直线
- 创建长方体
- 创建圆柱体
- 创建圆锥体
- 设置平滑度

- 创建拉伸实体
- 创建旋转实体
- 创建放样实体
- 创建扫掠实体
- 约束动态观察

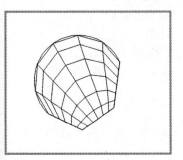
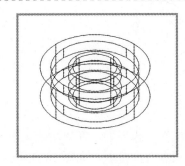
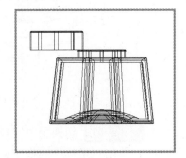
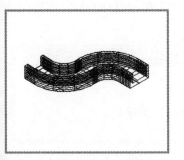
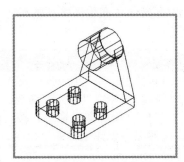
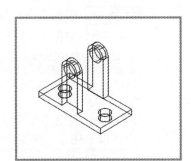

13.1 了解三维坐标系

AutoCAD 2016 不仅能绘制二维图形，还可以绘制具有真实效果的三维模型。而在绘制三维模型之前，必须创建相应的三维坐标系。

13.1.1 新手练兵——用户坐标系的创建

用户坐标系表示了当前坐标系的坐标轴和坐标原点位置，也表示了相对于当前的 UCS 的 X、Y 平面的视图方向。下面介绍创建用户坐标系的操作方法。

素材文件	光盘\素材\第 13 章\带轮.dwg	
效果文件	光盘\效果\第 13 章\带轮.dwg	
视频文件	光盘\视频\第 13 章\13.1.1 新手练兵——用户坐标系的创建.mp4	

步骤 01 单击"菜单浏览器"按钮，在弹出的菜单列表中选择"打开"|"图形"命令，打开素材图形，如图 13-1 所示。

步骤 02 单击"状态栏"上的"切换工作空间"按钮，在弹出的列表框中，选择"三维建模"选项，如图 13-2 所示。

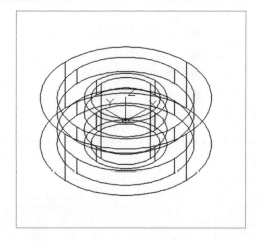

图 13-1 打开素材图形

图 13-2 选择"三维建模"选项

步骤 03 切换至"三维建模"工作界面，在"功能区"选项板中，切换至"常用"选项卡，单击"坐标"面板中的"原点"按钮，如图 13-3 所示。

步骤 04 根据命令行提示进行操作，在绘图区任意指定一点，单击鼠标左键，即可创建用户坐标系，如图 13-4 所示。

> ▶ 专家指点
>
> 除了运用上述方法可以调用"新建坐标系"命令外，还有以下两种常用的方法。
> ➤ 菜单栏：选择"工具"|"新建 UCS"|"原点"命令。
> ➤ 命令：在命令行中输入"UCS"（坐标系）命令，按〈Enter〉键确认。
> 执行以上任意一种操作，均可调用"新建坐标系"命令。

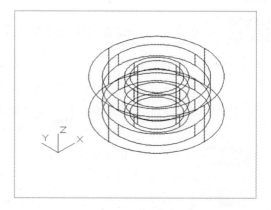

图 13-3 单击"原点"按钮　　　　图 13-4 创建用户坐标系

执行"原点"命令后，命令行中的提示如下。

　　命令：UCS
　　当前 UCS 名称：用户
　　指定 UCS 的原点或 [面(F)/命名(NA)/对象(OB)/上一个(P)/视图(V)/世界(W)/X/Y/Z/Z 轴(ZA)] <
　　世界>：指定坐标系原点或选择相应选项。
　　指定新原点 <0,0,0>：指定新坐标系原点。

命令行中各主要选项的含义如下。
➢ 面（F）：选择实体面、曲面或网格指定坐标系。
➢ 命名（NA）：命名坐标系。
➢ 对象（OB）：选择对齐 UCS 的对象。
➢ 上一个（P）：恢复上一个坐标系。
➢ 世界（W）：指定世界坐标系。

13.1.2 世界坐标系的创建

世界坐标系也称为通用或绝对坐标系，它的原点和方向始终保持不变。
在"功能区"选项板中，切换至"视图"选项卡，单击"坐标"面板中的"世界"按钮
，即可切换世界坐标系，如图 13-5 所示。

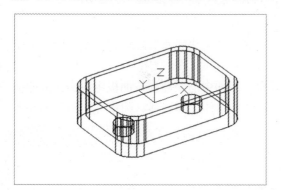
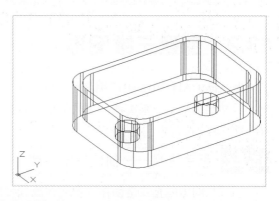

图 13-5 切换世界坐标系

13.1.3 新手练兵——球面坐标系的创建

球面坐标系与圆柱坐标系的功能一样，都是用于对模型进行定位贴图。

素材文件	光盘\素材\第 13 章\泵轴.dwg
效果文件	光盘\效果\第 13 章\泵轴.dwg
视频文件	光盘\视频\第 13 章\13.1.3 新手练兵——球面坐标系的创建.mp4

步骤 **01** 单击"菜单浏览器"按钮，在弹出的菜单列表中选择"打开"|"图形"命令，打开素材图形，如图 13-6 所示。

步骤 **02** 在命令行中输入"UCS"（坐标系）命令，按〈Enter〉键确认，根据命令行提示进行操作，输入"ZA"（Z 轴）并确认，捕捉上方圆心点，按〈Enter〉键确认，执行操作后，即可创建球面坐标系，如图 13-7 所示。

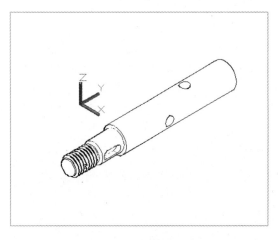
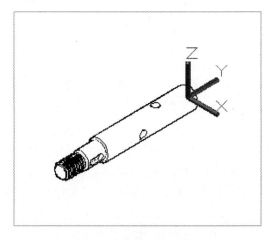

图 13-6　打开素材图形　　　　　　　　图 13-7　创建球面坐标系

▶ 专家指点

球面坐标系的格式包括以下两种。
➤ 绝对坐标：XYZ 距离＜XY 平面角度＜XY 平面的夹角。
➤ 相对坐标：@XYZ 距离＜XY 平面角度＜XY 平面的夹角。

13.2　创建三维图形

在 AutoCAD 2016 中，用户可以在"三维建模"界面中的"建模"面板中单击相应的按钮，以创建出基本三维实体，主要包括长方体、楔体、球体、圆柱体、圆锥体、圆环体和多段体等。

13.2.1 新手练兵——创建三维直线

三维空间中的直线是创建三维实体或曲线模型的基础。

素材文件	光盘\素材\第13章\阀体接头.dwg
效果文件	光盘\效果\第13章\阀体接头.dwg
视频文件	光盘\视频\第13章\13.2.1 新手练兵——创建三维直线.mp4

步骤 01 单击"菜单浏览器"按钮，在弹出的菜单列表中选择"打开"|"图形"命令，打开素材图形，如图13-8所示。

步骤 02 在命令行中输入"L"（直线）命令，按〈Enter〉键确认，根据命令行提示进行操作，捕捉右下角点，如图13-9所示。

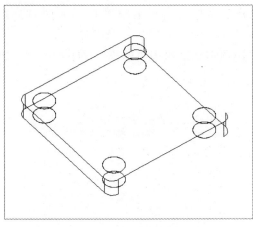

图13-8 打开素材图形

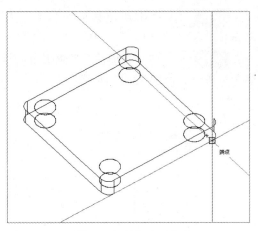

图13-9 捕捉右下角点

步骤 03 单击鼠标左键确认，捕捉左下角点，按〈Enter〉键确认，即可绘制三维直线，如图13-10所示。

步骤 04 用同样的方法，绘制另一条三维直线，如图13-11所示。

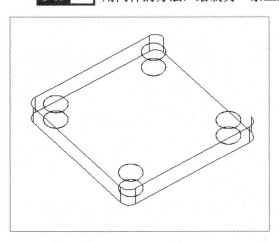

图13-10 绘制三维直线

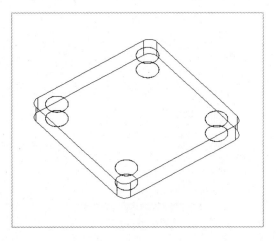

图13-11 绘制另一条三维直线

▶ 专家指点

三维空间中的基本直线包括直线、线段、射线以及构造线等类型，它是点沿一个或两个方向无限延伸的结果。

13.2.2 新手练兵——创建长方体

使用"长方体"命令，可以创建具有规则实体模型形状的长方体或正方体等实体，如创建零件的底座、支撑板、建筑墙体及家具等。下面介绍绘制长方体的操作方法。

素材文件	光盘\素材\第 13 章\床头柜.dwg
效果文件	光盘\效果\第 13 章\床头柜.dwg
视频文件	光盘\视频\第 13 章\13.2.2　新手练兵——创建长方体.mp4

步骤 **01** 单击快速访问工具栏上的"打开"按钮，打开素材图形，如图 13-12 所示。

步骤 **02** 在"功能区"选项板的"常用"选项卡中，单击"建模"面板中的"长方体"按钮，如图 13-13 所示。

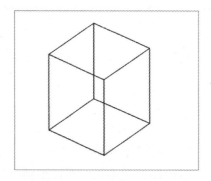

图 13-12　打开素材图形

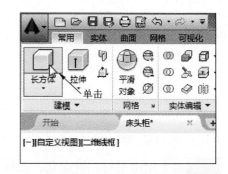

图 13-13　单击"长方体"按钮

步骤 **03** 在命令行提示下，输入长方体的一个角点坐标为"（0，0，0）"，按〈Enter〉键确认，输入另一个角点坐标为"（@400，-400，30）"，按〈Enter〉键确认，如图 13-14 所示。

步骤 **04** 执行操作后，即可创建长方体，如图 13-15 所示。

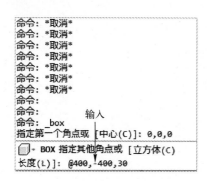

图 13-14　输入坐标

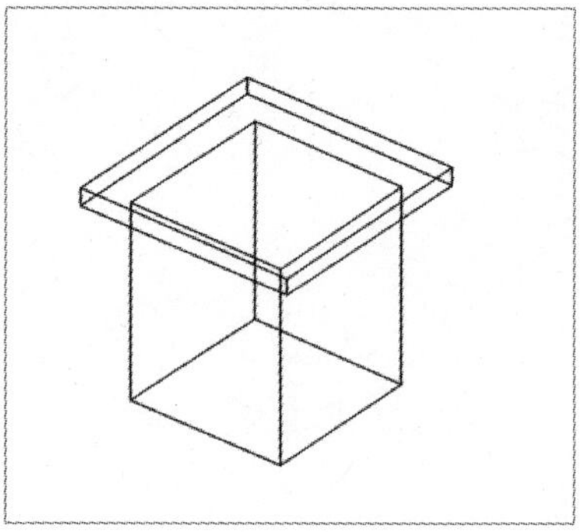

图 13-15　创建长方体

执行"长方体"命令后，命令行中提示如下。

命令：BOX
指定第一个角点或 [中心(C)]:指定长方体的第一个角点。

指定其他角点或 [立方体(C)/长度(L)]：指定创建长方体的其他角点或选择相应选项。
指定长度 <1925.9657>：指定长方体长度。
指定宽度：指定长方体宽度。
指定高度或 [两点(2P)] <-700.0000>：指定长方体宽度。

命令行中各主要选项的含义如下。

➤ 立方体（C）：设置绘制立方体。
➤ 长度（L）：设置长方体长度。

> ▶ 专家指点

除了上述方法可以调用"长方体"命令外。还有以下两种常用的方法。
➤ 命令：输入"BOX"命令。
➤ 菜单栏：选择"绘图"|"建模"|"长方体"命令。
执行以上任意一种方法，均可调用"长方体"命令。

13.2.3 新手练兵——创建楔体

使用"楔体"命令可以创建五面三维实体，并使其倾斜面与 X 轴成夹角。下面介绍绘制楔体的操作方法。

素材文件	光盘\素材\第 13 章\三维零件.dwg
效果文件	光盘\效果\第 13 章\三维零件.dwg
视频文件	光盘\视频\第 13 章\13.2.3 新手练兵——创建楔体.mp4

步骤 01 单击快速访问工具栏上的"打开"按钮，打开素材图形，如图 13-16 所示。
步骤 02 在"功能区"选项板的"常用"选项卡中，单击"建模"面板中"长方体"的下拉按钮，在弹出的列表框中单击"楔体"按钮，如图 13-17 所示。

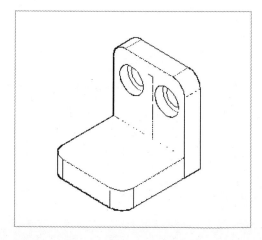

图 13-16 打开素材图形

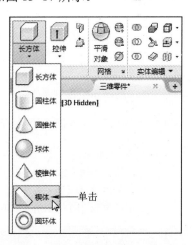

图 13-17 单击"楔体"按钮

步骤 03 根据命令行提示，捕捉第一个角点，如图 13-18 所示，单击鼠标左键确认。
步骤 04 根据命令行提示，捕捉第二个角点，单击鼠标左键确认，如图 13-19 所示。
步骤 05 在绘图区中指定其他角点，即可绘制楔体，效果如图 13-20 所示。

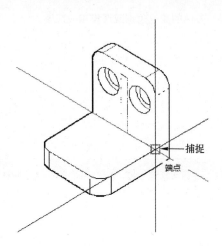

图 13-18 捕捉第一个角点

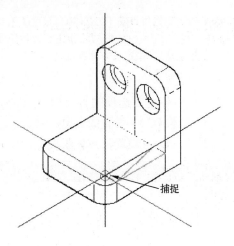

图 13-19 捕捉第二个角点

步骤 06 在命令行中输入"MOVE"（移动）命令，按〈Enter〉键确认，选择新创建的楔体，将其移动至合适的位置，如图 13-21 所示。

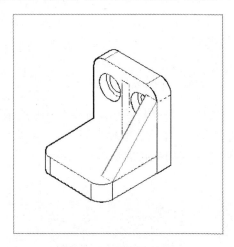

图 13-20 绘制楔体

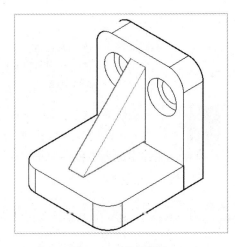

图 13-21 移动楔体

执行"楔体"命令后，命令行中提示如下。

命令：WEDGE
指定第一个角点或 [中心(C)]：指定楔体的第一个角点。
指定其他角点或 [立方体(C)/长度(L)]：指定楔体的其他角点。
指定高度或 [两点(2P)] <1330.2669>：指定楔体的高度。

▶ 专家指点
除了上述方法可以调用"楔体"命令外，还有以下两种常用的方法。
➢ 命令：输入"WEDGE"命令。
➢ 菜单栏：选择"绘图"|"建模"|"楔体"命令。
执行以上任意一种方法，均可调用"楔体"命令。

13.2.4 新手练兵——创建圆柱体

在 AutoCAD 2016 中，要构造具有特定细节的圆柱体，需要指定圆柱体底面中心点的位置、半径和高度来绘制圆柱体。

素材文件	光盘\素材\第 13 章\支撑板.dwg
效果文件	光盘\效果\第 13 章\支撑板.dwg
视频文件	光盘\视频\第 13 章\13.2.4 新手练兵——创建圆柱体.mp4

步骤 01 单击快速访问工具栏上的"打开"按钮，打开素材图形，如图 13-22 所示。

步骤 02 在"功能区"选项板的"常用"选项卡中，单击"建模"面板中"长方体"的下拉按钮，在弹出的列表框中单击"圆柱体"按钮，如图 13-23 所示。

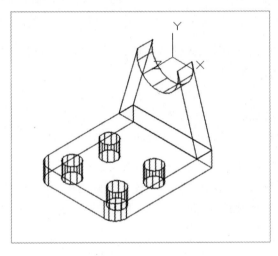

图 13-22 打开素材图形

图 13-23 单击"圆柱体"按钮

▶ **专家指点**

除了上述方法可以调用"圆柱体"命令外，还有以下两种常用的方法。

➢ 命令：输入"CYLINDER"命令。

➢ 菜单栏：选择"绘图"|"建模"|"圆柱体"命令。

执行以上任意一种方法，均可调用"圆柱体"命令。

步骤 03 根据命令行提示进行操作，输入"（0,0,0）"，按〈Enter〉键确认，输入"10.5"并确认，输入"20"，如图 13-24 所示，按〈Enter〉键确认。

步骤 04 执行操作后，即可绘制圆柱体，如图 13-25 所示。

执行"圆柱体"命令后，命令行中提示如下。

命令：CYLINDER
指定底面的中心点或 [三点(3P)/两点(2P)/切点、切点、半径(T)/椭圆(E)]:指定圆柱底面的中心点。
指定底面半径或 [直径(D)] <366.3047>:指定圆柱地面半径或直径。
指定高度或 [两点(2P)/轴端点(A)] <100.0000>:指定圆柱的高度。

```
命令: *取消*
命令: *取消*
命令:
命令:
命令: *取消*
命令: *取消*
命令:
命令:
命令:
命令: _cylinder
指定底面的中心点或 [三点(3P)/两点(2P)/切
点、切点、半径(T)/椭圆(E)]: 0,0,0
指定底面半径或 [直径(D)]: 10.5
```
CYLINDER 指定高度或 [两点(2P)
轴端点(A)] <30.0000>: 20 ——— 输入

图 13-24　输入 "20"

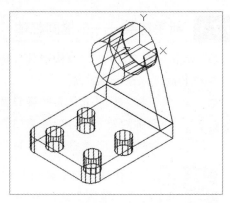

图 13-25　绘制圆柱体

13.2.5　新手练兵——创建圆锥体

在创建圆锥体时，底面半径的默认值始终是先前输入的任意实体的底面半径值。用户可以通过在命令行中选择相应的选项来定义圆锥面的底面。

素材文件	光盘\素材\第 13 章\接头.dwg	
效果文件	光盘\效果\第 13 章\接头.dwg	
视频文件	光盘\视频\第 13 章\13.2.5　新手练兵——创建圆锥体.mp4	

步骤 01　单击快速访问工具栏上的 "打开" 按钮，打开素材图形，如图 13-26 所示。

步骤 02　在 "功能区" 选项板的 "常用" 选项卡中，单击 "建模" 面板中 "长方体" 的下拉按钮，在弹出的列表框中单击 "圆锥体" 按钮，如图 13-27 所示。

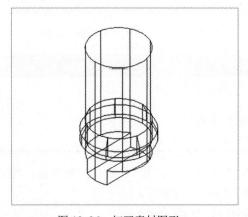

图 13-26　打开素材图形

图 13-27　单击 "圆锥体" 按钮

▶ 专家指点

除了上述方法可以调用 "圆锥体" 命令外，还有以下两种常用的方法。

➤ 命令：输入 "CONE" 命令。

➤ 菜单栏：选择 "绘图" | "建模" | "圆锥体" 命令。

执行以上任意一种方法，均可调用 "圆锥体" 命令。

执行 "圆锥体" 命令后，命令行中提示如下。

命令：CONE
指定底面的中心点或 [三点(3P)/两点(2P)/切点、切点、半径(T)/椭圆(E)]：指定圆锥体底面的中心点。
指定底面半径或 [直径(D)] <20.0000>：指定圆锥体底面半径或直径。
指定高度或 [两点(2P)/轴端点(A)/顶面半径(T)] <20.0000>：指定圆锥体高度。

步骤 03 在命令行提示下，捕捉最上方的圆心点，如图 13-28 所示，输入底面半径为"12"，按〈Enter〉键确认。

步骤 04 输入圆锥体高度为"20"并确认，即可创建圆锥体，如图 13-29 所示。

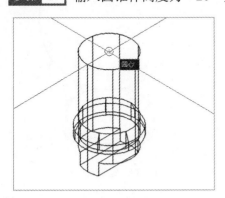

图 13-28 捕捉圆心点

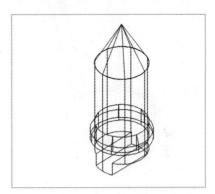

图 13-29 创建圆锥体

13.2.6 新手练兵——创建球体

球体是三维空间中到一个点（即球心）距离相等的所有点的集合形成的实体，它广泛应用于机械、建筑等制图中，如创建档位控制杆、建筑物的球形屋顶等。

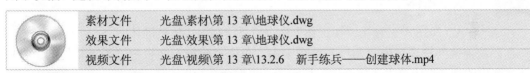

素材文件	光盘\素材\第 13 章\地球仪.dwg
效果文件	光盘\效果\第 13 章\地球仪.dwg
视频文件	光盘\视频\第 13 章\13.2.6 新手练兵——创建球体.mp4

步骤 01 单击快速访问工具栏上的"打开"按钮，打开素材图形，如图 13-30 所示。

步骤 02 在"功能区"选项板的"常用"选项卡中，单击"建模"面板中"长方体"的下拉按钮，在弹出的列表框中单击"球体"按钮，如图 13-31 所示。

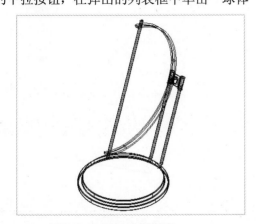

图 13-30 打开素材图形

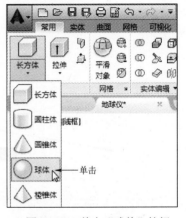

图 13-31 单击"球体"按钮

步骤 03 在命令行提示下，捕捉图形中合适的中点为圆心，如图 13-32 所示。

步骤 04 输入半径值为"70"，按〈Enter〉键确认，即可绘制球体，以隐藏样式显示模型，效果如图 13-33 所示。

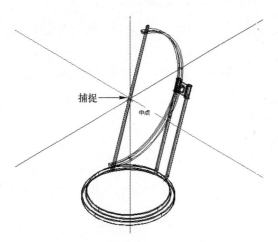

图 13-32　捕捉中点为圆心

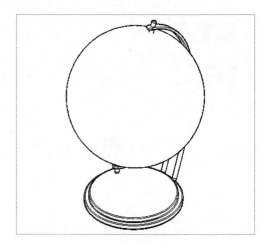

图 13-33　绘制球体

执行"球体"命令后，命令行中提示如下。

命令：SPHERE
指定中心点或 [三点(3P)/两点(2P)/切点、切点、半径(T)]:指定球体中心点。
指定半径或 [直径(D)] <6.5000>:指定球体半径或直径。

13.2.7　创建棱锥体

在 AutoCAD 2016 中，使用"棱锥体"命令可以绘制出实体棱锥体。

在"功能区"选项板的"常用"选项卡中，单击"建模"面板中"长方体"的下拉按钮，在弹出的列表框中单击"棱锥体"按钮 △，根据命令行提示进行操作，在绘图区中的任意位置上单击鼠标左键，确定底面的中心点，如图 13-34 所示。

输入"100"并确认，确定底面半径，输入"200"并确认，确定棱锥体的高度，即可绘制棱锥体，如图 13-35 所示。

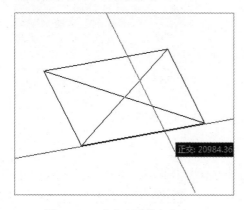

图 13-34　确定底面的中心点

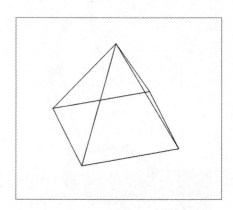

图 13-35　绘制棱锥体

执行"棱锥体"命令后,命令行中提示如下。

> 命令:PYRAMID
> 指定底面的中心点或 [边(E)/侧面(S)]:指定棱锥体底面的中心点
> 指定底面半径或 [内接(I)] <1199.1942>:指定棱锥体底面的半径或选择内接于圆。
> 指定高度或 [两点(2P)/轴端点(A)/顶面半径(T)] <-200.0000>:指定棱锥体高度。

命令行中各主要选项的含义如下。

➢ 内接(I):设置棱锥体底面内接于圆。
➢ 顶面半径(T):设置棱锥体顶面半径。

13.3 由二维图形创建三维图形

在 AutoCAD 2016 中,用户可以通过绘制二维图形来创建三维实体,包括拉伸实体、旋转实体、放样实体以及扫掠实体。

13.3.1 新手练兵——创建拉伸实体

在 AutoCAD 2016 中,使用"拉伸"命令可以将二维图形对象沿 Z 轴或某个方向拉伸成实体对象,拉伸的对象被称为断面。下面介绍创建拉伸实体的操作方法。

素材文件	光盘\素材\第 13 章\垫圈.dwg	
效果文件	光盘\效果\第 13 章\垫圈.dwg	
视频文件	光盘\视频\第 13 章\13.3.1 新手练兵——创建拉伸实体.mp4	

步骤 01 单击快速访问工具栏上的"打开"按钮,打开素材图形,如图 13-36 所示。
步骤 02 在"功能区"选项板的"常用"选项卡中,单击"建模"面板中的"拉伸"按钮 ,如图 13-37 所示。

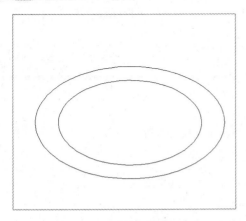

图 13-36 打开素材图形

图 13-37 单击"拉伸"按钮

步骤 03 根据命令行提示进行操作,选择需要拉伸的对象,如图 13-38 所示。
步骤 04 按〈Enter〉键确认,向上引导光标,输入"50",按〈Enter〉键确认,即可拉伸实体,效果如图 13-39 所示。

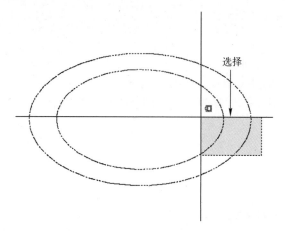

选择

图 13-38　选择拉伸对象

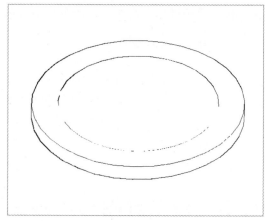

图 13-39　拉伸实体

执行"拉伸"命令后，命令行中提示如下。

命令：EXTRUDE
当前线框密度：　ISOLINES=4，闭合轮廓创建模式　=　实体
选择要拉伸的对象或 [模式(MO)]:_MO 闭合轮廓创建模式 [实体(SO)/曲面(SU)] <实体>:选择
拉伸对象。
指定拉伸的高度或 [方向(D)/路径(P)/倾斜角(T)/表达式(E)] <100.0000>:指定拉伸的高度。

命令行中各主要选项的含义如下。
- ➢ 方向（D）：设置拉伸的方向。
- ➢ 路径（P）：选择拉伸的路径。
- ➢ 倾斜角（T）：指定拉伸的倾斜角度。

> ▶ 专家指点
>
> 除了上述方法可以调用"拉伸"命令外，还有以下两种常用的方法。
> - ➢ 命令：输入"EXTRUDE"命令。
> - ➢ 菜单栏：选择"绘图"|"建模"|"拉伸"命令。
> 执行以上任意一种方法，均可调用"拉伸"命令。

13.3.2　新手练兵——创建旋转实体

使用"旋转"命令，可以通过绕轴旋转开放或闭合对象来创建实体或曲面，以旋转对象
定义实体或曲面轮廓。下面介绍创建旋转实体的操作方法。

素材文件	光盘\素材\第 13 章\内胎.dwg
效果文件	光盘\效果\第 13 章\内胎.dwg
视频文件	光盘\视频\第 13 章\13.3.2　新手练兵——创建旋转实体.mp4

步骤 01　单击快速访问工具栏上的"打开"按钮，打开素材图形，如图 13-40 所示。
步骤 02　在"功能区"选项板的"常用"选项卡中，单击"建模"面板中"拉伸"的
下拉按钮，在弹出的列表框中，单击"旋转"按钮，如图 13-41 所示。

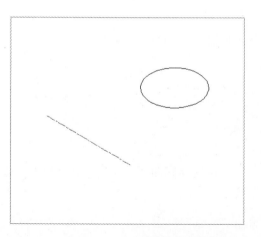

图 13-40 打开素材图形

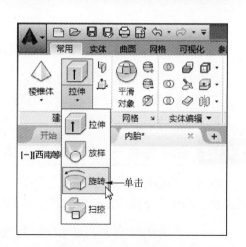

图 13-41 单击"旋转"按钮

▶ 专家指点

　　除了上述方法可以调用"旋转"命令外，还有以下两种常用的方法。

➤ 命令：输入"REVOLVE"命令。

➤ 菜单栏：选择"绘图"|"建模"|"旋转"命令。

　　执行以上任意一种方法，均可调用"旋转"命令。

 根据命令行提示进行操作，选择右侧圆为旋转对象，如图 13-42 所示，按〈Enter〉键确认。

　　步骤 04 在左侧直线的两个端点上，依次单击鼠标左键，指定旋转轴，输入旋转角度为"360"，按〈Enter〉键确认，即可创建旋转实体，如图 13-43 所示。

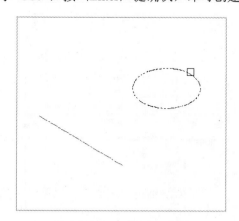

图 13-42 选择旋转对象

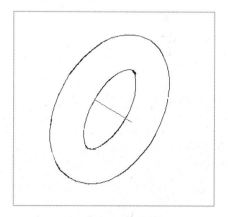

图 13-43 创建旋转实体

执行"旋转"命令后，命令行中提示如下。

　　命令：REVOLVE
　　当前线框密度： ISOLINES=4，闭合轮廓创建模式 = 实体
　　选择要旋转的对象或 [模式(MO)]：_MO 闭合轮廓创建模式 [实体(SO)/曲面(SU)] <实体>：
　　选择旋转的对象。
　　指定轴起点或根据以下选项之一定义轴 [对象(O)/X/Y/Z] <对象>：指定旋转轴起点。

指定轴端点:指定旋转轴端点。

指定旋转角度或 [起点角度(ST)/反转(R)/表达式(EX)] <360>:指定旋转角度。

命令行中各主要选项的含义如下。

➢ 起点角度（SO）：设置旋转起点角度。

➢ 反转（R）：反向旋转。

13.3.3 新手练兵——创建放样实体

放样实体是指在数个横截面之间的空间中创建三维实体或曲面，在放样时选择的横截面不能少于两个。下面介绍创建放样实体的操作方法。

	素材文件	光盘\素材\第 13 章\瓶子.dwg
	效果文件	光盘\效果\第 13 章\瓶子.dwg
	视频文件	光盘\视频\第 13 章\13.3.3　新手练兵——创建放样实体.mp4

步骤 01 单击快速访问工具栏上的"打开"按钮，打开素材图形，如图 13-44 所示。

步骤 02 在"功能区"选项板的"常用"选项卡中，单击"建模"面板中"拉伸"的下拉按钮，在弹出的列表框中，单击"放样"按钮，如图 13-45 所示。

▶ **专家指点**

除了上述方法可以调用"旋转"命令外，还有以下两种常用的方法。

➢ 命令：输入"LOFT"命令。

➢ 菜单栏：选择"绘图"|"建模"|"旋转"命令。

执行以上任意一种方法，均可调用"旋转"命令。

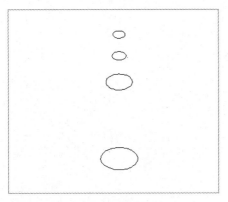

图 13-44　打开素材图形

图 13-45　单击"放样"按钮

步骤 03 根据命令行提示进行操作，在绘图区中从上往下依次选择圆为放样对象，如图 13-46 所示，连续按两次〈Enter〉键确认。

步骤 04 执行操作后，即可创建放样实体，效果如图 13-47 所示。

执行"放样"命令后，命令行中提示如下。

命令：LOFT

当前线框密度：ISOLINES=20，闭合轮廓创建模式 = 实体按放样次序选择横截面或 [点(PO)/合并多条边(J)/模式(MO)]:_MO 闭合轮廓创建模式 [实体(SO)/曲面(SU)] <实体>:按放样次序选择截面放样实体。

输入选项 [导向(G)/路径(P)/仅横截面(C)/设置(S)] <仅横截面>:选择相应选项。

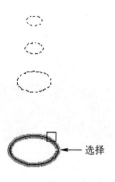

图 13-46　选择放样对象

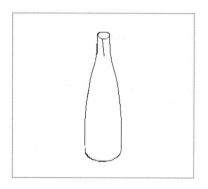

图 13-47　创建放样实体

命令行中各主要选项的含义如下。

➢ 导向（G）：选择导向轮廓。

➢ 路径（P）：选择路径轮廓。

13.3.4　新手练兵——创建扫掠实体

使用"扫掠"命令可以沿开放或闭合的二维或三维路径扫掠开放或闭合的平面曲线（轮廓），以创建新实体或曲面。下面介绍创建扫掠实体的操作方法。

	素材文件	光盘\素材\第 13 章\水槽.dwg
	效果文件	光盘\效果\第 13 章\水槽.dwg
	视频文件	光盘\视频\第 13 章\13.3.4　新手练兵——创建扫掠实体.mp4

步骤 01　单击快速访问工具栏上的"打开"按钮，打开素材图形，如图 13-48 所示。

步骤 02　在"功能区"选项板的"常用"选项卡中，单击"建模"面板中"拉伸"的下拉按钮，在弹出的列表框中，单击"扫掠"按钮，如图 13-49 所示。

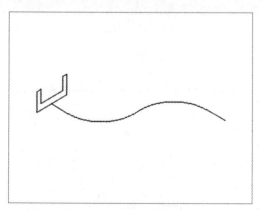

图 13-48　打开素材图形

图 13-49　单击"扫掠"按钮

步骤 03 根据命令行提示进行操作，选择左上角的图形为扫掠对象，如图 13-50 所示。

步骤 04 按〈Enter〉键确认，拾取曲线为扫掠路径，即可创建扫掠实体，如图 13-51 所示。

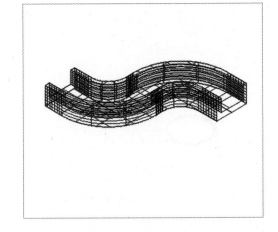

←选择

图 13-50 选择扫掠对象   图 13-51 创建扫掠实体

执行"扫掠"命令后，命令行中提示如下。

命令：SWEEP
当前线框密度： ISOLINES=7，闭合轮廓创建模式 = 实体
选择要扫掠的对象或 [模式 (MO)]:_MO 闭合轮廓创建模式 [实体 (SO) /曲面 (SU)] <实体>:
选择扫掠对象。
选择扫掠路径或 [对齐 (A) /基点 (B) /比例 (S) /扭曲 (T)]:选择扫掠路径或选择相应选项。
命令行中各主要选项的含义如下。

➢ 对齐（A）：扫掠前对齐垂直于路径的扫掠对象。
➢ 比例（S）：设置扫掠所得实体比例因子。
➢ 扭曲（T）：输入扭曲角度或允许非平面扫掠路径倾斜。

▶ 专家指点

除了上述方法可以调用"扫掠"命令外，还有以下两种常用的方法。
➢ 命令：输入"SWEEP"命令。
➢ 菜单栏：选择"绘图"|"建模"|"扫掠"命令。
执行以上任意一种方法，均可调用"扫掠"命令。

13.4 网格曲面的创建

在 AutoCAD 2016 中，在三维模型空间中可以创建三维网格图形，该网格主要在三维空间中使用。使用镶嵌面来表示对象的网格，不仅定义了三维对象的边界，而且还定义了表面，类似于使用行和列组成的栅格。常见的网格模型有旋转网格、直纹网格、边界网格和平移网格。

13.4.1 新手练兵——旋转网格的创建

使用"旋转网格"命令可以在两条直线或曲线之间创建一个曲面的多边形网格。下面介绍创建旋转网格的操作方法。

素材文件	光盘\素材\第 13 章\螺帽.dwg
效果文件	光盘\效果\第 13 章\螺帽.dwg
视频文件	光盘\视频\第 13 章\13.4.1 新手练兵——旋转网格的创建.mp4

步骤 01 单击快速访问工具栏上的"打开"按钮，打开素材图形，如图 13-52 所示。

步骤 02 在"功能区"选项板的"网格"选项卡中，单击"图元"面板中的"建模，网格，旋转曲面"按钮 🔁，如图 13-53 所示。

▶ 专家指点

除了上述方法可以调用"旋转网格"命令外，还有以下两种常用的方法。

➢ 命令：输入"REVSURF"命令。

➢ 菜单栏：选择"绘图"|"建模"|"网格"|"旋转网格"命令。

执行以上任意一种方法，均可调用"旋转网格"命令。

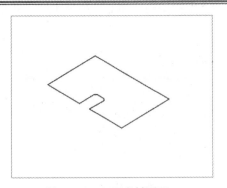

图 13-52 打开素材图形

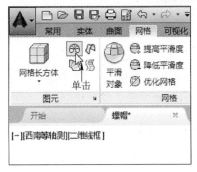

图 13-53 单击"旋转曲面"按钮

步骤 03 在命令行提示下，选择多段线作为旋转对象，选择右上方的直线作为旋转轴，如图 13-54 所示。

步骤 04 输入旋转角度为"360"，连续按两次〈Enter〉键确认，即可创建旋转网格，如图 13-55 所示。

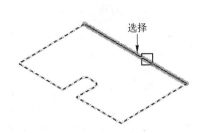

图 13-54 选择旋转轴

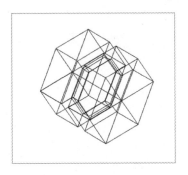

图 13-55 创建旋转网格

执行"旋转网格"命令后，命令行中的提示如下。

命令：REVSURF
当前线框密度：SURFTAB1=6 SURFTAB2=6
选择要旋转的对象：选择旋转网格的对象。
选择定义旋转轴的对象：选择旋转轴对象。
指定起点角度 <0>：如果设定为非零值，将以生成路径曲线的某个偏移开始网格旋转。
指定包含角 (+=逆时针，−=顺时针) <360>：用于指定网格绕旋转轴延伸的距离。

13.4.2 新手练兵——平移网格的创建

在 AutoCAD 2016 中，使用"平移网格"命令可以创建多边形网格。下面介绍创建平移网格的操作方法。

素材文件	光盘\素材\第 13 章\齿轮.dwg
效果文件	光盘\效果\第 13 章\齿轮.dwg
视频文件	光盘\视频\第 13 章\13.4.2　新手练兵——平移网格的创建.mp4

步骤 01 单击快速访问工具栏上的"打开"按钮，打开素材图形，如图 13-56 所示。

步骤 02 在"功能区"选项板的"网格"选项卡中，单击"图元"面板中的"建模"|"网格"|"平移曲面"按钮，如图 13-57 所示。

图 13-56　打开素材图形

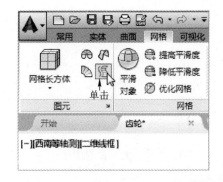

图 13-57　单击"平移曲面"按钮

步骤 03 根据命令行提示进行操作，在绘图区中选择多段线，如图 13-58 所示。

步骤 04 选择直线为方向矢量对象，即可创建平移网格，如图 13-59 所示。

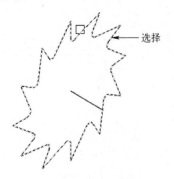

图 13-58　选择多段线

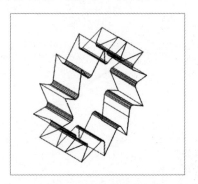

图 13-59　创建平移网格

执行"平移网格"命令后，命令行中的提示如下。

命令：TABSURF
当前线框密度：SURFTAB1=6
选择用作轮廓曲线的对象：选择轮廓对象。
选择用作方向矢量的对象：选择作为矢量方向的对象。

> **专家指点**
>
> 除了上述方法可以调用"平移网格"命令外，还有以下两种常用的方法。
> ➤ 命令：输入"TABSURF"命令。
> ➤ 菜单栏：选择"绘图"|"建模"|"网格"|"平移网格"命令。
> 执行以上任意一种方法，均可调用"平移网格"命令。

13.4.3 新手练兵——直纹网格的创建

直纹网格是在两条直线或曲面之间创建一个多边形网格，在创建直纹网格时，选择对象的不同边创建的网格也不同。下面介绍创建直纹网格的操作方法。

素材文件	光盘\素材\第 13 章\灯罩.dwg
效果文件	光盘\效果\第 13 章\灯罩.dwg
视频文件	光盘\视频\第 13 章\13.4.3 新手练兵——直纹网格的创建.mp4

步骤 **01** 单击快速访问工具栏上的"打开"按钮，打开素材图形，如图 13-60 所示。

步骤 **02** 在"功能区"选项板的"网格"选项卡中，单击"图元"面板中的"建模"|"网格"|"直纹曲面"按钮，如图 13-61 所示。

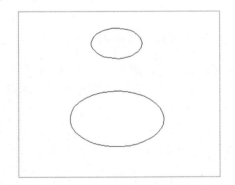

图 13-60　打开素材图形

图 13-61　单击"直纹曲面"按钮

> **专家指点**
>
> 除了上述方法可以调用"直纹网格"命令外，还有以下两种常用的方法。
> ➤ 命令：输入"RULESURF"命令。
> ➤ 菜单栏：选择"绘图"|"建模"|"网格"|"直纹网格"命令。
> 执行以上任意一种方法，均可调用"直纹网格"命令。

步骤 **03** 根据命令行提示进行操作，在绘图区中选择上方的小圆，如图 13-62 所示。

步骤 **04** 选择下方的大圆，即可完成直纹网格的创建，如图 13-63 所示。

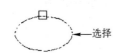

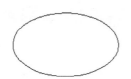

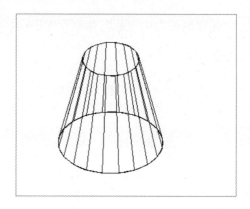

图 13-62 选择小圆   图 13-63 创建直纹网格

执行"直纹网格"命令后，命令行中的提示如下。

命令：RULESURF
当前线框密度：SURFTAB1=20
选择第一条定义曲线：选择创建直纹网格的第一条定义曲线。
选择第二条定义曲线：选择创建直纹网格的第二条定义曲线。

13.4.4   新手练兵——边界网格的创建

边界网格是一个三维多边形网格，该曲面网格由 4 条邻边作为边界创建。下面介绍创建边界网格的操作方法。

素材文件	光盘\素材\第 13 章\贝壳.dwg
效果文件	光盘\效果\第 13 章\贝壳.dwg
视频文件	光盘\视频\第 13 章\13.4.4 新手练兵——边界网格的创建.mp4

步骤 01 单击快速访问工具栏上的"打开"按钮，打开素材图形，如图 13-64 所示。

步骤 02 在"功能区"选项板的"网格"选项卡中，单击"图元"面板中的"建模"| "网格"|"边界曲面"按钮，如图 13-65 所示。

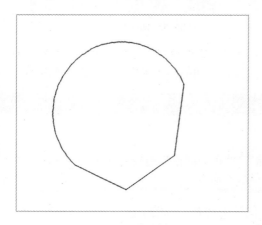

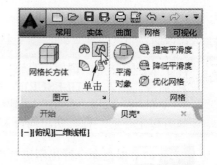

图 13-64 打开素材图形   图 13-65 单击"边界曲面"按钮

▶ 专家指点

> 除了上述方法可以调用"边界网格"命令外，还有以下两种常用的方法。
> ➢ 命令：输入"EDGESURF"命令。
> ➢ 菜单栏：选择"绘图"|"建模"|"网格"|"边界网格"命令。
> 执行以上任意一种方法，均可调用"边界网格"命令。

步骤 03 在命令行提示下，选择圆弧对象为第一曲面边界对象，依次选择 3 条直线为其他曲面边界对象，如图 13-66 所示。

步骤 04 执行操作后，即可创建边界网格，如图 13-67 所示。

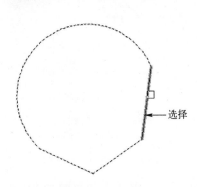

图 13-66 选择对象

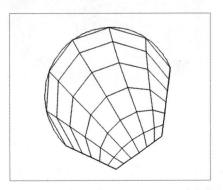

图 13-67 创建边界网格

执行"边界网格"命令后，命令行中的提示如下。

命令：EDGESURF
当前线框密度：SURFTAB1=6 SURFTAB2=6
选择用作曲面边界的对象 1：
选择用作曲面边界的对象 2：
选择用作曲面边界的对象 3：
选择用作曲面边界的对象 4：

13.5 视点的设置

在 AutoCAD 2016 中，视点用于在三维模型空间中观察模型的位置。建立三维视图时离不开观察视点的调整，通过不同的观察视点，可以观察立体模型的不同侧面效果。本节主要介绍设置视点的操作方法。

13.5.1 新手练兵——对话框设置视点

用户可以在"视点预置"对话框中，设置当前视口的视点。下面介绍使用对话框设置视点的操作方法。

素材文件	光盘\素材\第 13 章\大链轮.dwg	
效果文件	光盘\效果\第 13 章\大链轮.dwg	
视频文件	光盘\视频\第 13 章\13.5.1 新手练兵——对话框设置视点.mp4	

步骤 01 单击快速访问工具栏上的"打开"按钮，打开素材图形，如图 13-68 所示。

步骤 02 在命令行中输入"DDVPOINT"（视点预设）命令，按〈Enter〉键确认，弹出"视点预设"对话框，如图 13-69 所示。

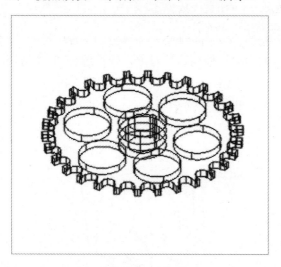

图 13-68　打开素材图形

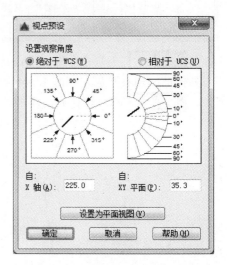

图 13-69　弹出"视点预设"对话框

步骤 03 设置"X 轴"为"270"、"XY 平面"为"90"，依次单击"设置为平面视图"和"确定"按钮，如图 13-70 所示。

步骤 04 执行操作后，即可使用对话框设置视点，如图 13-71 所示。

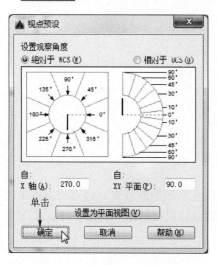

图 13-70　单击"确定"按钮

图 13-71　对话框设置视点

13.5.2 新手练兵——"视点"命令设置视点

在 AutoCAD 2016 中，使用"视点"命令也可以为当前视口设置视点，该视点均是相对于 WCS 坐标系。下面介绍使用"视点"命令设置视点的操作方法。

素材文件	光盘\素材\第 13 章\顶尖.dwg
效果文件	光盘\效果\第 13 章\顶尖.dwg
视频文件	光盘\视频\第 13 章\13.5.2　新手练兵——"视点"命令设置视点.mp4

步骤 01 单击快速访问工具栏上的"打开"按钮，打开素材图形，如图 13-72 所示。

步骤 02 在命令行中输入"-VPOINT"（视点）命令，如图 13-73 所示。

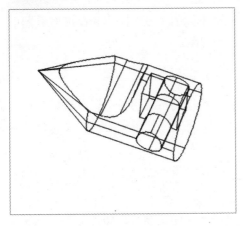

图 13-72　打开素材图形

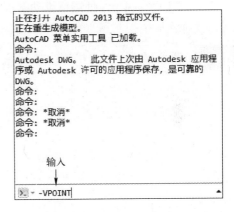

图 13-73　输入"-VPOINT"

步骤 03 按〈Enter〉键确认，根据命令行提示进行操作，捕捉图形底面上的圆心点，如图 13-74 所示。

步骤 04 单击鼠标左键，即可使用"视点"命令设置视点，如图 13-75 所示。

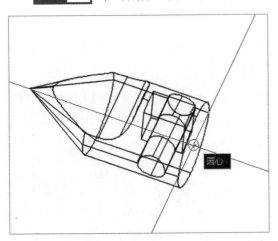

图 13-74　捕捉圆心点

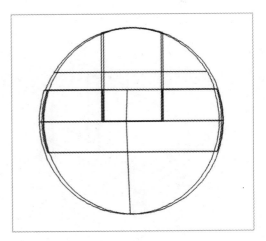

图 13-75　设置视点

执行"视点"命令后，命令行中的提示如下。

　　命令：-VPOINT

当前视图方向：指定视图显示方向。

指定视点或 [旋转(R)] <显示指南针和三轴架>:正在重生成模型。

▶ 专家指点

在建模过程中，一般仅使用三维动态观察器来观察方向，而在最终输入渲染或着色模型时，使用"DDVPOINT"命令或"VOPINT"命令指定精确的查看方向。

13.6 三维图形的观察

在三维建模空间中，使用三维动态观察器可以从不同的角度、距离和高度查看图形中的对象，从而实时地控制和改变当前视口中创建的三维视图。

13.6.1 新手练兵——约束动态观察

受约束的动态观察器用于在当前视口中通过拖曳鼠标动态观察模型。在观察时目标位置保持不动，相机位置（或观察点）围绕目标移动。下面将介绍使用受约束的动态观察器的操作方法。

素材文件	光盘\素材\第 13 章\茶几.dwg
效果文件	无
视频文件	光盘\视频\第 13 章\13.6.1 新手练兵——约束动态观察.mp4

步骤 01 单击快速访问工具栏上的"打开"按钮，打开素材图形，如图 13-76 所示。

步骤 02 在"功能区"选项板的"视图"选项卡中，单击"导航"面板中"动态观察"右侧的下拉按钮，在弹出的列表框中单击"动态观察"按钮✦，如图 13-77 所示。

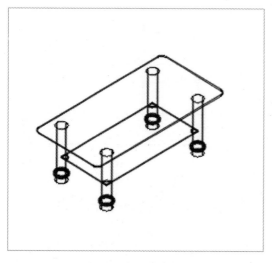

图 13-76 打开素材图形

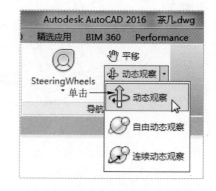

图 13-77 单击"动态观察"按钮

步骤 03 执行操作后，在绘图区中出现受约束的动态观察光标✦，如图 13-78 所示。

步骤 04 单击鼠标左键并拖曳至合适位置，释放鼠标，即可约束动态观察三维图形，如图 13-79 所示。

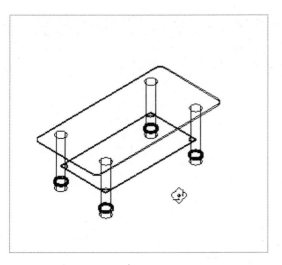

图 13-78　出现受约束的动态观察光标

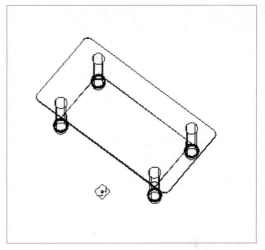

图 13-79　观察三维模型

13.6.2　新手练兵——自由动态观察

　　自由动态观察器与受约束的动态观察器相类似，但是观察点不会约束为沿着 XY 平面或 Z 轴移动。下面将介绍使用自由动态观察器的操作方法。

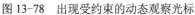

素材文件	光盘\素材\第 13 章\挂锁.dwg
效果文件	无
视频文件	光盘\视频\第 13 章\13.6.2　新手练兵——自由动态观察.mp4

　　步骤　01　单击快速访问工具栏上的"打开"按钮，打开素材图形，如图 13-80 所示。

　　步骤　02　在"功能区"选项板的"视图"选项卡中，单击"导航"面板中"动态观察"右侧的下拉按钮，在弹出的列表框中，单击"自由动态观察"按钮，如图 13-81 所示。

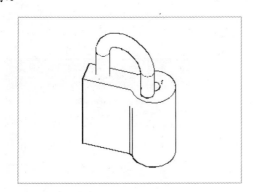

图 13-80　打开素材图形

图 13-81　单击"自由动态观察"按钮

　　步骤　03　执行操作后，在绘图区出现一个自由动态观察光标，如图 13-82 所示。

　　步骤　04　单击鼠标左键拖曳至合适位置，释放鼠标，即可自由动态观察三维图形，如图 13-83 所示。

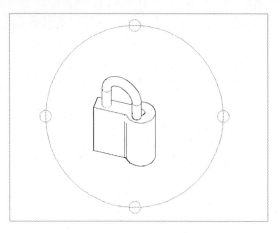

图 13-82　出现自由动态观察光标

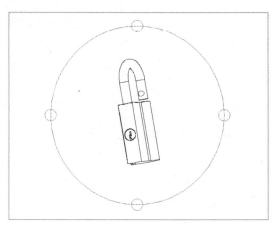

图 13-83　观察三维模型

13.6.3　新手练兵——连续动态观察

连续动态观察器用于连续动态地观察图形。在绘图区按住鼠标左键并向任意方向拖动鼠标，可以使目标对象以拖动的方向沿着轨道连续旋转。下面将介绍使用连续动态观察器的操作方法。

素材文件	光盘\素材\第 13 章\水桶.dwg
效果文件	无
视频文件	光盘\视频\第 13 章\13.6.3　新手练兵——连续动态观察.mp4

步骤 01　单击快速访问工具栏上的"打开"按钮，打开素材图形，如图 13-84 所示。

步骤 02　在"功能区"选项板的"视图"选项卡中，单击"导航"面板中"动态观察"右侧的下拉按钮，在弹出的列表框中单击"连续动态观察"按钮，如图 13-85 所示。

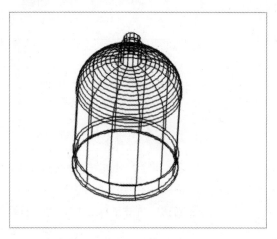

图 13-84　打开素材图形

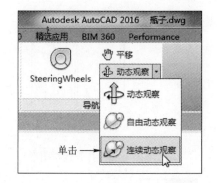

图 13-85　单击"连续动态观察"按钮

步骤 03　执行操作后，在绘图区出现连续动态观察光标，如图 13-86 所示。

步骤 **04** 单击鼠标左键拖曳至合适位置，释放鼠标，即可连续动态观察三维图形，效果如图 13-87 所示。

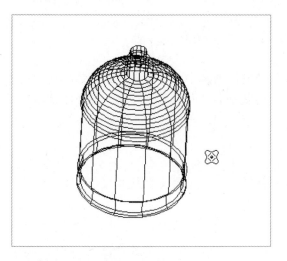

图 13-86 出现连续动态观察光标

图 13-87 观察三维模型

13.6.4 相机观察

在 AutoCAD 2016 中，使用"相机"命令，可以在模型空间中放置相机和根据需要调整相机位置，以便定义三维视图。

输入"CAM"（相机）命令后，按〈Enter〉键确认，在绘图区中将出现一个相机图形，如图 13-88 所示。

在相机图形对象上，单击鼠标左键，弹出"相机预览"对话框，如图 13-89 所示。

在"相机预览"对话框中显示了使用相机观察到的视图效果，单击"视觉样式"右侧的下拉按钮，在弹出的"视觉样式"下拉列表框中可以选择预览窗口中图形的视觉样式，包括概念、隐藏、线框以及真实。

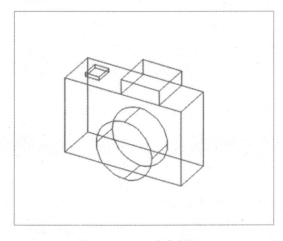

图 13-88 出现相机图形

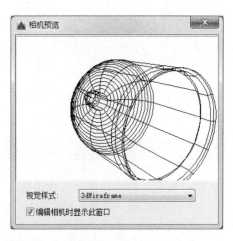

图 13-89 弹出"相机预览"对话框

用户可以在图形中打开或关闭相机并使用夹点来编辑相机的位置、目标或焦距。相机有以下4个属性。

- 目标：通过指定视图中心的坐标来定义要观察的点。
- 焦距：定义相机镜头的比例特性。焦距越大，视野越窄。
- 位置：定义要观察三维模型的起点。
- 前向和后向剪裁平面：指定剪裁平面的位置。剪裁平面是定义（或剪裁）视图的边界。在相机视图中，将隐藏相机与前向剪裁平面之间的所有对象，同样隐藏后向剪裁平面与目标之间的所有对象。

13.6.5 新手练兵——漫游观察

漫游工具可以动态地改变观察点相对于观察对象之间的视距和回旋角度。下面将介绍使用漫游工具的操作方法。

素材文件	光盘\素材\第 13 章\支架轴测图.dwg
效果文件	无
视频文件	光盘\视频\第 13 章\13.6.5　新手练兵——漫游观察.mp4

步骤 **01** 单击快速访问工具栏上的"打开"按钮，打开素材图形，如图 13-90 所示。

步骤 **02** 在命令行中输入"3DWALK"（漫游）命令，按〈Enter〉键确认，弹出"漫游和飞行-更改为透视视图"对话框，单击"修改"按钮，如图 13-91 所示。

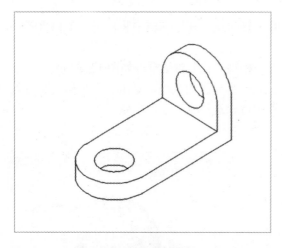

图 13-90　打开素材图形

图 13-91　单击"修改"按钮

▶ **专家指点**

除了上述方法可以调用"漫游"命令外，还有以下两种常用的方法。

- 按钮：在"功能区"选项板中，切换至"渲染"选项卡，单击"动画"面板中间的下拉按钮，在展开的面板中，单击"漫游"按钮 📷。
- 菜单栏：选择"视图"|"漫游和飞行"|"漫游"命令。

执行以上任意一种操作，均可调用"漫游"命令。

步骤 **03** 弹出"定位器"面板，在该面板上显示漫游的路径图形，在"定位器"面板

中的指示器上拖曳鼠标，如图 13-92 所示。

步骤 **04** 绘图区中的三维图形跟随鼠标移动，即可漫游观察三维图形，如图 13-93 所示。

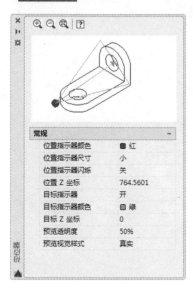

图 13-92　拖曳鼠标

图 13-93　漫游观察三维图形

13.6.6　新手练兵——飞行观察

使用飞行工具可以指定任意距离和观察角度观察模型。下面将介绍使用飞行工具的操作方法。

素材文件	光盘\素材\第 13 章\阀芯.dwg
效果文件	无
视频文件	光盘\视频\第 13 章\13.6.6　新手练兵——飞行观察.mp4

步骤 **01** 单击快速访问工具栏上的"打开"按钮，打开素材图形，如图 13-94 所示。

步骤 **02** 在命令行中输入"3DFLY"（飞行）命令，按〈Enter〉键确认，弹出"漫游和飞行-更改为透视视图"对话框，单击"修改"按钮，如图 13-95 所示。

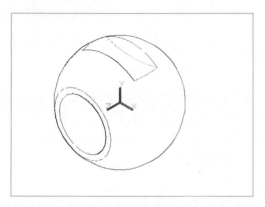

图 13-94　打开素材图形

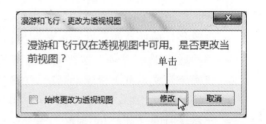

图 13-95　单击"修改"按钮

步骤 03 弹出"定位器"面板，该面板上显示飞行的路径图形，如图 13-96 所示。

步骤 04 在"定位器"面板中的指示器上拖曳鼠标，绘图区中的三维图形会跟随"定位器"面板中的指示器移动，即可飞行观察三维图形，如图 13-97 所示。

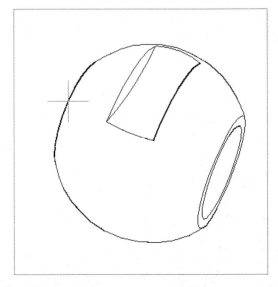

图 13-96　拖曳鼠标　　　　　　　图 13-97　飞行观察三维模型

▶ **专家指点**

　　除了上述方法可以调用"飞行"命令外，还有以下两种常用的方法。
　　➤ 按钮：在"功能区"选项板中，切换至"渲染"选项卡，单击"动画"面板中间的下拉按钮，在展开的面板中，单击"飞行"按钮 ✈。
　　➤ 菜单栏：选择"视图"|"漫游和飞行"|"飞行"命令。
　　执行以上任意一种操作，均可调用"飞行"命令。

13.6.7　运动路径观察

　　用户使用运动路径动画可以形象地演示模型，可以录制和回放导航过程，以动态传达设计意图。

　　在"功能区"选项板的"可视化"选项卡中，单击"动画"面板中"动画运动路径"按钮 🎞，如图 13-98 所示。

　　执行操作后，弹出"运动路径动画"对话框，如图 13-99 所示。

　　在"运动路径动画"对话框中，各主要选项的含义如下。

　　➤ "点"单选按钮：选择该单选按钮，将相机/目标链接至图形中的静态点。
　　➤ "路径"单选按钮：选择该单选按钮，将相机/目标链接至图形中的运动路径。
　　➤ "拾取点/选择路径"按钮 ⊞：选择相机所在位置的点或相机运动所沿的路径。
　　➤ "帧率"文本框：设置动画运行的速度，以每秒帧数为单位计量。
　　➤ "帧数"文本框：指定动画中的总帧数。
　　➤ "持续时间（秒）"文本框：指定动画的持续时间（以节为单位）。
　　➤ "视觉样式"列表框：显示可应用于动画文件的视觉样式和渲染预设的列表。

- ➤ "分辨率"下拉列表：设置以屏幕显示单位定义生成的动画的宽度和高度。
- ➤ "角减速"复选框：勾选该复选框，则在相机转弯时，以较低的速度移动相机。
- ➤ "反向"复选框：确定是否反转动画的方向。

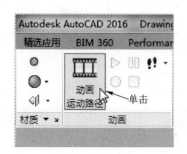

图 13-98 单击"动画运动路径"按钮

图 13-99 弹出"运动路径动画"对话框

▶ 专家指点

除了上述方法可以调用"运动路径动画"命令外，还有以下两种常用的方法。
- ➤ 命令：输入"ANIPATH"命令。
- ➤ 菜单栏：选择"视图"|"运动路径动画"命令。
执行以上任意一种操作，均可调用"运动路径动画"命令。

13.7 设置系统变量

在 AutoCAD 2016 中，控制三维模型显示的系统变量有 FACETRES、ISOLINES 和 DISPSILH，这 3 个系统变量影响着三维模型显示的效果。

13.7.1 新手练兵——设置平滑度

使用 FACETRES 系统变量，可以控制着色和渲染曲面实体的平滑度，下面将介绍控制渲染对象的平滑度的操作方法。

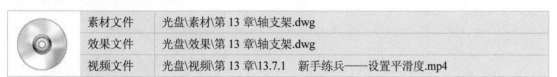

素材文件	光盘\素材\第 13 章\轴支架.dwg	
效果文件	光盘\效果\第 13 章\轴支架.dwg	
视频文件	光盘\视频\第 13 章\13.7.1　新手练兵——设置平滑度.mp4	

步骤 01　单击快速访问工具栏上的"打开"按钮，打开素材图形，并以消隐样式显示图形，如图 13-100 所示。

步骤 02　在命令行中输入"FACETRES"（平滑度）命令，按〈Enter〉键确认，在命令行提示下，输入"7"，按〈Enter〉键确认，并以消隐样式显示图形，即可设置渲染对象的平滑度，如图 13-101 所示。

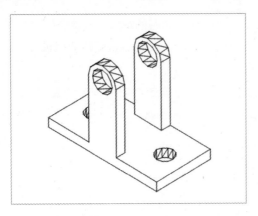 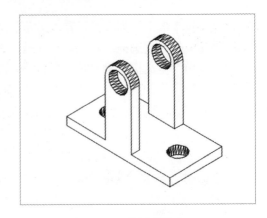

图 13-100　打开素材图形　　　　　图 13-101　设置平滑度

▶ 专家指点

数目越多，显示性能越差，渲染时间也越长，有效取值范围为 0.01～10 之间。

用户可通过以下方法执行"消隐"命令。

➢ 选择菜单栏中"视图"｜"消隐"命令。

➢ 输入"HIDE"命令。

13.7.2　新手练兵——设置曲面轮廓线

使用 ISOLINES 系统变量可以控制对象上每个曲面的轮廓线数目，下面将介绍控制曲面轮廓线的操作方法。

素材文件	光盘\素材\第 13 章\弹片.dwg
效果文件	光盘\效果\第 13 章\弹片.dwg
视频文件	光盘\视频\第 13 章\13.7.2　新手练兵——设置曲面轮廓线.mp4

步骤 01　单击快速访问工具栏上的"打开"按钮，打开素材图形，如图 13-102 所示。

步骤 02　在命令行中输入"ISOLINES"（曲面轮廓线）命令，按〈Enter〉键确认，根据命令行提示进行操作，输入"30"，按〈Enter〉键确认，并以消隐样式显示图形，即可设置图形的曲面轮廓线，如图 13-103 所示。

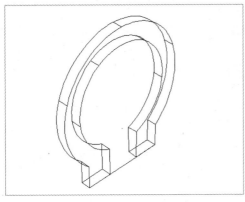 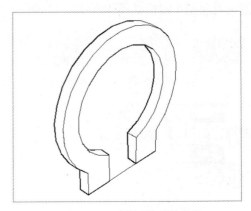

图 13-102　打开素材图形　　　　　图 13-103　设置曲面轮廓线

13.7.3 新手练兵——以线框形式显示图形

使用 DISPSILH 系统变量，可以控制是否将三维实体对象的轮廓曲线显示为线框，下面将介绍控制以线框形式显示轮廓的操作方法。

素材文件	光盘\素材\第 13 章\轮盘.dwg	
效果文件	光盘\效果\第 13 章\轮盘.dwg	
视频文件	光盘\视频\第 13 章\13.7.3 新手练兵——以线框形式显示图形.mp4	

步骤 01 单击快速访问工具栏上的"打开"按钮，打开素材图形，并以消隐样式显示图形，如图 13-104 所示。

步骤 02 在命令行中输入"DISPSILH"（线框形式）命令，按〈Enter〉键确认，根据命令行提示进行操作，输入"1"，按〈Enter〉键确认，并以消隐样式显示图形，即可以线框形式显示图形，如图 13-105 所示。

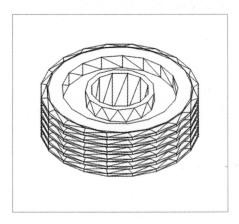

图 13-104 打开素材图形

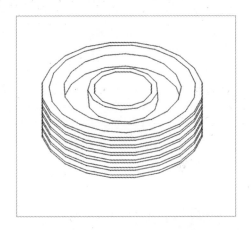

图 13-105 线框形式显示图形

13.8 设置投影样式

在 AutoCAD 2016 中，可以在三维空间中查看三维模型的平行投影和透视投影。

13.8.1 了解平行投影和透视投影

在 AutoCAD 2016 中，通过定义模型的透视投影或平行投影可以在图形中创建真实的视觉效果。

透视视图和平行投影之间的差别是：透视视图取决于理论相机和目标点之间的距离，较小的距离产生明显的透视效果，较大的距离产生轻微的效果。

13.8.2 新手练兵——创建平行投影

在 AutoCAD 2016 中，用户可以根据需要创建平行投影，下面将介绍创建平行投影的操作方法。

素材文件	光盘\素材\第 13 章\螺杆.dwg	
效果文件	光盘\效果\第 13 章\螺杆.dwg	
视频文件	光盘\视频\第 13 章\13.8.2　新手练兵——创建平行投影.mp4	

步骤 01 单击快速访问工具栏上的"打开"按钮，打开素材图形，如图 13-106 所示。

步骤 02 在命令行中输入"DVIEW"（投影）命令，如图 13-107 所示，按〈Enter〉键确认。

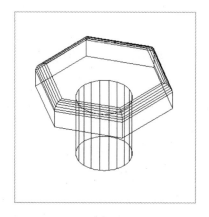

图 13-106　打开素材图形

图 13-107　输入命令

步骤 03 选择所有图形对象，按〈Enter〉键确认，输入"CA"（相机）命令，按〈Enter〉键确认，依次输入"50"和"20"并确认，如图 13-108 所示。

步骤 04 执行操作后，即可创建平行投影，如图 13-109 所示。

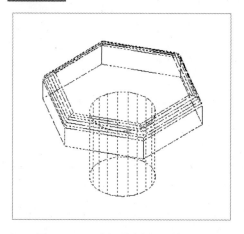

图 13-108　选择所有图形对象

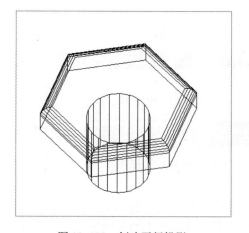

图 13-109　创建平行投影

执行"投影"命令后，命令行中的提示如下。

命令：DVIEW

选择对象或 <使用 DVIEWBLOCK>:选择投影对象。

输入选项[相机(CA)/目标(TA)/距离(D)/点(PO)/平移(PA)/缩放(Z)/扭曲(TW)/剪裁(CL)/隐藏(H)/关
(O)/放弃(U)]:选择相应的选项。

指定相机位置，输入与 XY 平面的角度，或 [切换角度单位(T)] <90.0000>:输入与 XY 平面的
角度。

指定相机位置，输入在 XY 平面上与 X 轴的角度，或 [切换角度单位(T)] <90.0000>:输入在
XY 平面与 X 轴的角度。

命令行中各主要选项的含义如下。

➤ 相机（CA）：指定相机位置。

➤ 距离（D）：指定新的相机目标距离。

➤ 点（PO）：指定目标点。

➤ 缩放（Z）：指定比例因子缩放图形。

➤ 扭曲（TW）：指定视图扭曲角度。

➤ 隐藏（H）：消隐显示图形。

➤ 放弃（U）：放弃已执行操作。

13.8.3 新手练兵——创建透视投影

在透视效果关闭或在其位置定义新视图之前，透视图将一直保持其效果。下面将介绍创
建透视投影的操作方法。

	素材文件	光盘\素材\第 13 章\轴底座.dwg
	效果文件	光盘\效果\第 13 章\轴底座.dwg
	视频文件	光盘\视频\第 13 章\13.8.3 新手练兵——创建透视投影.mp4

步骤 01 单击快速访问工具栏上的"打开"按钮，打开素材图形，如图 13-110 所
示。

步骤 02 在命令行中输入"DVIEW"（投影）命令，如图 13-111 所示，按〈Enter〉键
确认。

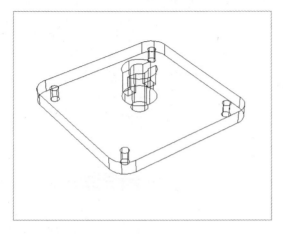

图 13-110 打开素材图形

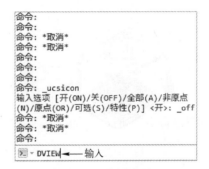

图 13-111 输入命令

步骤 03 根据命令行提示进行操作，选择所有图形对象，按〈Enter〉键确认，输入"TW"（扭曲）命令，按〈Enter〉键确认，输入"60"并确认，如图 13-112 所示。

步骤 04 执行操作后，即可创建透视投影，如图 13-113 所示。

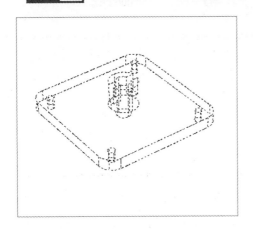

图 13-112 选择所有图形对象

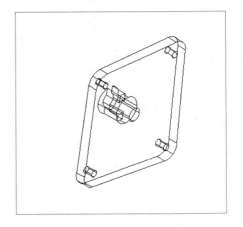

图 13-113 创建透视投影

13.8.4 新手练兵——坐标值定义视图

在 AutoCAD 2016 中，使用"视点"命令可以为当前视口设置视点，该视点均是相对于 WCS 坐标系的。

素材文件	光盘\素材\第 13 章\墨水瓶.dwg
效果文件	光盘\效果\第 13 章\墨水瓶.dwg
视频文件	光盘\视频\第 13 章\13.8.4 新手练兵——坐标值定义视图.mp4

步骤 01 单击快速访问工具栏上的"打开"按钮，打开素材图形，如图 13-114 所示。

步骤 02 在命令行中输入"-VPOINT"（视点）命令，按〈Enter〉键确认，根据命令行提示进行操作，输入"(80, 200)"，按〈Enter〉键确认，执行操作后，即可使用坐标值定义三维视图，如图 13-115 所示。

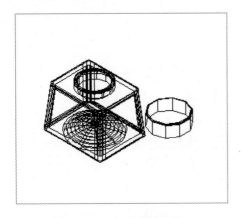

图 13-114 打开素材图形

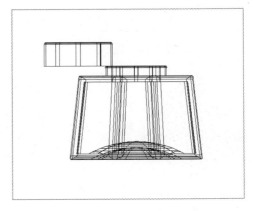

图 13-115 坐标值定义视图

编辑与渲染三维图形

14

学习提示

与编辑二维图形一样，用户也可以编辑三维对象，而且二维图形对象编辑中的大多数命令（如移动、复制等）都适用于三维图形。渲染包括应用视觉样式、设置模型光源、设置模型材质、设置三维贴图以及渲染三维图形等。本章主要介绍 AutoCAD 2016 中三维图形的编辑与渲染方法。

本章案例导航

- ■ 移动三维图形
- ■ 旋转三维图形
- ■ 镜像三维图形
- ■ 阵列三维图形
- ■ 对齐三维图形
- ■ 剖切三维图形
- ■ 加厚三维图形
- ■ 并集三维图形
- ■ 差集三维图形
- ■ 交集三维图形

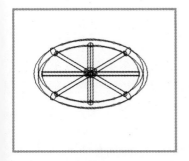
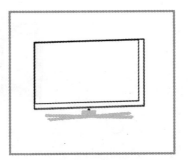
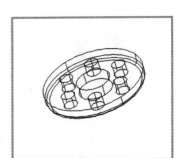
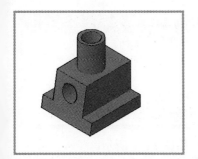
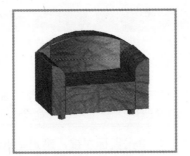
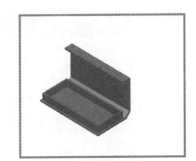

14.1　编辑三维图形

在 AutoCAD 2016 中，用户创建好实体模型后，可以对其进行三维移动、三维旋转、三维对齐、三维镜像、三维加厚以及三维阵列等基本编辑。本节将向读者介绍编辑基本三维模型的相关知识。

14.1.1　新手练兵——移动三维图形

使用"三维建模"界面中的"移动"命令，可以调整模型在三维空间中的位置。下面介绍移动三维实体的操作方法。

素材文件	光盘\素材\第 14 章\圆凳.dwg
效果文件	光盘\效果\第 14 章\圆凳.dwg
视频文件	光盘\视频\第 14 章\14.1.1　新手练兵——移动三维图形.mp4

步骤 01　单击快速访问工具栏上的"打开"按钮，打开素材图形，如图 14-1 所示。

步骤 02　在命令行中输入"3DMOVE"（三维移动）命令，按〈Enter〉键确认，根据命令行提示进行操作，选择圆柱体为移动对象，如图 14-2 所示，按〈Enter〉键确认。

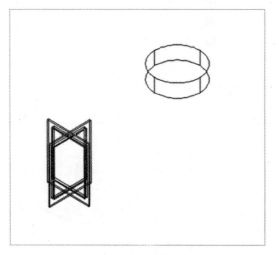

图 14-1　打开素材图形

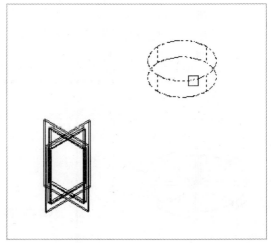

图 14-2　选择圆柱体

> ▶ 专家指点
>
> 除了运用上述方法可以调用"三维移动"命令外，还有以下两种常用的方法。
> ➢ 按钮：在"功能区"选项板的"常用"选项卡中，单击"修改"面板中的"三维移动"按钮。
> ➢ 菜单栏：选择"修改"|"三维操作"|"三维移动"命令。
> 执行以上任意一种方法，均可调用"三维移动"命令。

步骤 03　捕捉相应的圆心点，单击鼠标左键，确定基点，如图 14-3 所示。

步骤 04　在正交模式下，向左引导光标，输入"100"并确认，即可移动三维图形，效果如图 14-4 所示。

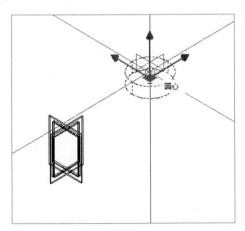

图 14-3 捕捉圆心点

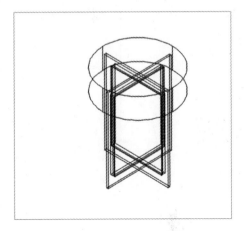

图 14-4 移动三维图形

14.1.2 新手练兵——旋转三维图形

在创建或编辑三维模型时，使用"三维旋转"命令可以自由地旋转三维对象或将旋转约束到轴。下面介绍旋转三维实体的操作方法。

素材文件	光盘\素材\第 14 章\电视机.dwg
效果文件	光盘\效果\第 14 章\电视机.dwg
视频文件	光盘\视频\第 14 章\14.1.2　新手练兵——旋转三维图形.mp4

步骤 **01** 单击快速访问工具栏上的"打开"按钮，打开素材图形，如图 14-5 所示。

步骤 **02** 在命令行中输入"**3DROTATE**"（三维旋转）命令，按〈Enter〉键确认，根据命令行提示进行操作，选择所有图形为旋转对象，如图 14-6 所示，按〈Enter〉键确认。

图 14-5 打开素材图形

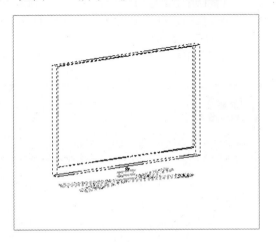

图 14-6 选择所有图形

步骤 **03** 移动鼠标至蓝色圆圈上，使其变成黄色，如图 14-7 所示。

步骤 **04** 单击鼠标左键，指定"Z"轴为旋转轴，输入"30"并确认，即可旋转三维图形，效果如图 14-8 所示。

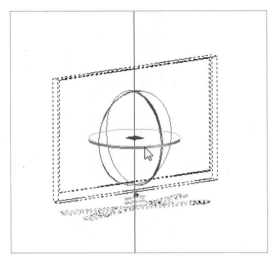

图 14-7　移动鼠标至蓝色圆圈上

图 14-8　旋转三维图形

执行"三维旋转"命令后，命令行中的提示如下。

命令：3DROTATE
UCS 当前的正角方向：ANGDIR=逆时针　ANGBASE=0
选择对象：选择旋转对象。
指定基点：指定旋转控件基点。
拾取旋转轴：在旋转控件上选择旋转轴。
指定角的起点或键入角度：输入旋转角度。

> ▶ 专家指点

除了运用上述方法可以调用"三维旋转"命令外，还有以下两种常用的方法。
> ➢ 按钮：在"功能区"选项板的"常用"选项卡中，单击"修改"面板中的"三维旋转"按钮◉。
> ➢ 菜单栏：选择"修改"|"三维操作"|"三维旋转"命令。
执行以上任意一种方法，均可调用"三维旋转"命令。

14.1.3　新手练兵——镜像三维图形

镜像三维模型的方法与镜像二维平面图形的方法类似，通过指定的平面即可对选择的三维模型进行镜像处理。下面介绍镜像三维实体的操作方法。

素材文件	光盘\素材\第 14 章\泵盖.dwg
效果文件	光盘\效果\第 14 章\泵盖.dwg
视频文件	光盘\视频\第 14 章\14.1.3　新手练兵——镜像三维图形.mp4

步骤 01　单击快速访问工具栏上的"打开"按钮，打开素材图形，如图 14-9 所示。

步骤 02　在命令行中输入"MIRROR3D"（三维镜像）命令，按〈Enter〉键确认，根据命令行提示进行操作，选择所有图形为镜像对象，如图 14-10 所示，按〈Enter〉键确认。

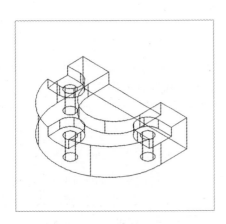

图 14-9 打开素材图形

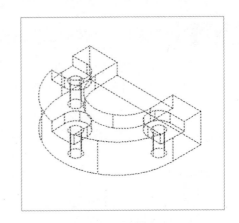

图 14-10 选择所有图形

 步骤 03 输入 "ZX" 并确认，捕捉相应角点，如图 14-11 所示。

步骤 04 单击鼠标左键确认，并输入 "N"（否）命令，执行操作后，即可镜像三维图形，效果如图 14-12 所示。

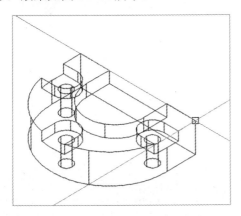

图 14-11 捕捉相应角点

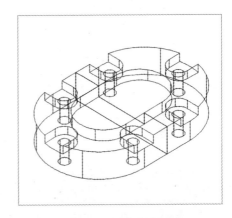

图 14-12 镜像三维图形

执行 "三维镜像" 命令后，命令行中的提示如下。

命令：MIRROR3D
选择对象：选择镜像对象。
指定镜像平面 (三点) 的第一个点或[对象(O)/最近的(L)/Z 轴(Z)/视图(V)/XY 平面(XY)/YZ 平面(YZ)/ZX 平面(ZX)/三点(3)] <三点>：指定镜像的平面。
指定 ZX 平面上的点 <0,0,0>：指定镜像平面上的点。
是否删除源对象？[是(Y)/否(N)] <否>：是否要删除源对象。

▶ 专家指点

除了运用上述方法可以调用 "三维镜像" 命令外，还有以下两种常用的方法。
➤ 按钮：在 "功能区" 选项板的 "常用" 选项卡中，单击 "修改" 面板中的 "三维镜像" 按钮%。
➤ 菜单栏：选择 "修改" | "三维操作" | "三维镜像" 命令。
执行以上任意一种方法，均可调用 "三维镜像" 命令。

14.1.4 新手练兵——阵列三维图形

使用"三维阵列"命令可以在三维空间中快速创建指定对象的多个模型副本，并按指定的形式排列，通常用于大量通用模型的复制。下面介绍阵列三维实体的操作方法。

素材文件	光盘\素材\第 14 章\车轮.dwg	
效果文件	光盘\效果\第 14 章\车轮.dwg	
视频文件	光盘\视频\第 14 章\14.1.4　新手练兵——阵列三维图形.mp4	

步骤 01 单击快速访问工具栏上的"打开"按钮，打开素材图形，如图 14-13 所示。

步骤 02 在命令行中输入"3DARRAY"（三维阵列）命令，按〈Enter〉键确认，根据命令行提示进行操作，选择圆柱为阵列对象，如图 14-14 所示，按〈Enter〉键确认。

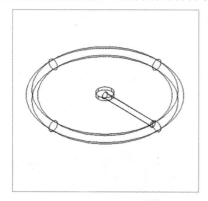
图 14-13　打开素材图形

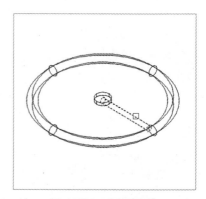
图 14-14　选择圆柱

▶ 专家指点

除了运用上述方法可以调用"三维阵列"命令外，用户还可以在"功能区"选项板的"常用"选项卡中，单击"修改"面板中的"三维阵列"按钮。

步骤 03 根据命令行提示，输入"P"（环形）命令，按〈Enter〉键确认，输入阵列数目为"8"，填充角度"360"，按〈Enter〉键确认，输入"Y"（是）命令，指定阵列中心点，如图 14-15 所示。

步骤 04 执行操作后，即可阵列三维图形，效果如图 14-16 所示。

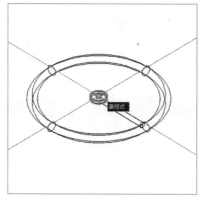
图 14-15　指定阵列中心点

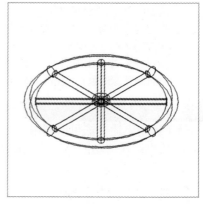
图 14-16　阵列三维图形

执行"三维阵列"命令后，命令行中的提示如下。

命令：3DARRAY
选择对象：选择阵列对象。
输入阵列类型〔矩形(R)/环形(P)〕<矩形>：输入相应的阵列类型。
输入阵列中的项目数目：输入阵列数量。
指定要填充的角度（+=逆时针，−=顺时针）<360>：指定阵列旋转角度。
旋转阵列对象？〔是(Y)/否(N)〕<Y>：是否旋转阵列对象。
指定阵列的中心点：指定环形阵列中心点。
指定旋转轴上的第二点：指定旋转轴的第二个点。

14.1.5 新手练兵——对齐三维图形

使用"三维对齐"命令，可以通过移动、旋转或倾斜对象来使该对象与另一个对象对齐。下面介绍对齐三维实体的操作方法。

素材文件	光盘\素材\第 14 章\茶几.dwg
效果文件	光盘\效果\第 14 章\茶几.dwg
视频文件	光盘\视频\第 14 章\14.1.5 新手练兵——对齐三维图形.mp4

步骤 01 单击快速访问工具栏上的"打开"按钮，打开素材图形，如图 14-17 所示。
步骤 02 在命令行中输入"3DALIGN"（三维对齐）命令，按〈Enter〉键确认，根据命令行提示进行操作，选择右下方的图形为对齐对象，如图 14-18 所示，按〈Enter〉键确认。

▶ 专家指点
除了运用上述方法可以调用"三维对齐"命令外，用户还可以在"功能区"选项板的"常用"选项卡中，单击"修改"面板中的"三维对齐"按钮。

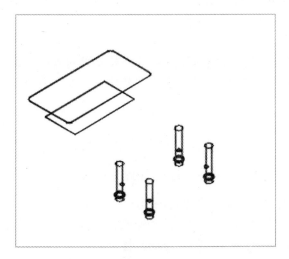

图 14-17 打开素材图形

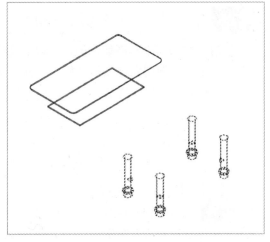

图 14-18 选择右下方的图形

步骤 **03** 捕捉相应的点，按〈Enter〉键确认，在左上方的图形上捕捉合适的点，单击鼠标左键确认，如图 14-19 所示。

步骤 **04** 执行操作后，即可对齐三维图形，效果如图 14-20 所示。

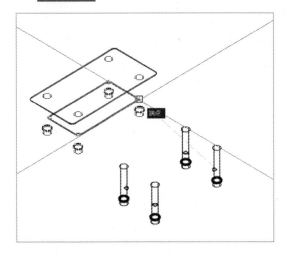

图 14-19 捕捉合适的点

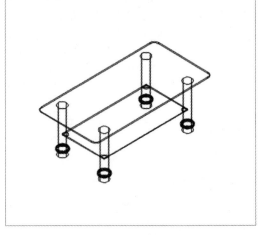

图 14-20 对齐三维图形

执行"三维对齐"命令后，命令行中的提示如下。

命令：3DALIGN
选择对象:选择对齐的对象
指定源平面和方向 ...
指定基点或 [复制(C)]:指定对齐基点
指定目标平面和方向 ...
指定第一个目标点:
指定第二个目标点或 [退出(X)] <X>:
指定第三个目标点或 [退出(X)] <X>:

14.1.6 新手练兵——剖切三维图形

使用三维空间中的剖切功能，可以以某一个平面为剖切面，将一个三维实体对象剖切成多个三维实体，剖切面可以是对象、Z 轴、视图、XY/YZ/ZX 平面或 3 点定义的面。下面介绍剖切三维实体的操作方法。

素材文件	光盘\素材\第 14 章\支撑板.dwg
效果文件	光盘\效果\第 14 章\支撑板.dwg
视频文件	光盘\视频\第 14 章\14.1.6 新手练兵——剖切三维图形.mp4

步骤 **01** 单击快速访问工具栏上的"打开"按钮，打开素材图形，如图 14-21 所示。

步骤 **02** 在命令行中输入"SLICE"（剖切）命令，按〈Enter〉键确认，根据命令行提示进行操作，选择所有图形为剖切对象，如图 14-22 所示，按〈Enter〉键确认。

步骤 **03** 在命令行中输入"ZX"，连续按两次〈Enter〉键确认，捕捉相应的角点，如图 14-23 所示。

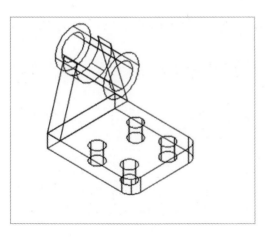

图 14-21 打开素材图形 　　　　　　　图 14-22 选择所有图形

步骤 **04** 单击鼠标左键确认，即可剖切三维图形，如图 14-24 所示。

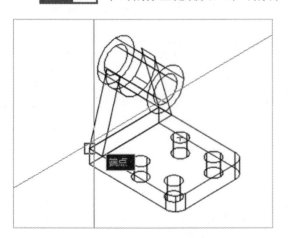
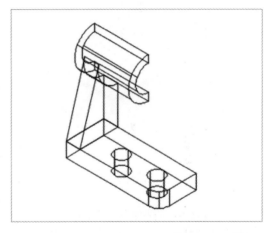

图 14-23 捕捉相应的角点 　　　　　　图 14-24 剖切三维图形

执行"剖切"命令后，命令行中的提示如下。

命令：SLICE
选择要剖切的对象:选择剖切的对象。
指定 切面 的起点或
[平面对象(O)/曲面(S)/Z 轴(Z)/视图(V)/XY(XY)/YZ(YZ)/ZX(ZX)/三点(3)] <三点>:选择相应的剖切平面。
指定 ZX 平面上的点 <0,0,0>:指定剖切平面上的点。
在所需的侧面上指定点或 [保留两个侧面(B)] <保留两个侧面>:在保留的面上指定点。

▶ 专家指点

除了运用上述方法可以调用"剖切"命令外，还有以下两种常用的方法。
➤ 按钮：在"功能区"选项板的"常用"选项卡中，单击"实体编辑"面板中的"剖切"按钮🗡。
➤ 菜单栏：选择"修改"|"三维操作"|"剖切"命令。
执行以上任意一种方法，均可调用"剖切"命令。

14.1.7 新手练兵——加厚三维图形

使用"加厚"命令，可以通过加厚曲面将任何曲面类型创建成三维实体。下面介绍加厚三维实体的操作方法。

素材文件	光盘\素材\第 14 章\单人床.dwg	
效果文件	光盘\效果\第 14 章\单人床.dwg	
视频文件	光盘\视频\第 14 章\14.1.7 新手练兵——加厚三维图形.mp4	

步骤 **01** 单击快速访问工具栏上的"打开"按钮，打开素材图形，如图 14-25 所示。

步骤 **02** 在命令行中输入"THICKEN"（加厚）命令，如图 14-26 所示，按〈Enter〉键确认。

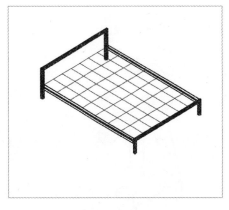

图 14-25 打开素材图形

```
AutoCAD 菜单实用工具 已加载。
命令：
Autodesk DWG。 此文件上次由 Autodesk 应
用程序或 Autodesk 许可的应用程序保存，是
可靠的 DWG。
命令：
**** 系统变量更改 ****
已从首选值更改 1 个监视系统变量。使用
SYSVARMONITOR 命令以查看更改。
**** 系统变量更改 ****
已从首选值更改 1 个监视系统变量。使用
SYSVARMONITOR 命令以查看更改。
命令：
命令：*取消*
命令：*取消*
命令：                    输入
 ▶ ▾ THICKEN
```

图 14-26 输入命令

步骤 **03** 根据命令行提示进行操作，选择曲面为加厚对象，如图 14-27 所示，按〈Enter〉键确认。

步骤 **04** 在命令行中输入"12"并确认，即可加厚三维图形，效果如图 14-28 所示。

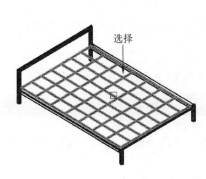

图 14-27 选择曲面

图 14-28 加厚三维图形

执行"加厚"命令后，命令行中的提示如下。

> 命令：THICKEN
> 选择要加厚的曲面：选择需要加厚的曲面。
> 指定厚度 <0.0000>：指定曲面加厚的厚度。

▶ 专家指点

　　除了运用上述方法可以调用"加厚"命令外，还有以下两种常用的方法。

➢ 按钮：单击"功能区"选项板中的"常用"选项卡，在"实体编辑"面板中，单击"加厚"按钮◎。

➢ 菜单栏：选择"修改"|"三维操作"|"加厚"命令。

　　执行以上任意一种方法，均可调用"加厚"命令。

14.2　编辑三维图形边和面

　　AutoCAD 2016 提供了编辑三维图形边和面的命令来对实体的边和面进行编辑操作，本节将向用户介绍对三维图形的边和面进行编辑的相关知识。

14.2.1　新手练兵——压印边

　　使用"压印"命令可以通过使用与选定面相交的对象压印三维实体上的面，来修改选择的面对象的外观效果。下面介绍压印三维边的操作方法。

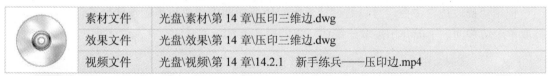

素材文件	光盘\素材\第 14 章\压印三维边.dwg
效果文件	光盘\效果\第 14 章\压印三维边.dwg
视频文件	光盘\视频\第 14 章\14.2.1　新手练兵——压印边.mp4

步骤 **01**　单击快速访问工具栏上的"打开"按钮，打开素材图形，如图 14-29 所示。

步骤 **02**　在"功能区"选项板的"常用"选项卡中，在"实体编辑"面板中，单击"提取边"右侧的下拉按钮，在弹出的下拉列表中，单击"压印"按钮 ，如图 14-30 所示。

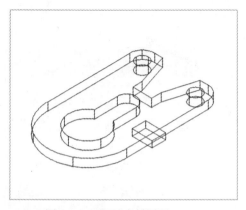

图 14-29　打开素材图形

图 14-30　单击"压印"按钮

步骤 **03**　根据命令行提示进行操作，选择外部轮廓为三维实体对象，选择长方体为压印对象，如图 14-31 所示。

步骤 04 输入"Y",连续按两次〈Enter〉键确认,即可压印三维边,效果如图 14-32 所示。

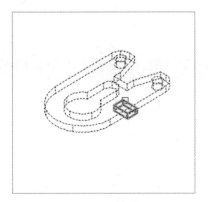

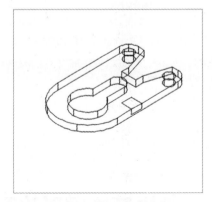

图 14-31 选择长方体　　　　　　　　　　图 14-32 压印三维边

> ▶ 专家指点
>
> 　　除了上述方法可以调用"压印"命令外,还有以下两种常用方法。
>
> 　　➤ 命令:在命令行中输入"IMPRINT"(压印)命令。
>
> 　　➤ 菜单栏:选择"修改"|"实体编辑"|"压印"命令。
>
> 　　执行以上任意一种方法,均可调用"压印"命令。

14.2.2 新手练兵——提取边

　　使用"提取边"命令,可以通过从三维实体或曲面中提取边来创建线框几何体,也可以提取单个边和面。下面介绍提取三维边对象的操作方法。

素材文件	光盘\素材\第 14 章\支座.dwg
效果文件	光盘\效果\第 14 章\支座.dwg
视频文件	光盘\视频\第 14 章\14.2.2　新手练兵——提取边.mp4

　　步骤 01 单击快速访问工具栏上的"打开"按钮,打开素材图形,如图 14-33 所示。

　　步骤 02 在"功能区"选项板的"常用"选项卡中,在"实体编辑"面板中,单击"提取边"按钮 🗊,如图 14-34 所示。

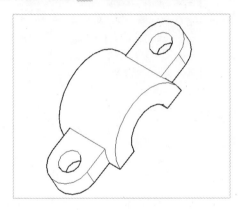

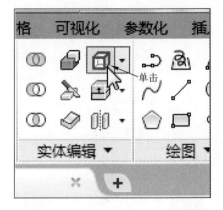

图 14-33 打开素材图形　　　　　　　　　图 14-34 单击"提取边"按钮

步骤 `03` 根据命令行提示进行操作，选择所有图形为提取对象，如图 14-35 所示。

步骤 `04` 按〈Enter〉键确认，即可提取三维边，移动三维图形，查看提取边效果，如图 14-36 所示。

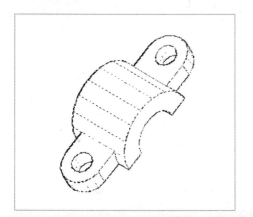

图 14-35 选择提取边对象

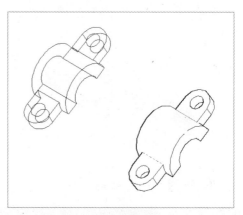

图 14-36 查看提取边效果

▶ 专家指点

　　除了运用上述方法可以调用"提取边"命令外，用户还可以选择"修改"|"实体编辑"|"提取边"命令。

14.2.3 新手练兵——拉伸面

　　在 AutoCAD 2016 中，每个面都有一个正边，该边在面的法线上，输入一个数值可以沿正方向拉伸面。下面介绍拉伸三维面的操作方法。

素材文件	光盘\素材\第 14 章\凸形传动轮.dwg
效果文件	光盘\效果\第 14 章\凸形传动轮.dwg
视频文件	光盘\视频\第 14 章\14.2.3　新手练兵——拉伸面.mp4

步骤 `01` 单击快速访问工具栏上的"打开"按钮，打开素材图形，如图 14-37 所示。

步骤 `02` 在"功能区"选项板的"常用"选项卡中，单击"实体编辑"面板中的"拉伸面"按钮，如图 14-38 所示。

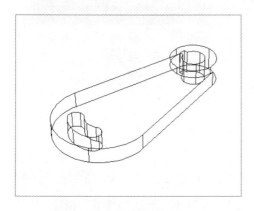

图 14-37 打开素材图形

图 14-38 单击"拉伸面"按钮

步骤 03 根据命令行提示进行操作，选择顶面作为拉伸面，按〈Enter〉键确认，输入拉伸高度为"5"，如图 14-39 所示。

步骤 04 连续按 4 次〈Enter〉键确认，即可拉伸三维面，效果如图 14-40 所示。

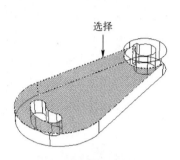

图 14-39 确定拉伸面

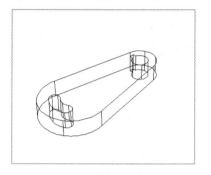

图 14-40 拉伸三维面

▶ 专家指点

　　除了运用上述方法可以调用"拉伸面"命令外，用户还可以选择"修改"|"实体编辑"|"拉伸面"命令。

14.2.4 新手练兵——倾斜面

在 AutoCAD 2016 中，倾斜三维面是指通过将实体对象上的一个或多个表面按指定的角度、方向进行倾斜而得到的三维面。下面将介绍倾斜三维面的操作方法。

素材文件	光盘\素材\第 14 章\方墩.dwg
效果文件	光盘\效果\第 14 章\方墩.dwg
视频文件	光盘\视频\第 14 章\14.2.4 新手练兵——倾斜面.mp4

步骤 01 单击快速访问工具栏上的"打开"按钮，打开素材图形，如图 14-41 所示。

步骤 02 在"功能区"选项板的"常用"选项卡中，单击"实体编辑"面板中的"拉伸面"右侧的下拉按钮，在弹出的下拉列表中，单击"倾斜面"按钮，如图 14-42 所示。

图 14-41 打开素材图形

图 14-42 单击"倾斜面"按钮

> ▶ 专家指点
>
> 除了运用上述方法可以调用"倾斜面"命令外，还有以下两种常用的方法。
>
> ➢ 命令：输入"SOLIDEDIT"命令。
>
> ➢ 菜单栏：选择"修改"｜"实体编辑"｜"倾斜面"命令。
>
> 执行以上任意一种方法，均可调用"加厚"命令。

步骤 03 根据命令行提示进行操作，在图形的左端面上，单击鼠标左键，如图 14-43 所示。

步骤 04 按〈Enter〉键确认，单击倾斜面上方的中心点，如图 14-44 所示。

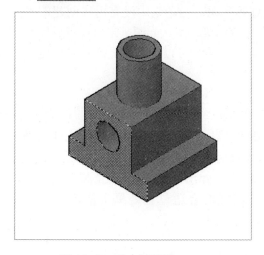

图 14-43 确定倾斜面

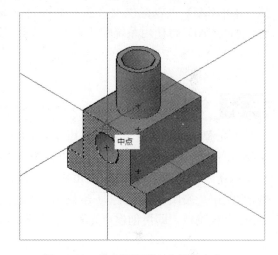

图 14-44 单击倾斜面上方的中心点

步骤 05 向下引导鼠标，在下方的中心点上，单击鼠标左键，输入倾斜角度"-10"，如图 14-45 所示。

步骤 06 按 3 次〈Enter〉键确认，即可倾斜三维面，效果如图 14-46 所示。

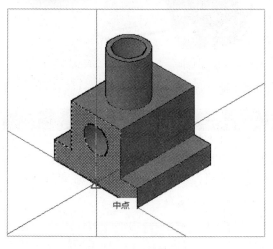

图 14-45 单击下方的中心点

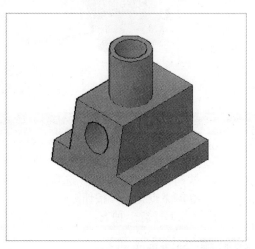

图 14-46 倾斜三维面

14.3　创建光源

光源功能在渲染三维实体对象时经常用到。光源由强度和颜色两个因素决定，其主要作用是照亮模型，使三维实体在渲染过程中显示出光照效果，从而充分体现出立体感。

14.3.1　了解光源

光源是渲染的一个非常重要因素，添加光源可以改善模型外观，使图形更加真实和自然。AutoCAD 可以提供点光源、平行光、聚光灯等光源。当场景中没有用户创建的光源时，AutoCAD 将使用系统默认光源对场景进行着色或渲染。默认光源是来自视点后面的两个平行光源，模型中所有的面均被照亮，以使其可见，用户可以控制其亮度和对比度，而无须创建或放置光源。

14.3.2　创建点光源

点光源是从其所在位置向四周发射光线，除非将衰减设置为"无"，否则点光源的强度将随距离的增加而减弱，可以使用点光源来获得基本照明效果。

在命令行中输入"POINTLIGHT"（点光源）命令，弹出"光源-视口光源模式"对话框，单击"关闭默认光源（建议）"按钮，在绘图区的合适位置处单击鼠标左键，按〈Enter〉键确认，即可创建点光源，如图 14-47 所示。

图 14-47　创建点光源

> ▶ 专家指点
>
> 除了运用上述方法可以调用"点光源"命令外，还有以下两种常用的方法。
> - 菜单栏：选择"视图"|"渲染"|"光源"|"新建点光源"命令。
> - 按钮：在"功能区"选项板中，切换至"可视化"选项卡，在"光源"面板中，单击"点光源"按钮 ♀。
>
> 执行以上任意一种方法，均可调用"点光源"命令。

14.3.3　创建聚光灯

聚光灯发射定向锥形光，可以控制光源的方向和圆锥体的尺寸。聚光灯的强度随着距离的增加而减弱，可以用聚光灯制作建筑模型中的壁灯、高射灯来显示特定特征和区域。下面介绍创建聚光灯的操作方法。

在命令行中输入"SPOTLIGHT"（聚光灯）命令，弹出"光源-视口光源模式"对话框，单击"关闭默认光源（建议）"按钮，在绘图区中的合适位置处单击鼠标左键，按〈Enter〉键确认，即可创建聚光灯，如图 14-48 所示。

> ▶ 专家指点
>
> 除了运用上述方法可以调用"聚光灯"命令外，还有以下两种常用的方法。
> ➤ 菜单栏：选择"视图"|"渲染"|"光源"|"新建聚光灯"命令。
> ➤ 按钮：在"功能区"选项板中，切换至"可视化"选项卡，在"光源"面板中，单击"创建光源"右侧的下拉按钮，在弹出下拉列表中，单击"聚光灯"按钮 🔧。
>
> 执行以上任意一种方法，均可调用"聚光灯"命令。

图 14-48　创建聚光灯

14.4　设置材质和贴图

为了给渲染提供更多的真实感效果，可以在模型的表面应用材质贴图，如石材和金属，也可以在渲染时将材质赋予到对象上。

14.4.1　材质概述

一个有足够吸引力的物体，不仅需要赋予模型材质，还需要对这些材质进行更微妙地设置，从而使设置材质后的三维实体达到惟妙惟肖的效果。

材质库集中了 AutoCAD 2016 的所有材质，是用来控制材质操作的设置选项板，可执行多个模型的材质指定操作，并包含相关材质操作的所有工具，使用"材质浏览器"面板可以使用户得以快速访问预设材质选择。

在"功能区"选项板的"可视化"选项卡中，单击"材质"面板中的"材质浏览器"按钮 ◉，如图 14-49 所示。

执行操作后，弹出"材质浏览器"面板，如图 14-50 所示。

在"材质浏览器"面板中，各主要选项的含义如下。

➢ "创建材质"按钮：单击该按钮，可以创建或复制材质。

➢ "搜索"文本框：在该文本框中输入相应名称，可以在多个库中搜索材质外观。

图 14-49　单击"材质浏览器"按钮

图 14-50　弹出"材质浏览器"面板

14.4.2　新手练兵——创建并赋予材质

使用"材质浏览器"面板可以创建材质，并可以将新创建的材质赋予图形对象，为任何渲染视图提供逼真效果。

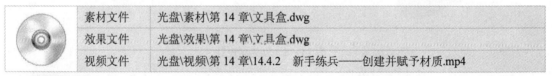

素材文件	光盘\素材\第 14 章\文具盒.dwg	
效果文件	光盘\效果\第 14 章\文具盒.dwg	
视频文件	光盘\视频\第 14 章\14.4.2　新手练兵——创建并赋予材质.mp4	

步骤 01　单击快速访问工具栏上的"打开"按钮，打开素材图形，如图 14-51 所示。

步骤 02　在命令行中输入"MATERIALS"（材质）命令，按〈Enter〉键确认，弹出"材质浏览器"面板，如图 14-52 所示。

图 14-51　打开素材图形

图 14-52　弹出"材质浏览器"面板

步骤 03 单击"创建新材质"按钮，在弹出的快捷选项中，选择"新建常规材质"选项，如图 14-53 所示。

步骤 04 弹出"材质编辑器"面板，在"颜色"右侧的文本框中单击鼠标左键，如图 14-54 所示。

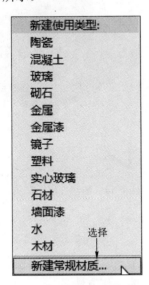

图 14-53 选择"新建常规材质"选项

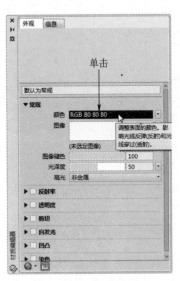

图 14-54 单击鼠标左键

步骤 05 弹出"选择颜色"对话框，在"索引颜色"中设置"颜色"为"41"，如图 14-55 所示，单击"确定"按钮。

步骤 06 返回"材质编辑器"面板，设置"光泽度"为"80"，如图 14-56 所示。

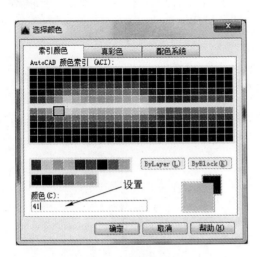

图 14-55 设置颜色

图 14-56 设置光泽度

步骤 07 在绘图区选择图形对象，在"材质浏览器"面板中的新建材质球上单击鼠标右键，在弹出的快捷菜单中选择"指定给当前选择"选项，如图 14-57 所示。

步骤 08 关闭"材质浏览器"面板，即可为图形赋予材质，效果如图 14-58 所示。

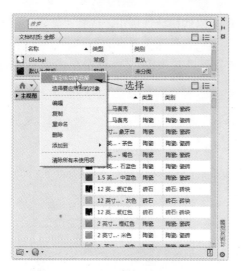

图 14-57 选择"指定给当前选择"选项

图 14-58 创建并赋予材质

14.4.3 新手练兵——设置漫射贴图

漫射贴图为材质提供多种图案,用户可以选择将图像文件作为纹理贴图或程序贴图,以为材质的漫射颜色指定图案或纹理。下面介绍设置漫射贴图的操作方法。

素材文件	光盘\素材\第 14 章\沙发.dwg	
效果文件	光盘\效果\第 14 章\沙发.dwg	
视频文件	光盘\视频\第 14 章\14.4.3 新手练兵——设置漫射贴图.mp4	

步骤 01 单击快速访问工具栏上的"打开"按钮,打开素材图形,如图 14-59 所示。

步骤 02 在命令行中输入"MATERIALS"(材质)命令,按〈Enter〉键确认,弹出"材质浏览器"面板,如图 14-60 所示。

图 14-59 打开素材图形

图 14-60 "材质浏览器"面板

步骤 03 在材质球上单击鼠标右键,在弹出的快捷菜单中,选择"编辑"选项,如图 14-61 所示。

步骤 04 在弹出的"材质编辑器"面板中单击"图像"空白处，如图 14-62 所示。

图 14-61 选择"编辑"选项　　　　　　　　图 14-62 单击"图像"空白处

步骤 05 弹出"材质编辑器打开文件"对话框，选择相应文件，单击"打开"按钮，如图 14-63 所示。

步骤 06 返回到"材质编辑器"面板，依次关闭"材质编辑器"和"材质浏览器"面板，即可设置漫射效果，如图 14-64 所示。

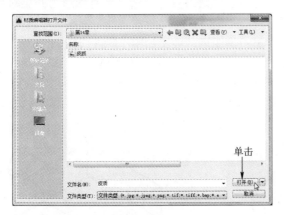

图 14-63 单击"打开"按钮　　　　　　　　图 14-64 设置漫射贴图

14.5 布尔运算实体

在 AutoCAD 2016 中对三维实体进行编辑时，除了可以编辑实体边和面外，还可以对三维实体对象进行布尔运算。

14.5.1 新手练兵——并集三维图形

并集运算是通过组合多个实体生成一个新的实体，如果组合一些不相交的实体，显示效果看起来还是多个实体，但实际却是一个对象。下面将介绍并集三维图形的操作方法。

素材文件	光盘\素材\第 14 章\并集三维图形.dwg
效果文件	光盘\效果\第 14 章\并集三维图形.dwg
视频文件	光盘\视频\第 14 章\14.5.1　新手练兵——并集三维图形.mp4

步骤 01　单击快速访问工具栏上的"打开"按钮，打开素材图形，如图 14-65 所示。

步骤 02　在命令行中输入"UNION"（并集）命令，如图 14-66 所示。

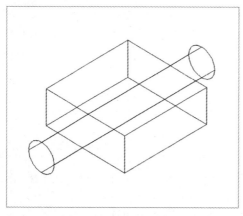

图 14-65　打开素材图形

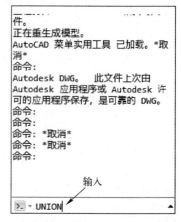

图 14-66　输入命令

步骤 03　按〈Enter〉键确认，根据命令行提示进行操作，选择所有图形为并集对象，如图 14-67 所示。

步骤 04　按〈Enter〉键确认，即可并集三维图形，效果如图 14-68 所示。

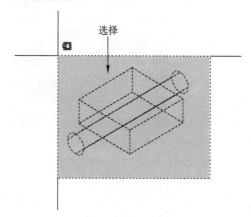

图 14-67　选择并集对象

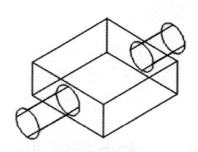

图 14-68　并集运算效果

▶ 专家指点

　　并集运算就是通过组合多个实体生成一个新实体，如果组合一些不相交实体，显示效果看起来还是多个实体，但实际却是一个对象。

　　除了上述方法可以调用"并集"命令外，用户还可以在"功能区"选项板的"常用"选项卡中，单击"实体编辑"面板中的"并集"按钮◎。

14.5.2 新手练兵——差集三维图形

使用"差集"命令,可以从一组实体中删除与另一组实体的公共区域。下面将介绍差集三维图形的操作方法。

素材文件	光盘\素材\第 14 章\法兰盘.dwg	
效果文件	光盘\效果\第 14 章\法兰盘.dwg	
视频文件	光盘\视频\第 14 章\14.5.2 新手练兵——差集三维图形.mp4	

步骤 01 单击快速访问工具栏上的"打开"按钮,打开素材图形,如图 14-69 所示。

步骤 02 在命令行中输入"SUBTRACT"(差集)命令,按〈Enter〉键确认,根据命令行提示进行操作,选择最大的圆柱体为差集对象,如图 14-70 所示。

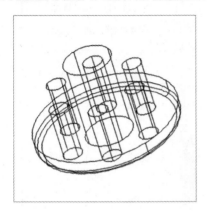

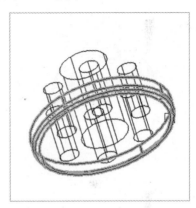

图 14-69 打开素材图形 图 14-70 选择最大的圆柱体

▶ 专家指点

除了上述方法可以调用"差集"命令外,用户还可以在"功能区"选项板的"常用"选项卡中,单击"实体编辑"面板中的"差集"按钮⊚。

步骤 03 按〈Enter〉键确认,根据命令行提示,选择图形中其他圆柱体对象,如图 14-71 所示。

步骤 04 按〈Enter〉键确认,即可差集三维图形,效果如图 14-72 所示。

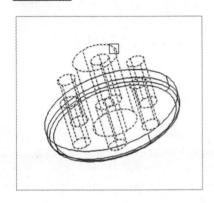

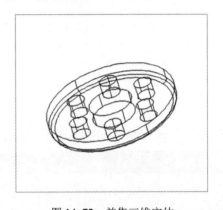

图 14-71 选择其他圆柱体对象 图 14-72 差集三维实体

14.5.3 新手练兵——交集三维图形

使用"交集"命令，可以从两个实体的公共部分创建复合对象。下面将介绍交集三维图形的操作方法。

素材文件	光盘\素材\第 14 章\转阀.dwg
效果文件	光盘\效果\第 14 章\转阀.dwg
视频文件	光盘\视频\第 14 章\14.5.3　新手练兵——交集三维图形.mp4

步骤 **01** 单击快速访问工具栏上的"打开"按钮，打开素材图形，如图 14-73 所示。

步骤 **02** 在命令行中输入"INTERSECT"（交集）命令，如图 14-74 所示。

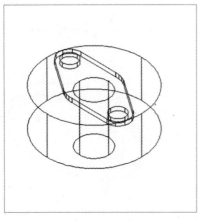

图 14-73　打开素材图形

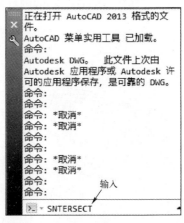

图 14-74　输入命令

步骤 **03** 按〈Enter〉键确认，根据命令行提示进行操作，选择所有图形为交集对象，如图 14-75 所示。

步骤 **04** 按〈Enter〉键确认，即可交集三维图形，如图 14-76 所示。

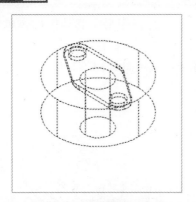

图 14-75　选择交集对象

图 14-76　交集三维图形

▶ 专家指点

除了上述方法可以调用"差集"命令外，用户还可以在"功能区"选项板的"常用"选项卡中，单击"实体编辑"面板中的"交集"按钮 ⊚ 。

打印与发布图纸

15

学习提示

　　在图样设计完成后，就需要通过打印机将图形输出到图纸上，在 AutoCAD 2016 中，可以通过图纸空间或布局空间打印输出设计好的图形。图纸空间是绘制与编辑图形的空间，而布局空间则是模拟图纸的页面，是创建图形最终打印输出布局的一种工具。

本章案例导航

- 打印设备的设置
- 图纸尺寸的设置
- 打印区域的设置
- 打印比例的设置
- 在模型空间打印

- 创建打印布局
- 创建打印样式表
- 编辑打印样式表
- 输出 DWF 文件
- 输出 DXF 文件

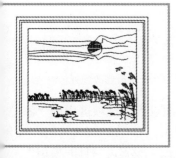

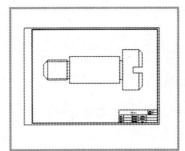

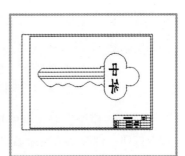

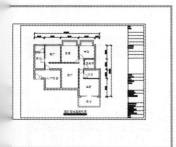

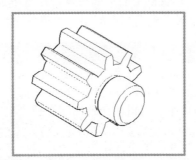

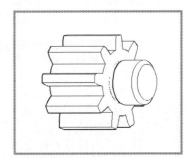

15.1　图纸打印的设置

创建完图形之后，通常要打印到图纸上，也可以生成一份电子图样，以便从互联网上进行访问。打印的图形可以包含图形的单一视图，或者更为复杂的视图排列。为了使用户更好地掌握图形输出的方法和技巧，下面将介绍打印图形的一些相关知识，如设置打印设备、设置图纸尺寸、设置打印区域、设置打印比例和预览打印效果等。

15.1.1　打印设备的设置

为了获得更好的打印效果，在打印之前，应对打印设备进行设置。在"功能区"选项板的"输出"选项卡中，单击"打印"面板中的"打印"按钮🖨，弹出"打印-模型"对话框，在"打印机/绘图仪"选项区中，可以设置打印设备，用户可以在"名称"下拉列表框中选择需要的打印设备，如图 15-1 所示。单击"特性"按钮，在弹出的"绘图仪配置编辑器"对话框中可以查看或修改打印机的配置信息，如图 15-2 所示。

图 15-1　选择打印机

图 15-2　查看或修改配置信息

"打印-模型"对话框中指定的任何设置都可以通过单击"页面设置"选项区中的"添加"按钮，保存为新的命名页面设置。

无论是应用了"页面设置"列表框中的页面设置，还是单独更改了设置，"打印-模型"对话框中指定的任何设置都可以保存到布局空间中，以供下次打印时使用。

▶ 专家指点

用户可以用以下两种常用的方法调用"打印"命令：

➤ 命令1：在命令行中输入"PLOT"（打印）命令，按〈Enter〉键确认。

➤ 命令2：单击"菜单浏览器"按钮，在弹出的下拉菜单中选择"打印"|"打印"命令。

执行以上任意一种方法，均可调用"打印"命令。

15.1.2 图纸尺寸的设置

打开"打印-模型"对话框，在"图纸尺寸"选项区的下拉列表中，用户可以选择标准图纸的大小，还可以根据打印图纸的需要，进行自定义图纸尺寸设置。

在"功能区"选项板中，切换至"输出"选项卡，单击"打印"面板中的"页面设置管理器"按钮，如图15-3所示。

弹出"页面设置管理器"对话框，单击"修改"按钮，如图15-4所示。

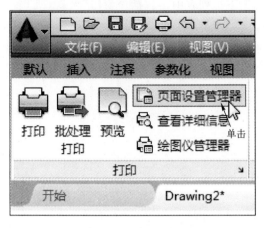

图15-3 单击相应按钮

图15-4 单击"修改"按钮

弹出"页面设置-模型"对话框，在"打印机/绘图仪"选项区中，单击"名称"右侧的下拉按钮，在弹出的列表框中，选择合适的选项，如图15-5所示。

单击"图纸尺寸"右侧的下拉按钮，在弹出的列表框中，选择合适的图纸尺寸，如图15-6所示。

图15-5 选择打印机

图15-6 选择图纸尺寸

单击"确定"按钮，返回到"页面设置管理器"对话框，单击"关闭"按钮，即可设置图纸打印尺寸。

"页面设置管理器"对话框可以控制每个新布局的页面布局、打印设备、图纸尺寸以及其他设置。页面设置是打印设备和其他用于确定最终输出的外观和格式的设置集合，这些设置存储在图形文件中，可以修改并应用于其他布局。

15.1.3 打印区域的设置

AutoCAD 的绘图界限没有限制，在打印前必须设置图形的打印区域，以便更准确地打印图形。在"打印区域"选项区中的"打印范围"下拉列表中，包括"窗口""范围""图形界限"和"显示"4 个选项，如图 15-7 所示。

图 15-7 "打印范围"下拉列表

在"打印范围"下拉列表中，各选项含义如下。

➢ 窗口：打印指定窗口内的图形对象。

➢ 范围：打印包含对象图形的部分当前空间。

➢ 图形界限：选择该选项，只打印设定的图形界限内的所有对象。

➢ 显示：选择该选项，可以打印当前显示的图形对象。

15.1.4 打印比例的设置

在"打印-模型"对话框的"打印比例"选项区中，可以设置图形的打印比例。用户在绘制图形时一般按 1：1 的比例绘制，打印输出图形时则需要根据图纸尺寸确定打印比例。系统默认的是"布满图纸"选项，即系统自动调整缩放比例，使所绘图形充满图纸。用户还可以直接在"比例"列表框中选择标准比例值，如果需要自己指定打印比例，可选择"自定义"选项，在自定义对应的两个数值框中设置打印比例。其中，第一个文本框表示图纸尺寸单位，第二个文本框表示图形单位。例如，如果设置打印比例为 4：1，即可在第一个文本框内输入"4"，在第二个文本框内输入"1"，则表示图形中 1 个单位在打印输出后变为4 个单位。

15.2 图形图纸的打印

在 AutoCAD 2016 中，用户可以通过模型布局空间打印输出绘制好的图形，模型空间用于在草图和设计环境中创建二维图形和三维模型。

15.2.1 在模型空间打印

如果图样采用不同的绘制比例，可以在图纸空间打印图形。在图纸空间的虚拟图纸上，用户可以采用不同的缩放比例布置多个图形，然后按1：1的比例输出图形即可。

在"功能区"选项板中，切换至"输出"选项卡，在"打印"面板中单击"页面设置管理器"按钮，弹出"页面设置管理器"对话框，单击"新建"按钮。

弹出"新建页面设置"对话框，在"新页面设置名"文本框中输入"壁画"，如图 15-8 所示。

单击"确定"按钮，弹出"页面设置-模型"对话框，单击"确定"按钮，返回到"页面设置管理器"对话框，依次单击"置为当前"和"关闭"按钮，如图 15-9 所示。

执行操作后，即可在模型空间中打印图纸。

图 15-8 输入"壁画"

图 15-9 单击"置为当前"

完成打印设置后，还可以预览打印效果，如果不满意可以重新设置。AutoCAD 都将按照当前的页面设置、绘图设备设置以及绘图样式表等，在屏幕上显示出最终要输出的图形。

> ▶ 专家指点
>
> 用户可以用以下两种常用的方法调用"打印预览"命令。
> ➤ 按钮：切换至"输出"选项卡，单击"打印"面板中的"预览"按钮。
> ➤ 菜单栏：选择菜单栏中的"文件" | "打印预览"命令。
> ➤ 命令：输入"PREVIEW"命令。
> ➤ 菜单浏览器：单击"菜单浏览器"按钮，在弹出的菜单中选择"打印" | "打印预览"命令。
>
> 执行以上任意一种方法，均可调用"打印预览"命令。

15.2.2 创建打印布局

用户可以为图形创建多种布局，每个布局代表一张单独的打印输出图纸。创建布局后，就可以在布局中创建浮动视口。视口中的各个视图可以使用不同的打印比例，还可以控制视图中图层的可见性。下面介绍创建打印布局的操作方法。

显示菜单栏，选择菜单栏上的"插入"|"布局"|"创建布局向导"命令，弹出"创建布局-开始"对话框，设置"输入新布局的名称"为"建筑布局"，如图 15-10 所示。

单击"下一步"按钮，弹出"创建布局-打印机"对话框，选择合适的打印机，单击"下一步"按钮，如图 15-11 所示。

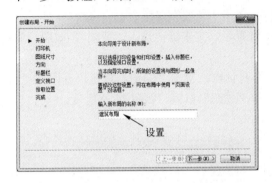
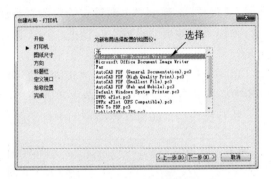

图 15-10　输入名称　　　　　　　　　　　　　图 15-11　选择打印机

弹出"创建布局-图纸尺寸"对话框，保持默认选项，单击"下一步"按钮，如图 15-12 所示。

弹出"创建布局-方向"对话框，选中"纵向"单选按钮，单击"下一步"按钮，如图 15-13 所示。

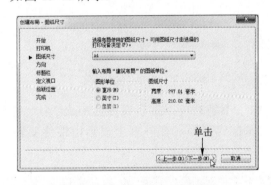
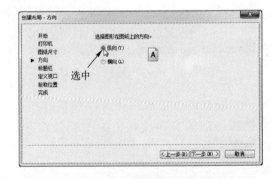

图 15-12　单击"下一步"按钮　　　　　　　　　图 15-13　选中"纵向"单选按钮

弹出"创建布局-标题栏"对话框，选择合适的选项，单击"下一步"按钮，如图 15-14 所示。

弹出"创建布局-定义视口"对话框，选中"标准三维工程视图"单选按钮，单击"下一步"按钮，如图 15-15 所示。

弹出"创建布局-拾取位置"对话框，单击"选择位置"按钮，如图 15-16 所示。

在绘图区中的任意位置上，单击鼠标左键，并向右上方拖曳鼠标至合适位置，释放鼠标，弹出"创建布局-完成"对话框，如图 15-17 所示。

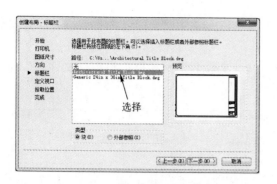

图 15-14 选择合适的选项

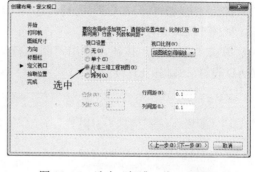

图 15-15 选中"标准三维工程视图"

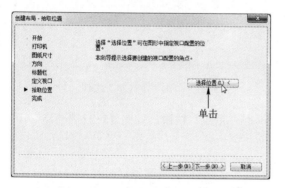

图 15-16 单击"选择位置"按钮

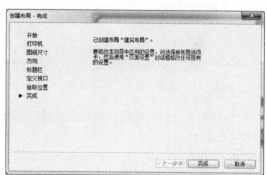

图 15-17 "创建布局-完成"对话框

单击"完成"按钮,完成向导布局的创建。

15.2.3 创建打印样式表

打印样式通过确定打印特性(例如线宽、颜色和填充样式)来控制对象或布局的打印方式。打印样式表中收集了多组打印样式。打印样式管理器是一个窗口,其中显示了所有可用的打印样式表。下面介绍创建打印样式表的操作方法。

显示菜单栏,选择"工具"|"向导"|"添加打印样式表"命令,弹出"添加打印样式表"对话框,单击"下一步"按钮,如图 15-18 所示。

弹出"添加打印样式表-开始"对话框,选中"创建新打印样式表"单选按钮,单击"下一步"按钮,如图 15-19 所示。

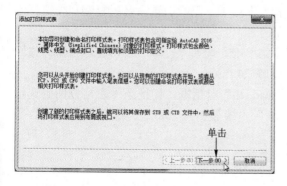

图 15-18 单击"下一步"按钮(1)

图 15-19 单击"下一步"按钮(2)

弹出"添加打印样式表-选择打印样式表"对话框，选中"命名打印样式表"单选按钮，如图 15-20 所示。

单击"下一步"按钮，弹出"添加打印样式表-文件名"对话框，设置"文件名"为"CAD 设计"，如图 15-21 所示。

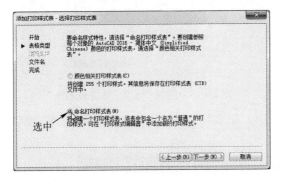

图 15-20　选中"命名打印样式表"

图 15-21　单击"下一步"按钮（3）

单击"下一步"按钮，弹出"完成"界面，单击"完成"按钮，如图 15-22 所示，即可创建打印样式表。

在弹出的窗口中，即可查看新创建的样式表，如图 15-23 所示。

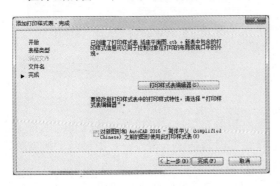

图 15-22　单击"完成"按钮

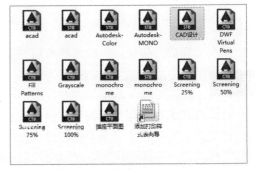

图 15-23　查看新创建的样式表

15.2.4　编辑打印样式表

在 AutoCAD 2016 中，可以使用打印样式管理器添加、删除、重命名、复制和编辑打印样式表。

单击"菜单浏览器"按钮，在弹出的程序菜单中，选择"打印"｜"管理打印样式"命令，在弹出的窗口中，选择相应的选项，如图 15-24 所示。

双击鼠标左键，弹出"打印样式表编辑器-acad.ctb"对话框，切换至"表格视图"选项卡，在"特性"选项区中，设置"颜色"为"蓝"、"淡显"为"60"、"线型"为"实心"、"线宽"为"0.3000 毫米"，如图 15-25 所示。

单击"保存并关闭"按钮，即可编辑打印样式表。

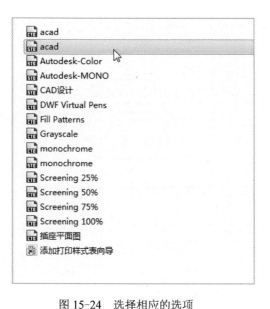

图 15-24 选择相应的选项　　　　　　图 15-25 设置选项

在"打印样式表管理器"对话框中，各选项的含义如下。

➤ "打印样式表文件名"显示区：显示正在编辑的打印样式表文件的名称。

➤ "说明"文本框：为打印样式表提供说明区域。

➤ "文件信息"显示区：显示有关的打印样式表信息，如打印样式编号、路径和"打印样式表编辑器"的版本号。

➤ "向非 ISO 线型应用全局比例因子"复选框：勾选该复选框，可以缩放由该打印样式表控制的对象打印样式中的所有非 ISO 线型和填充图案。

➤ "比例因子"文本框：指定要缩放的非 ISO 线型和填充图案的数量。

➤ "表视图"选项卡：该选项卡以列表的形式列出了打印样式表中全部打印样式的设置参数。

➤ "格式视图"选项卡：该选项卡是对打印样式表中的打印样式进行管理的另一界面。

15.2.5 新手练兵——在浮动视口中旋转视图

在浮动视口中，使用"MVSETUP"命令可以旋转整个视图。该功能与"ROTATE"命令不同，"ROTATE"命令只能旋转单个对象。下面介绍在浮动视口中旋转视图的操作方法。

素材文件	光盘\素材\第 15 章\齿轮轴.dwg	
效果文件	光盘\效果\第 15 章\齿轮轴.dwg	
视频文件	光盘\视频\第 15 章\15.2.5 新手练兵——在浮动视口中旋转视图.mp4	

步骤 01 单击快速访问工具栏上的"打开"按钮，打开素材图形，如图 15-26 所示。

步骤 02 在命令行中输入"MVSETUP"（旋转视图）命令，按〈Enter〉键确认，根据命令行提示进行操作，输入"A"（对齐）并确认，输入"R"（旋转视图）并确认，输入"（20,90）"，按〈Enter〉键确认，输入"30"并确认，即可在浮动视口中旋转视图，如图 15-27 所示。

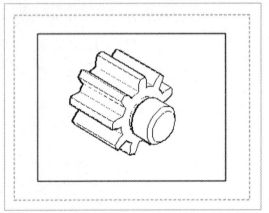

图 15-26　打开素材图形　　　　　　　　图 15-27　旋转视图

15.3　图纸的输入与输出

AutoCAD 2016 提供了图形的输入输出功能。不仅可以将其他应用程序处理好的数据传送给 AutoCAD，以显示其图形，还可以将在 AutoCAD 中绘制好的图形传送给其他的应用程序。本节主要介绍输入与输出图形的操作方法。

15.3.1 新手练兵——图形的输入

在 AutoCAD 中，用户可以根据需要将各种格式的图形文件导入到当前图形中，也可以将相应的文件进行输出操作。

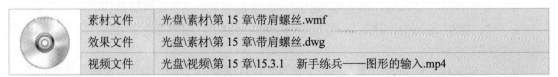

素材文件	光盘\素材\第 15 章\带肩螺丝.wmf	
效果文件	光盘\素材\第 15 章\带肩螺丝.dwg	
视频文件	光盘\视频\第 15 章\15.3.1　新手练兵——图形的输入.mp4	

步骤 01 启动 AutoCAD 2016，在"功能区"选项板的"插入"选项卡中，单击"输入"面板中的"输入"按钮 ，如图 15-28 所示。

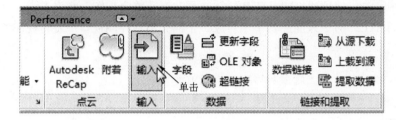

图 15-28　打击"输入"按钮

步骤 02 弹出"输入文件"对话框，选择要输入的图形文件，如图 15-29 所示。

步骤 03 单击"打开"按钮，执行操作后，即可输入图形，如图 15-30 所示。

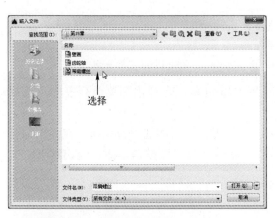
图 15-29　选择要输入图形文件

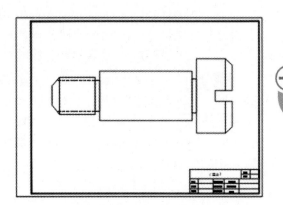
图 15-30　输入图形

15.3.2　新手练兵——输出 DWF 文件

在 AutoCAD 2016 中，可以将图形输出为 DXF 文件，其中包含可由其他 CAD 系统读取的图形信息。

素材文件	光盘\素材\第 15 章\别墅结构图.dwg
效果文件	光盘\素材\第 15 章\别墅结构图.dwg
视频文件	光盘\视频\第 15 章\15.3.2　新手练兵——输出 DWF 文件.mp4

　　步骤 **01**　打开素材图形，在"功能区"选项板的"输出"选项卡中，单击"输出为 DWF/PDF"面板中"输出"中间的下拉按钮，在弹出的列表框中单击"DWF"按钮，如图 15-31 所示。

　　步骤 **02**　弹出"另存为 DWF"对话框，如图 15-32 所示，设置文件名和保存路径，单击"保存"按钮，即可输出 DWF 图形。

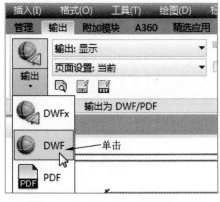
图 15-31　单击"DWF"按钮

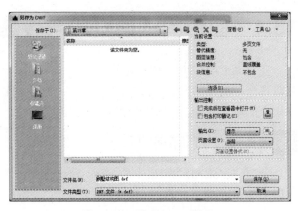
图 15-32　输出 DWF 图形

15.3.3　新手练兵——输出 DXF 文件

在 AutoCAD 2016 中，可以将图形输出为 DXF 文件，其中包含可由其他 CAD 系统读取的图形信息。

素材文件	光盘\素材\第 15 章\钥匙.dwg
效果文件	光盘\素材\第 15 章\钥匙.dwg
视频文件	光盘\视频\第 15 章\15.3.3　新手练兵——输出 DXF 文件.mp4

步骤 01 打开素材图形，单击"菜单浏览器"按钮▲，在弹出的菜单列表中，选择 "输出" | "其他格式"命令，如图 15-33 所示。

步骤 02 弹出"输出数据"对话框，单击"文件类型"右侧的下拉按钮，在弹出的列 表框中选择相应选项，并设置保存路径和文件名，单击"保存"按钮，即可输出 DXF 文 件，如图 15-34 所示。

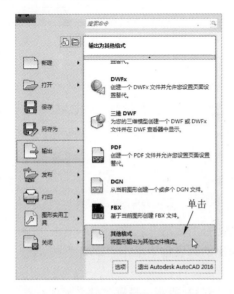

图 15-33　单击"其他格式"命令

图 15-34　输出 DXF 文件

15.4　图形图纸的打印与传递

在 AutoCAD 2016 中，用户可以电子打印图形、电子发布图形以及电子传递图形，还可 以将设计好的作品发布到互联网上供用户浏览。此外，用户还可以在互联网中快速有效地共 享设计信息。

15.4.1　电子打印图形

使用 AutoCAD 2016 中的 ePlot 驱动程序，可以发布电子图形到互联网上，所创建的文 件以 Web 图形格式保存。

在命令行中输入"PLOT"（打印）命令，按〈Enter〉键确认，弹出"打印-模型"对话 框，如图 15-35 所示。

单击"名称"下拉按钮，在弹出列表框中选择相应选项，如图 15-36 所示。

单击"确定"按钮，弹出"浏览打印文件"对话框，设置文件名和保存路径，单击"保 存"按钮，如图 15-37 所示。

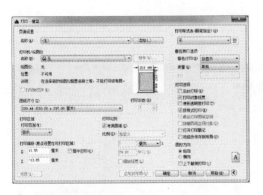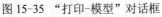
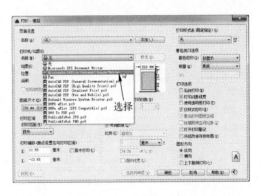

图 15-35 "打印-模型"对话框　　　　图 15-36 选择打印机

弹出"打印作业进度"对话框，如图 15-38 所示，执行操作后即可电子打印图形。

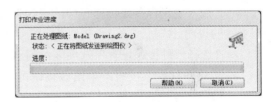

图 15-37 单击"保存"按钮　　　　图 15-38 "打印作业进度"对话框

15.4.2 电子传递图形

使用"电子传递"命令，可以打包一组文件以用于互联网传递。传递包中的图形文件会自动包含所有相关从属文件。

单击"菜单浏览器"按钮▲，在弹出的程序菜单中，选择"发布"|"电子传递"命令，如图 15-39 所示。

弹出"创建传递"对话框，如图 15-40 所示，保持默认设置，单击"确定"按钮。

在"创建传递"对话框中，各选项含义如下。

➢ "文件树"选项卡：以层次结构树的形式列出要包含在传递包中的文件。默认情况下，将列出与当前图形相关的所有文件（例如相关的外部参照、打印样式和字体）。用户可以向传递包中添加文件或从中删除现有文件。传递包不包含由 URL 引用的相关文件。

➢ "文件表"选项卡：以表格的形式显示要包含在传递包中的文件。默认情况下，将列出与当前图形相关的所有文件（例如相关的外部参照、打印样式和字体）。用户可以向传递包中添加文件或从中删除现有文件。传递包不包含由 URL 引用的相关文件。

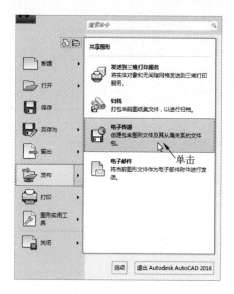

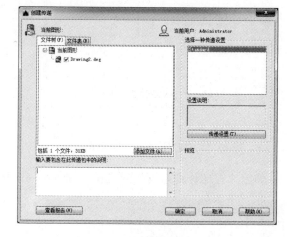

图 15-39　单击"电子传递"命令　　　　　图 15-40　"创建传递"对话框

➢ "添加文件"按钮：单击该按钮，可以打开"添加要传递的文件"对话框，从中可以选择要包括在传递包中的其他文件。

➢ "输入要包含在此传递包中的说明"文本框：用户可在此文本框中输入与传递包相关的说明。

➢ "选择一种传递设置"选项区：列出之前保存的传递设置。

➢ "传递设置"按钮：单击该按钮可以显示"传递设置"对话框，从中可以创建、修改和删除传递设置。

➢ "查看报告"按钮：单击该按钮，弹出"查看传递报告"对话框，在其中可显示包含在传递包中的报告信息，包括用户输入的所有传递说明以及自动生成的分发说明，详细介绍了使传递包正常工作所需采取的步骤。

实 战 篇

机械设计

16

学习提示

　　AutoCAD 在机械类行业的应用非常普遍，但凡与机械相关专业的人士，如机械设计师、模具设计师、工业产品设计师等，一般都要求能熟练掌握和运用 AutoCAD 设计相关专业的图样。

本章案例导航

- 绘制齿轮内部
- 绘制齿轮孔
- 完善齿轮齿
- 绘制齿轮中部
- 绘制齿轮齿外形
- 渲染齿轮

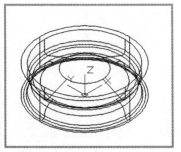
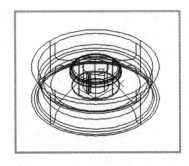
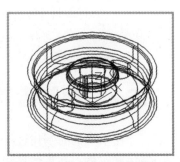
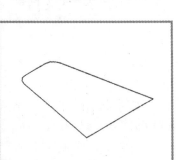
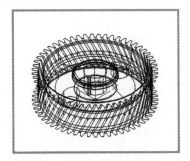
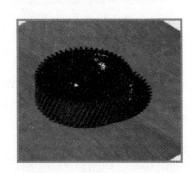

16.1　齿轮设计效果

　　齿轮是有齿的机械零件，它主要将主动轴的转动传送到从动轴上，完成传递功率、变速及换向等。19 世纪末，展成切齿法的原理及利用此原理切齿的专用机床与刀具相继出现；随着生产的发展，齿轮运转的平稳性受到重视。齿轮可按齿形、齿轮外形、齿线形状、轮齿所在的表面和制造方法等进行分类。本实例介绍齿轮的绘制方法，效果如图 16-1 所示。

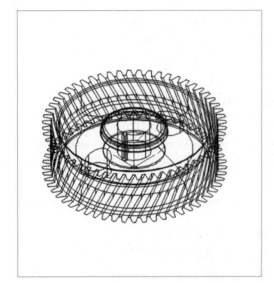

图 16-1　齿轮

素材文件	光盘\效果\第 16 章\ mw014.tif、Meta101.jpeg
效果文件	光盘\效果\第 16 章\齿轮.dwg
视频文件	光盘\视频\第 16 章\16　齿轮设计.mp4

16.2　绘制齿轮孔

　　在本实例的制作过程中，主要运用到了绘制圆柱体、绘制圆锥体、拉伸面、圆角、差集运算实体、并集运算实体等操作。在绘制的过程中要规划好操作步骤，减少不必要的操作，避免将操作过程复杂化。

16.2.1　新手练兵——绘制齿轮内部

　　绘制齿轮内部的具体操作步骤如下：

　　步骤 01 启动 AutoCAD 2016，选择菜单栏中的"视图"|"三维视图"|"西南等轴测"命令，将视图切换至西南等轴测视图，在命令行中输入"CYLINDER"（圆柱体）命令，按〈Enter〉键确认，根据命令行提示，以坐标点（0,0,0）为中心点，绘制半径为"100"、高度为"60"的圆柱体，如图 16-2 所示。

步骤 02 重复执行"CYLINDER"（圆柱体）命令，根据命令行提示，以坐标点（0,0,0）为中心点，绘制半径为"90"、高度为"26"的圆柱体，如图16-3所示。

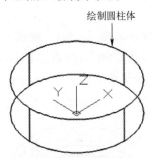

图16-2 绘制圆柱体（1）

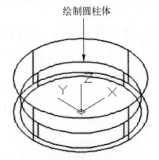

图16-3 绘制圆柱体（2）

步骤 03 在命令行中输入"FILLET"（圆角）命令，按〈Enter〉键确认，根据命令行提示，输入"R"（半径），设置圆角半径为"20"，为半径为"90"的圆进行圆角操作，如图16-4所示。

步骤 04 在命令行中输入"SUBTRACT"（差集）命令，按〈Enter〉键确认，根据命令行提示，依次选择两个圆柱体进行差集运算，如图16-5所示。

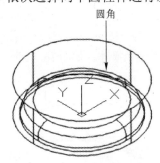

图16-4 圆角（1）

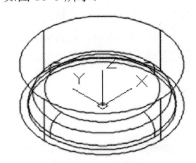

图16-5 差集运算

步骤 05 在命令行中输入"FILLET"（圆角）命令，按〈Enter〉键确认，根据命令行提示，设置圆角半径为"6"，再选择差集实体底边，进行圆角操作，如图16-6所示。

步骤 06 在命令行中输入"CYLINDER"（圆柱体）命令，按〈Enter〉键确认，根据命令行提示，输入中心点坐标为"（0，0，30）"，绘制半径为"90"、高度为"40"的圆柱体，如图16-7所示。

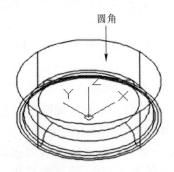

图16-6 圆角（2）

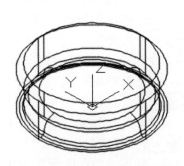

图16-7 绘制圆柱体（3）

步骤 07 在命令行中输入"SUBTRACT"（差集）命令，按〈Enter〉键确认，根据命令行提示，将半径为"90"、高为"40"的圆柱体从实体中减去，完成差集运算，如图 16-8 所示。

步骤 08 在命令行中输入"CONE"（圆锥体）命令，按〈Enter〉键确认，根据命令行提示，输入中心点坐标为"(0, 0, 30)"，设置底面半径为"90"，输入"T"（顶面半径），绘制顶面半径为"40"、高度为"20"的圆锥体，如图 16-9 所示。

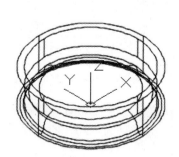

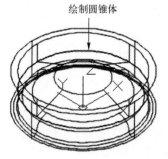

绘制圆锥体

图 16-8　差集运算　　　　　　　　　　图 16-9　绘制圆锥体

步骤 09 在命令行中输入"UNION"（并集）命令，按〈Enter〉键确认，根据命令行提示选择所有图形，进行并集运算，如图 16-10 所示。

步骤 10 在命令行中输入"FILLET"（圆角）命令，按〈Enter〉键确认，根据命令行提示进行操作，设置圆角半径为"6"，选择圆锥体底面的边进行圆角操作，如图 16-11 所示。

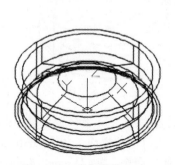

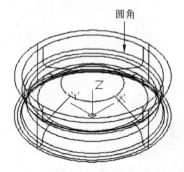

圆角

图 16-10　并集运算　　　　　　　　　　图 16-11　圆角（3）

16.2.2　新手练兵——绘制齿轮中部

绘制齿轮中部的具体操作步骤如下：

步骤 01 在命令行中输入"SOLIDEDIT"（编辑三维实体）命令，按〈Enter〉键确认，根据命令行提示，输入"F"（面）并确认，再输入"E"（拉伸）并确认，选择圆锥体顶面的面，指定拉伸高度为"7"，进行拉伸面操作，如图 16-12 所示。

步骤 02 在命令行中输入"FILLET"（圆角）命令，按〈Enter〉键确认，根据命令行提示，设置圆角半径为"0.6"，选择顶面的边，进行圆角，如图 16-13 所示。

步骤 03 在命令行中输入"CYLINDER"（圆柱体）命令，按〈Enter〉键确认，根据命令行提示，输入中心点坐标为"(0, 0, 18)"，绘制半径为"37"、高度为"40"的圆柱体，如图 16-14 所示。

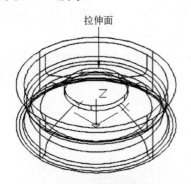

图 16-12　拉伸面

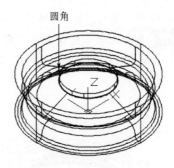

图 16-13　圆角（4）

步骤 04 在命令行中输入"SUBTRACT"（差集）命令，按〈Enter〉键确认，根据命令行提示，将上一步绘制的圆柱体从实体中减去，进行差集运算，如图 16-15 所示。

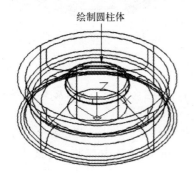

图 16-14　绘制圆柱体（3）

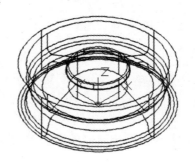

图 16-15　差集运算

步骤 05 在命令行中输入"FILLET"（圆角）命令，按〈Enter〉键确认，根据命令行提示，设置圆角半径为"2"，选择差集运算后顶面的边，进行圆角，如图 16-16 所示。

步骤 06 在命令行中输入"CYLINDER"（圆柱体）命令，按〈Enter〉键确认，根据命令行提示，输入中心点坐标为"（0，0，24）"，绘制半径为"37"、高度为"36"的圆柱体，如图 16-17 所示。

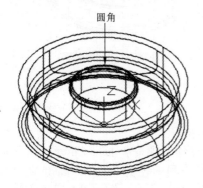

图 16-16　圆角（5）

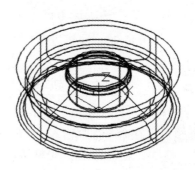

图 16-17　绘制圆柱体（4）

步骤 **07** 在命令行中输入"CHAMFER"（倒角）命令，按〈Enter〉键确认，根据命令行提示，输入"D"（距离），设置倒角距离均为"2"，选择上步绘制的圆柱体表面边，进行倒角操作，如图 16-18 所示。

步骤 **08** 在命令行中输入"CYLINDER"（圆柱体）命令，按〈Enter〉键确认，根据命令行提示，输入中心点坐标为"（0,0,24）"，绘制半径为"20"、高度为"40"的圆柱体，如图 16-19 所示。

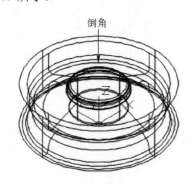
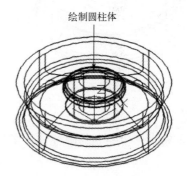

图 16-18　倒角　　　　　　　　　　图 16-19　绘制圆柱体（5）

步骤 **09** 在命令行中输入"BOX"（长方体）命令，按〈Enter〉键确认，根据命令行提示，输入坐标点"（-23,-2.6,0）"并确认，输入"L"（长度），指定长方体的长度为"4"、宽度为"5"、高度为"70"，绘制长方体，如图 16-20 所示。

步骤 **10** 在命令行中输入"SUBTRACT"（差集）命令，按〈Enter〉键确认，根据命令行提示，将前两步绘制的圆柱体和长方体从倒角的圆柱体中减去，完成差集运算，如图 16-21 所示。

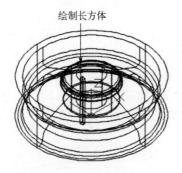
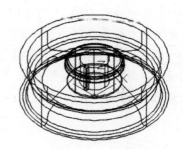

图 16-20　绘制长方体　　　　　　　图 16-21　差集运算

16.2.3 新手练兵——绘制齿轮孔

绘制齿轮孔的具体操作步骤如下：

步骤 **01** 在命令行中输入"CYLINDER"（圆柱体）命令，按〈Enter〉键确认，根据命令行提示，输入中心点坐标为"（61,0,0）"，绘制半径为"16"、高度为"70"的圆柱体，如图 16-22 所示。

步骤 **02** 在命令行中输入"MIRROR3D"（三维镜像）命令，按〈Enter〉键确认，根据命令行提示，选择上步绘制的圆柱体，输入"YZ"命令，进行图形镜像操作，如图 16-23 所示。

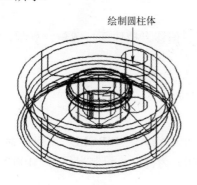

图 16-22 绘制圆柱体（6）

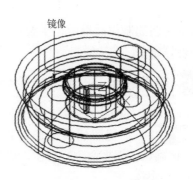

图 16-23 镜像图形

步骤 03 在命令行中输入"SUBTRACT"（差集）命令，按〈Enter〉键确认，根据命令行提示，将前两步绘制的圆柱体从实体中减去，完成差集运算，如图 16-24 所示。

步骤 04 在命令行中输入"FILLET"（圆角）命令，按〈Enter〉键确认，根据命令行提示，设置圆角半径为"3"，选择实体上端内侧边，进行圆角，如图 16-25 所示。

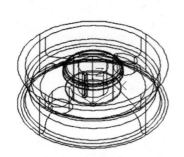

图 16-24 差集运算

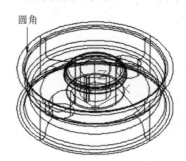

图 16-25 圆角（6）

步骤 05 在命令行中输入"UNION"（并集）命令，按〈Enter〉键确认，根据命令行提示，选择所有图形，进行并集运算，如图 16-26 所示。

步骤 06 在命令行中输入"MOVE"（移动）命令，按〈Enter〉键确认，根据命令行提示，任意选择一点，以坐标点（@500,0,0）为目标点，进行移动，如图 16-27 所示。

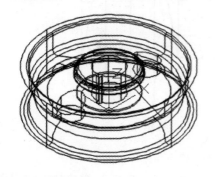

图 16-26 并集运算

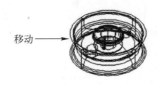

图 16-27 移动图形

16.3　绘制齿轮齿

在本实例的制作过程中，主要运用到了绘制圆、偏移、拉伸面、圆角、复制、放样、环形阵列等命令。

16.3.1　新手练兵——绘制齿轮齿外形

绘制齿轮齿外形的具体操作步骤如下：

步骤 01　将视图切换至俯视视图，在命令行中输入"CIRCLE"（圆）命令，按〈Enter〉键确认，根据命令行提示，以坐标点（0,0,0）为圆心，绘制半径为"100"的圆，如图 16-28 所示。

步骤 02　在命令行中输入"LINE"（直线）命令，按〈Enter〉键确认，根据命令行提示，输入坐标点"(0,0)"和"(0,110)"为直线的第一点和第二点，绘制直线，如图 16-29 所示。

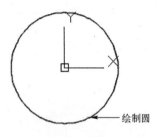

图 16-28　绘制圆

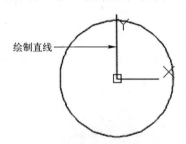

图 16-29　绘制直线

步骤 03　在命令行中输入"OFFSET"（偏移）命令，按〈Enter〉键确认，根据命令行提示，将绘制的直线分别向两侧各偏移两次，偏移距离为"2"，如图 16-30 所示。

步骤 04　重复执行"LINE"（直线）命令，按〈Enter〉键确认，根据命令行提示捕捉直线与圆的交点以及直线的端点，绘制直线，如图 16-31 所示。

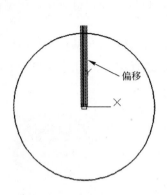

图 16-30　偏移直线

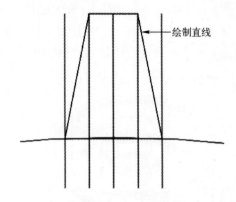

图 16-31　绘制直线

步骤 05　执行操作后，删除圆和直线，如图 16-32 所示。

步骤 06　在命令行中输入"FILLET"（圆角）命令，按〈Enter〉键确认，根据命令行提示，设置圆角半径为"1"，进行圆角操作，如图 16-33 所示。

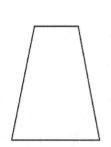

图 16-32 删除多余的图形

圆角

图 16-33 圆角

步骤 07 在命令行中输入"PEDIT"（编辑多段线）命令，按〈Enter〉键确认，根据命令行提示，输入"M"（多条）命令，选择图形，输入"J"（合并）命令，将其合并为多段线，将视图切换至西南等轴测视图，如图 16-34 所示。

步骤 08 在命令行中输入"COPY"（复制）命令，按〈Enter〉键确认，根据命令行提示，选择图形，以坐标点（@0，0，60）为目标点进行复制操作，如图 16-35 所示。

复制

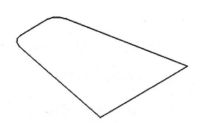

图 16-34 合并多段线

图 16-35 复制图形

16.3.2 新手练兵——完善齿轮齿

完善齿轮齿的具体操作步骤如下：

步骤 01 在命令行中输入"ROTATE"（旋转）命令，按〈Enter〉键确认，根据命令行提示，选择上一步复制的图形，以原点为基点，设置旋转角度为"16"，进行旋转，如图 16-36 所示。

步骤 02 在命令行中输入"LINE"（直线）命令，按〈Enter〉键确认，根据命令行提示，分别捕捉两个图形的端点绘制直线，如图 16-37 所示。

步骤 03 在命令行中输入"LOFT"（放样）命令，按〈Enter〉键确认，根据命令行提示，选择两个图形为截面，输入"P"（路径）命令，选择直线为路径，进行放样处理，如图 16-38 所示。

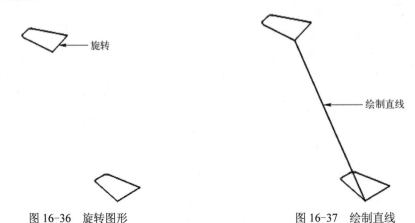

图 16-36　旋转图形　　　　　　　　　图 16-37　绘制直线

步骤 04 在命令行中输入"ARRAYPOLAR"（环形阵列）命令，按〈Enter〉键确认，根据命令行提示，输入中心点坐标为"（0, 0, 0）"、项目总数为"56"、填充角度为"360"，选择放样实体进行环形阵列，如图 16-39 所示。

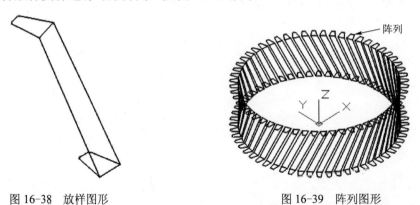

图 16-38　放样图形　　　　　　　　　图 16-39　阵列图形

步骤 05 在命令行中输入"MOVE"（移动）命令，按〈Enter〉键确认，根据命令行提示，选择绘制的齿轮孔，以坐标点（@-500, 0, 0）为目标点，移动图形，如图 16-40 所示。

步骤 06 在命令行中输入"EXPLODE"（分解）命令，按〈Enter〉键确认，根据命令行提示，选择阵列后的齿进行分解操作，然后在命令行中输入"UNION"（并集）命令，按〈Enter〉键确认，根据命令行提示，选择所有的图形，进行并集运算，如图 16-41 所示。

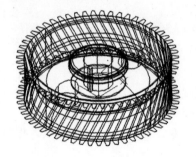
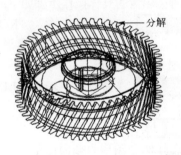

图 16-40　移动图形　　　　　　　　　图 16-41　分解图形

16.3.3 新手练兵——渲染齿轮

渲染齿轮的具体操作步骤如下：

步骤 01 在命令行中输入"MATERIALS"（材质）命令，按〈Enter〉键确认，弹出"材质浏览器"面板，单击"创建新材质"按钮右侧的下拉按钮，在弹出的下拉列表中选择"新建常规材质"选项，如图 16-42 所示。

步骤 02 弹出"材质编辑器"面板，在"名称"文本框中输入"金属材质"，在"图像"选项的空白处单击鼠标左键，弹出"材质编辑器打开文件"对话框，选择相应文件，如图 16-43 所示，单击"打开"按钮。

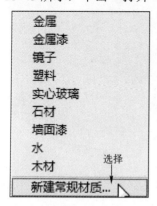

图 16-42 选择相应选项

图 16-43 选择相应文件

步骤 03 在"材质编辑器"面板中，设置"图像褪色"为"83"、"光泽度"为"80"、"高光"为"金属"，在"反射率"选项组中设置"直接"和"倾斜"均为"90"，如图 16-44 所示。

步骤 04 切换到"纹理编辑器"面板，在"比例"选项组中，设置"样例尺寸"的"宽度"和"高度"均为"0.2in"，如图 16-45 所示。

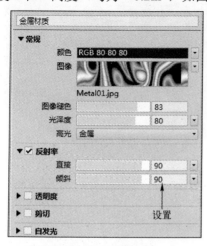

图 16-44 设置选项

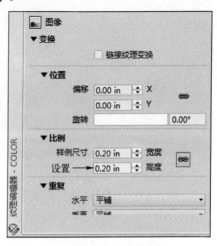

图 16-45 设置选项

步骤 05 将齿轮视图转换成真实视觉样式，在绘图区中选择齿轮实体，在"材质浏览器"面板中的"金属材质"球上，单击鼠标右键，在弹出的快捷菜单中选择"指定给当前选择"选项，赋予齿轮材质，效果如图 16-46 所示。

步骤 06 在命令行中输入"RECTANG"（矩形）命令，按〈Enter〉键确认，根据命令行提示，在绘图区中绘制一个矩形框，并执行"REG"（面域）命令，选择所绘矩形创建面域，为其赋予地面材质，如图 16-47 所示。

图 16-46 赋予齿轮材质

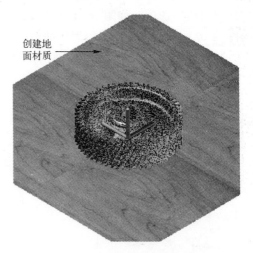

创建地面材质

图 16-47 赋予地面材质

步骤 07 在命令行中输入"RENDER"（渲染）命令，按〈Enter〉键确认，弹出"渲染"窗口，完成齿轮模型的渲染，如图 16-48 所示。

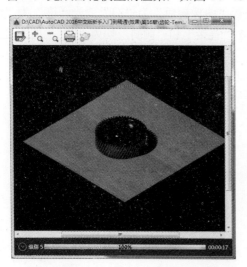

图 16-48 渲染图形

室内设计

17

学习提示

　　随着城市化进程的加快和人们生活水平的提高，室内设计行业已经成为国民经济支柱产业之一。本章主要向读者介绍接待室的绘制方法与设计技巧，为读者成为专业的室内设计师作好全面的准备。

本章案例导航

- ■ 绘制墙线
- ■ 绘制墙面
- ■ 绘制吊顶灯

- ■ 绘制家具
- ■ 绘制门窗
- ■ 绘制双开门

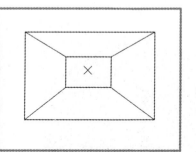
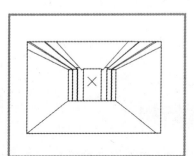
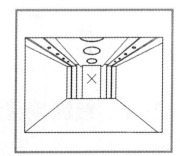
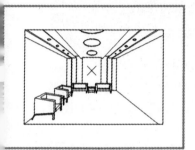
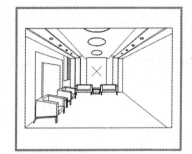
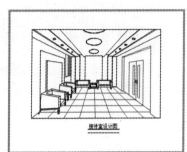

接待室设计图

17.1　接待室设计效果

　　接待室是人员聚集及接待宾客的场所，是享受温情、传递真情的最佳空间。现代接待室的布置，除了空间的合理规划外，更注重的是情调以及品位的营造。接待室设计以"安全、健康、舒适、美观"为基础，以"符合生活需要，提高生活质量，充分展示个性"为标准。在设计接待室时，首先需要对风格进行定位，不要将各种风格混在一起，以免显得不伦不类。

　　本实例接待室采用了明快、简洁、大气的设计风格，并结合透视原理，设计出了最佳的效果，如图 17-1 所示。

图 17-1　接待室设计图效果

素材文件	光盘\素材\第 17 章\沙发.dwg
效果文件	光盘\效果\第 17 章\接待室设计.dwg
视频文件	光盘\视频\第 17 章\17　接待室设计.mp4

17.2　绘制接待室结构

　　在本实例的制作过程中，主要运用到了新建图层、绘制点、绘制直线、偏移、修剪、绘制椭圆等命令。

17.2.1　新手练兵——绘制墙线

　　绘制墙线的具体操作步骤如下：

　　步骤 01　启动 AutoCAD 2016，执行 "LA"（图层）命令，弹出 "图层特性管理器" 面板，依次创建 "墙线" "家具" "地板"（红色）、"门窗"（绿色，其颜色值为 94）图层，并将 "墙线" 图层置为当前，如图 17-2 所示。

　　步骤 02　执行 "DDPTYPE"（点样式）命令，弹出 "点样式" 对话框，选择第 1 行第 4 个点样式，在 "点大小" 文本框中输入 "200"，选中 "按绝对单位设置大小" 单选按钮，如图 17-3 所示，单击 "确定" 按钮，设置点样式。

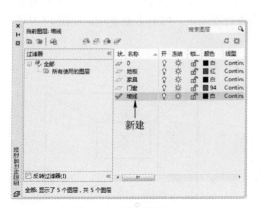

图 17-2 设置图层

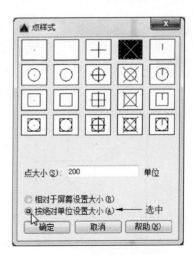

图 17-3 设置点样式

步骤 **03** 执行 "REC"（矩形）命令，在命令行提示下，任意指定一点作为矩形的第一角点，输入第二角点的坐标为 "（@4550,3000）"，按〈Enter〉键确认，绘制矩形，如图 17-4 所示。

步骤 **04** 执行 "PO"（单点）命令，在命令行提示下，输入 "FROM"（捕捉自）命令，按〈Enter〉键确认，捕捉矩形左下方的端点为基点，输入 "（@2200,1700）"，绘制透视点，如图 17-5 所示。

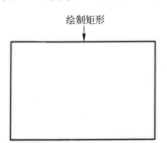

图 17-4 绘制矩形

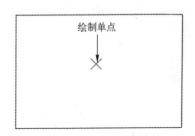

图 17-5 绘制单点

步骤 **05** 执行 "L"（直线）命令，在命令行提示下，分别捕捉矩形的四个端点和透视点，绘制 4 条透视线，如图 17-6 所示。

步骤 **06** 执行 "L"（直线）命令，在命令行提示下，依次捕捉绘制直线的中点，绘制其他的直线，如图 17-7 所示。

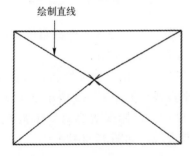

图 17-6 绘制直线

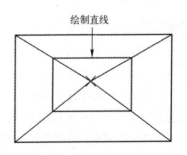

图 17-7 绘制其他直线

步骤 **07** 执行"SC"(缩放)命令,在命令行提示下,选择新绘制的 4 条直线为缩放对象,捕捉透视点为基点,设置"比例因子"为"0.7",缩放图形,如图 17-8 所示。

步骤 **08** 执行"TR"(修剪)命令,在命令行提示下,修剪多余直线,如图 17-9 所示。

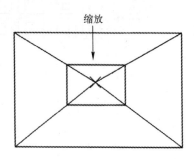

图 17-8 缩放图形

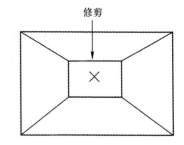

图 17-9 修剪直线

17.2.2 新手练兵——绘制墙面

绘制墙面的具体操作步骤如下:

步骤 **01** 执行"L"(直线)命令,在命令行提示下,输入"FROM"(捕捉自)命令,按〈Enter〉键确认,捕捉矩形左上方的端点,分别以相关坐标点(@0, -9)、(@0, -240)、(@2, 0)、(@73, 0)、(@573, 0)、(@609, 0)和(@983, 0)为新直线的起点,捕捉透视点,绘制出 7 条透视线,如图 17-10 所示。

步骤 **02** 执行"X"(分解)命令,在命令行提示下,对外侧的矩形进行分解,执行"O"(偏移)命令,在命令行提示下,设置偏移距离为"1389",将左侧的竖直直线向右进行偏移,如图 17-11 所示。

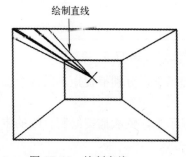

图 17-10 绘制直线

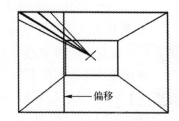

图 17-11 偏移直线

步骤 **03** 执行"TR"(修剪)命令,在命令行提示下,修剪多余的直线,执行"E"(删除)命令,在命令行提示下,删除多余的直线,如图 17-12 所示。

步骤 **04** 执行"L"(直线)命令,在命令行提示下,依次捕捉修剪直线的上端点和修剪直线与透视线的交点为直线起点,绘制两条水平直线,如图 17-13 所示。

步骤 **05** 执行"L"(直线)命令,在命令行提示下,捕捉新绘制上方水平直线与透视线的交点为起点,向下引导光标,捕捉垂足,绘制直线,如图 17-14 所示。

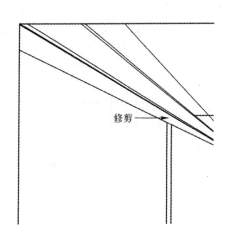

图 17-12　修剪直线

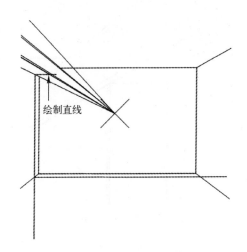

图 17-13　绘制水平直线

步骤　06　执行"TR"（修剪）命令，在命令行提示下，修剪多余的直线，执行"E"（删除）命令，在命令行提示下，删除多余的直线，如图 17-15 所示。

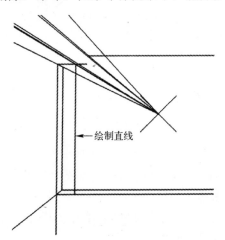

图 17-14　绘制垂直直线

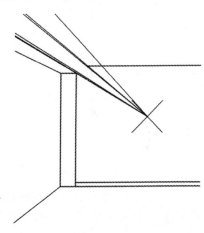

图 17-15　修剪直线

步骤　07　执行"O"（偏移）命令，在命令行提示下，设置偏移距离依次为"2"和"5"，将从左边第 3 条竖直直线向右进行偏移处理，如图 17-16 所示。

步骤　08　执行"F"（圆角）命令，在命令行提示下，设置圆角半径为"0"，分别对偏移的直线与上方透视线进行圆角处理，如图 17-17 所示。

步骤　09　执行"L"（直线）命令，在命令行提示下，捕捉圆角后图形右上方的端点，向右引导光标，绘制直线，如图 17-18 所示。

步骤　10　执行"L"（直线）命令，在命令行提示下，捕捉新绘制直线与透视线的交点，向下引导光标，绘制垂直直线，执行"TR"（修剪）命令，在命令行提示下，修剪多余的直线，如图 17-19 所示。

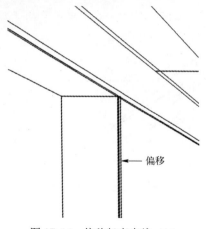

图 17-16　偏移竖直直线（1）

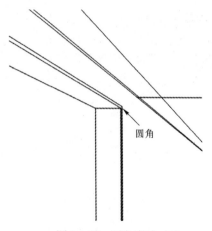

图 17-17　圆角直线（1）

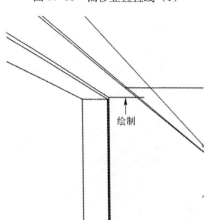

图 17-18　绘制水平直线

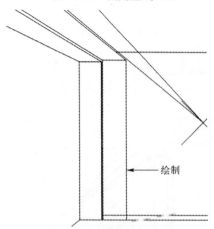

图 17-19　绘制垂直直线

步骤 11　执行"O"（偏移）命令，在命令行提示下，设置偏移距离依次为"5"和"193"，将新绘制的竖直直线向右偏移，如图 17-20 所示。

步骤 12　执行"F"（圆角）命令，在命令行提示下，设置圆角半径为"0"，对偏移后的第一条竖直直线与透视线进行圆角处理，如图 17-21 所示。

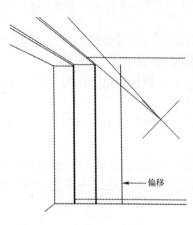

图 17-20　偏移竖直直线（2）

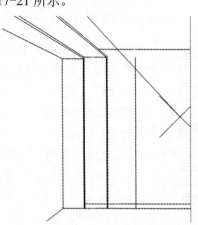

图 17-21　圆角直线（2）

步骤 13 执行"O"(偏移)命令,在命令行提示下,设置偏移距离依次为"37"和"30",将从上数第2条水平直线向下进行偏移处理,如图17-22所示。

步骤 14 执行"EX"(延伸)命令,在命令行提示下,对相应的直线进行延伸处理,执行"TR"(修剪)命令,在命令行提示下,对多余的直线进行修剪处理,如图17-23所示。

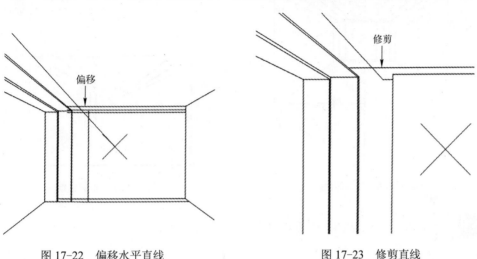

图17-22 偏移水平直线　　　　　　　图17-23 修剪直线

步骤 15 执行"XL"(构造线)命令,在命令行提示下,捕捉透视点为起点,在竖直方向上绘制构造线,如图17-24所示。

步骤 16 执行"TR"(修剪)命令,在命令行提示下,对右边的图形进行修剪;执行"E"(删除)命令,在命令行提示下,删除多余的直线,如图17-25所示。

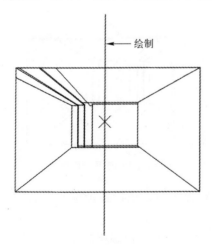
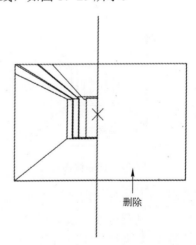

图17-24 绘制构造线　　　　　　　图17-25 删除图形

步骤 17 执行"MI"(镜像)命令,在命令行提示下,选择相关图形为镜像对象,捕捉透视点为镜像点,进行镜像处理,如图17-26所示。

步骤 18 执行"EX"(延伸)命令,对相应的直线进行延伸处理;执行"TR"(修剪)命令,修剪多余的直线;执行"E"(删除)命令,删除多余的直线,如图17-27所示。

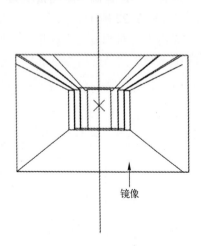

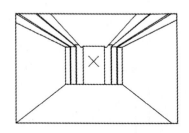

图 17-26　镜像图形　　　　　　　　　　　　图 17-27　修剪直线

17.2.3　新手练兵——绘制吊顶灯

绘制吊顶灯的具体操作步骤如下：

步骤 01　执行"O"（偏移）命令，在命令行提示下，设置偏移距离依次为"745""50""50"，将左侧竖直直线向右偏移，如图 17-28 所示。

步骤 02　执行"O"（偏移）命令，在命令行提示下，设置偏移距离为"295""20""20"，将上方水平直线向下偏移，如图 17-29 所示。

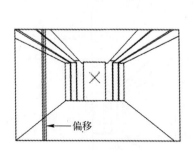

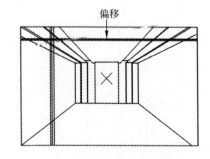

图 17-28　向右偏移直线　　　　　　　　　　图 17-29　向下偏移直线

步骤 03　执行"EL"（椭圆）命令，在命令行提示下，依次捕捉偏移直线的相应交点，绘制一个椭圆对象，如图 17-30 所示。

步骤 04　执行"O"（偏移）命令，在命令行提示下，设置偏移距离为"5"，将新绘制的椭圆向外进行偏移处理；执行"E"（删除）命令，在命令行提示下，将偏移的直线进行删除处理，如图 17-31 所示。

步骤 05　执行"CO"（复制）命令，在命令行提示下，选择两个椭圆为复制对象，捕捉椭圆的圆心为基点，依次输入相应坐标点"（@275,-205）""（@475,-345）"和"（@625,-445）"，复制图形，如图 17-32 所示。

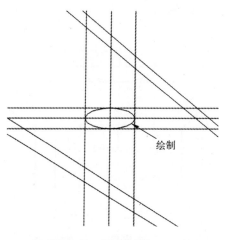

图 17-30　绘制椭圆

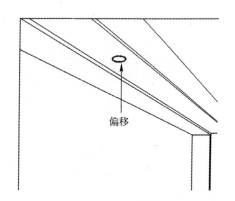

图 17-31　偏移椭圆

步骤 06 执行"SC"（缩放）命令，在命令行提示下，分别对复制后的椭圆进行缩放处理，缩放的"比例因子"分别为"0.8""0.6"和"0.4"，如图 17-33 所示。

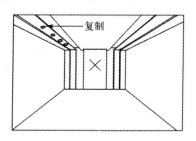

图 17-32　复制椭圆

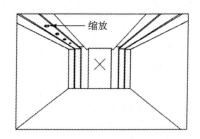

图 17-33　缩放椭圆

步骤 07 执行"MI"（镜像）命令，在命令行提示下，选择左侧的椭圆对象，以透视点为镜像点，在竖直方向上镜像图形，如图 17-34 所示。

步骤 08 执行"O"（偏移）命令，在命令行提示下，设置偏移距离为"1920""280""280"，将左侧竖直直线向右偏移，如图 17-35 所示。

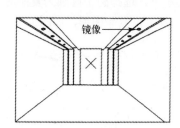

图 17-34　镜像椭圆

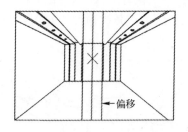

图 17-35　向右偏移直线

步骤 09 执行"O"（偏移）命令，在命令行提示下，设置偏移距离为"309""120""120"，将上方水平直线向下偏移，如图 17-36 所示。

步骤 10 执行"EL"（椭圆）命令，在命令行提示下，依次捕捉偏移直线的相应交点，绘制一个椭圆对象，如图 17-37 所示。

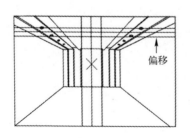

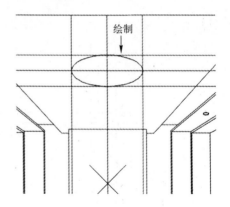

图 17-36　向下偏移直线　　　　　　　　　　　图 17-37　绘制椭圆

步骤 11　执行"SC"（缩放）命令，在命令行提示下，选择椭圆为缩放对象，捕捉椭圆圆心为基点，输入"C"（复制）命令，按〈Enter〉键确认，输入比例因子为"0.95"，缩放图形，如图 17-38 所示。

步骤 12　执行"E"（删除）命令，在命令行提示下，删除偏移后的直线，如图 17-39 所示。

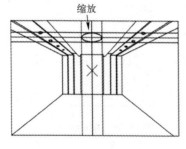

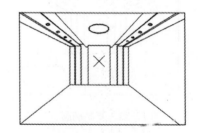

图 17-38　缩放椭圆　　　　　　　　　　　　图 17-39　删除直线

步骤 13　执行"M"（移动）命令，在命令行提示下，选择缩放后的椭圆为移动对象，捕捉圆心点，输入"（@0，18）"，按〈Enter〉键确认，移动图形，如图 17-40 所示。

步骤 14　执行"CO"（复制）命令，在命令行提示下，选择两个椭圆为复制对象，捕捉椭圆的圆心为基点，依次输入"（@0，480）"和"（@0，-328）"，复制图形，如图 17-41 所示。

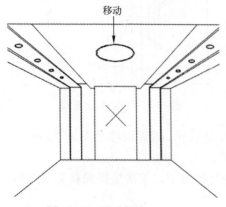

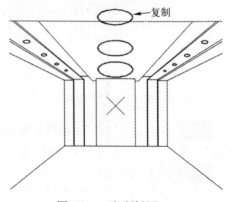

图 17-40　移动椭圆　　　　　　　　　　　　图 17-41　复制椭圆

步骤 15 执行"SC"（缩放）命令，在命令行提示下，分别对复制后的椭圆进行缩放处理，缩放的"比例因子"分别为"1.6"和"0.6"，如图17-42所示。

步骤 16 执行"TR"（修剪）命令，在命令行提示下，修剪多余椭圆，完成接待室结构的绘制，如图17-43所示。

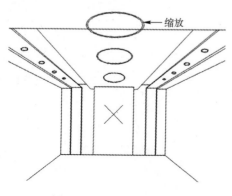

图17-42 缩放椭圆

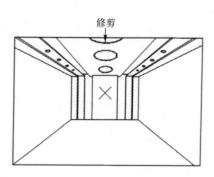

图17-43 修剪椭圆

17.3 完善接待室

在本实例的制作过程中，主要运用到了插入图块、绘制直线、偏移、修剪、绘制多段线、添加文字等命令。

17.3.1 新手练兵——绘制家具

绘制家具的具体操作步骤如下：

步骤 01 将"家具"图层置为当前，执行"I"（插入）命令，按〈Enter〉键确认，弹出"插入"对话框，单击"浏览"按钮，弹出"选择图形文件"对话框，选择相应图形文件，如图17-44所示。

步骤 02 单击"打开"按钮，返回"插入"对话框，单击"确定"按钮，插入图块，如图17-45所示。

图17-44 选择文件

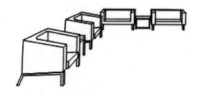

图17-45 插入图块

步骤 03 执行 "X"（分解）命令，按〈Enter〉键确认，分解图块，将其移动到合适位置，如图 17-46 所示。

步骤 04 执行 "TR"（修剪）命令，在命令行提示下，对图形进行修剪处理，执行 "E"（删除）命令，在命令行提示下，删除多余的直线，如图 17-47 所示。

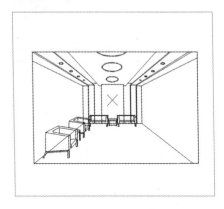

图 17-46 移动图块

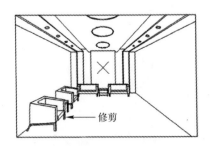

图 17-47 修剪图形

17.3.2 新手练兵——绘制门窗

绘制门窗的具体操作步骤如下：

步骤 01 执行 "O"（偏移）命令，在命令行提示下，依次设置偏移距离为 "300""212""38""520""80"，将左侧的竖直直线向右进行偏移处理，如图 17-48 所示。

步骤 02 执行 "L"（直线）命令，在命令行提示下，输入 "FROM"（捕捉自）命令，按〈Enter〉键确认，捕捉左下方端点为基点，分别以（@0,2047）和（@0,2400）为起点，捕捉透视点为直线终点，绘制两条透视线，如图 17-49 所示。

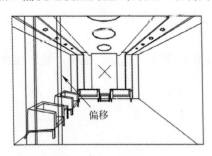

图 17-48 偏移直线

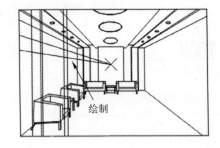

图 17-49 绘制直线

步骤 03 执行 "TR"（修剪）命令，在命令行提示下，修剪多余直线，执行 "E"（删除）命令，在命令行提示下，删除多余的直线，如图 17-50 所示。

步骤 04 将"门窗"图层置为当前，执行 "L"（直线）命令，在命令行提示下，输入 "FROM"（捕捉自）命令，按〈Enter〉键确认；捕捉左下方端点为基点，分别以（@0,1047）和（@0,1071）为起点，捕捉透视点为直线终点，绘制两条透视线，如图 17-51 所示。

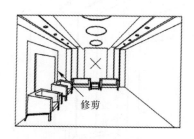

图 17-50 修剪直线

图 17-51 绘制透视直线

步骤 05 执行 "O"（偏移）命令，在命令行提示下，输入 "L"（图层），按〈Enter〉键确认，输入 "C"（当前）并确认，设置偏移距离为 "1189"，将左侧竖直直线向右进行偏移处理，如图 17-52 所示。

步骤 06 执行 "TR"（修剪）命令，在命令行提示下，修剪多余直线，执行 "E"（删除）命令，在命令行提示下，删除多余的直线，如图 17-53 所示。

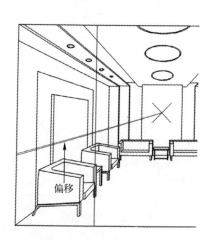

图 17-52 向右偏移直线

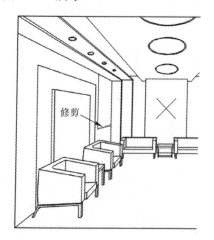

图 17-53 修剪并删除直线

步骤 07 执行 "L"（直线）命令，在命令行提示下，捕捉修剪后直线右下方的端点为起点，向左引导光标，绘制直线；捕捉新绘制直线上的交点，向上引导光标，绘制直线，如图 17-54 所示。

步骤 08 执行 "TR"（修剪）命令，在命令行提示下，修剪多余直线，如图 17-55 所示。

步骤 09 执行 "O"（偏移）命令，在命令行提示下，设置偏移距离为 "25"，将新绘制的竖直直线向左偏移 3 次，如图 17-56 所示。

步骤 10 执行 "EX"（延伸）命令，在命令行提示下，延伸偏移直线，如图 17-57 所示。

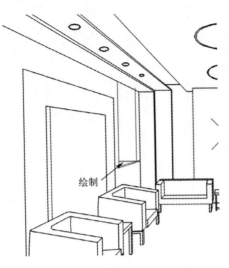

图 17-54　绘制直线

图 17-55　修剪多余直线

图 17-56　向左偏移直线

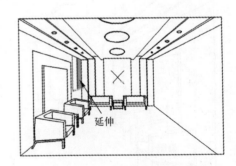

图 17-57　延伸直线

17.3.3　新手练兵——绘制双开门

绘制双开门的具体操作步骤如下。

步骤 01 执行"L"（直线）命令，在命令行提示下，依次捕捉右下方端点和透视点，绘制透视线，如图 17-58 所示。

步骤 02 执行"L"（直线）命令，在命令行提示下，输入"FROM"（捕捉自）命令，按〈Enter〉键确认，捕捉右下方端点为基点，分别以（@0,2511）和（@0,2566）为起点，捕捉透视点为直线终点，绘制两条透视线，如图 17-59 所示。

步骤 03 执行"O"（偏移）命令，在命令行提示下，设置偏移距离为"350"和"989"，将右侧竖直直线向左偏移，如图 17-60 所示。

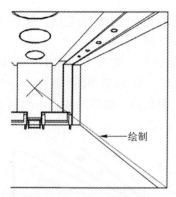

图 17-58　绘制直线（1）

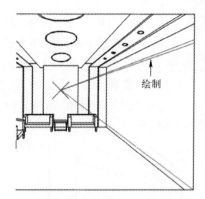

图 17-59　绘制两条透视线

步骤 04　执行"TR"（修剪）命令，在命令行提示下，修剪多余的直线，执行"E"（删除）命令，在命令行提示下，删除多余的直线，如图 17-61 所示。

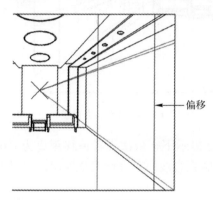

图 17-60　向左偏移直线

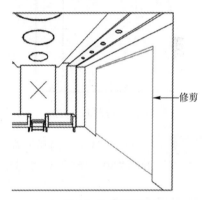

图 17-61　修剪直线

步骤 05　执行"L"（直线）命令，在命令行提示下，捕捉左侧竖直直线的下端点，向右引导光标，捕捉垂足绘制直线，如图 17-62 所示。

步骤 06　执行"L"（直线）命令，在命令行提示下，捕捉新绘制直线上的交点，向上引导光标，绘制直线；捕捉新绘制直线的上端点，向左引导光标，绘制直线，如图 17-63 所示。

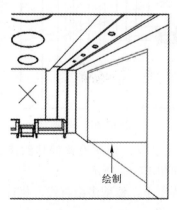

图 17-62　绘制直线（2）

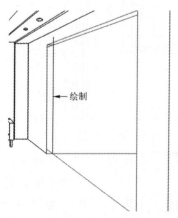

图 17-63　绘制直线（3）

步骤 07 执行 "TR"（修剪）命令，在命令行提示下，修剪多余直线，执行 "E"（删除）命令，在命令行提示下，删除多余的直线，如图 17-64 所示。

步骤 08 执行 "L"（直线）命令，在命令行提示下，输入 "FROM"（捕捉自）命令，按〈Enter〉键确认，捕捉右下方端点为基点，分别以相应坐标（@0, 223）、（@0, 905）、（@0, 1049）、（@0, 1834）和（@0, 2053）为起点，捕捉透视点，绘制 5 条透视线，如图 17-65 所示。

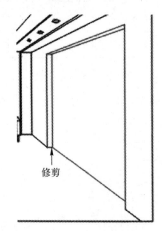

图 17-64 修剪多余直线

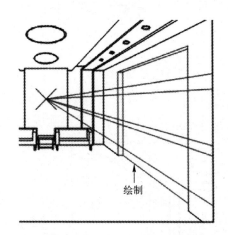

图 17-65 绘制 5 条透视线

步骤 09 执行 "O"（偏移）命令，在命令行提示下，依次设置偏移距离为 "600" "125" "65" "60" "50" "55" 和 "135"，将右侧的竖直直线向左进行偏移处理，如图 17-66 所示。

步骤 10 执行 "TR"（修剪）命令，在命令行提示下，修剪多余的直线，执行 "E"（删除）命令，在命令行提示下，删除多余的直线，如图 17-67 所示。

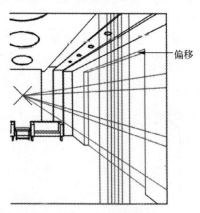

图 17-66 向右偏移直线

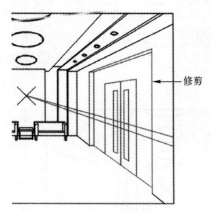

图 17-67 修剪直线

步骤 11 执行 "O"（偏移）命令，在命令行提示下，依次设置偏移距离为 "810" "20" "37" 和 "16"，将右侧的竖直直线向左偏移，如图 17-68 所示。

步骤 12 执行 "TR"（修剪）命令，在命令行提示下，修剪多余直线，执行 "E"（删除）命令，删除直线，如图 17-69 所示。

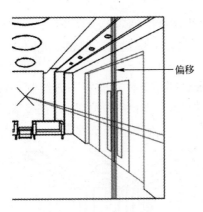

图 17-68　向左偏移直线

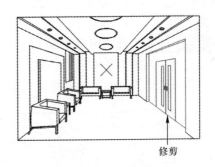

图 17-69　修剪删除直线

17.3.4　新手练兵——绘制地板

绘制地板的具体操作步骤如下：

步骤 01　将"地板"图层置为当前图层，执行"L"（直线）命令，在命令行提示下，依次捕捉图形的左下方和右下方端点，捕捉透视点，绘制透视线，如图 17-70 所示。

步骤 02　执行"DIV"（定数等分）命令，在命令行提示下，设置"线段数目"为"8"，将新绘制的直线和最下方的水平直线进行定数等分，如图 17-71 所示。

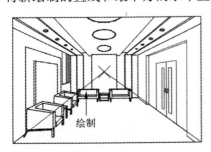

图 17-70　绘制直线

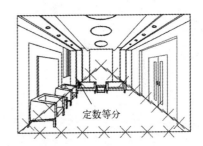

图 17-71　定数等分直线

步骤 03　执行"L"（直线）命令，在命令行提示下，依次捕捉各个节点，绘制相应的直线对象，如图 17-72 所示。

步骤 04　执行"TR"（修剪）命令，在命令行提示下，修剪多余的直线；执行"E"（删除）命令，在命令行提示下，删除多余的直线和点，如图 17-73 所示。

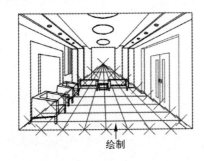

图 17-72　绘制直线

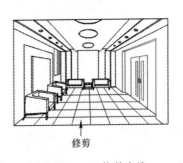

图 17-73　修剪直线

步骤 05 将"墙线"图层置为当前图层，执行"MT"（多行文字）命令，在命令行提示下，设置"文字高度"为"120"，在绘图区下方的合适位置处，创建相应的文字，并调整其位置，如图 17-74 所示。

步骤 06 执行"PL"（多段线）命令，在命令行提示下，在文字下方绘制一条宽为"20"、长为"1100"的多段线；执行"L"（直线）命令，在命令行提示下，在多段线下方绘制一条长度为"1100"的直线，效果如图 17-75 所示，完成接待室的绘制。

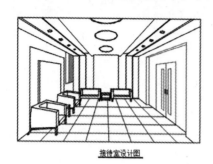

接待室设计图

图 17-74 创建文字

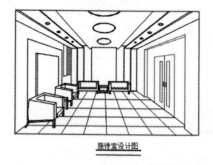

接待室设计图

图 17-75 绘制多线

建筑设计

18

学习提示

建筑设计是一项涉及许多不同种类学科知识的综合性工作，它包括环境设计、建筑形式、空间分区、色彩等。本章综合执行前面章节所学的知识，向读者介绍道路规划图设计的绘制方法与设计技巧。

本章案例导航

- ■ 绘制建筑红线
- ■ 绘制人行道
- ■ 绘制绿化带
- ■ 绘制主干道
- ■ 绘制建筑群
- ■ 添加文字说明

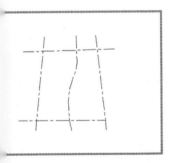
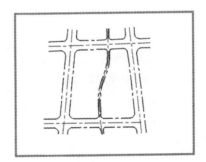
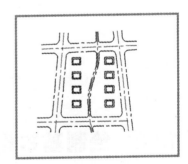
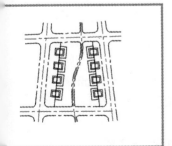
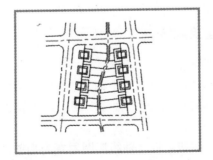
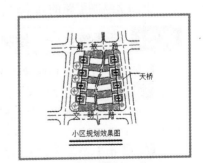

小区规划效果图

18.1　道路规划图设计

道路规划图是指从城市空间和住区内部空间出发，寻求小区中不同类型住宅的合理分区和布局，使城市界面具有良好的尺度和丰富的轮廓，同时使居住小区内部形成与环境相结合的空间形态，效果如图 18-1 所示。

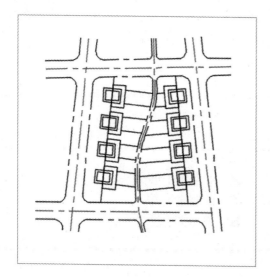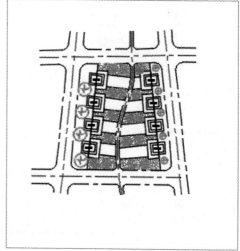

图 18-1　道路规划图设计效果

素材文件	无
效果文件	光盘\效果 18 章\道路规划图设计.dwg
视频文件	光盘\视频\第 18 章\18　道路规划图设计.mp4

18.2　绘制基本轮廓

下面来绘制道路的基本轮廓。

18.2.1　新手练兵——绘制建筑红线

绘制建筑红线的具体操作步骤如下。

步骤 01 启动 AutoCAD 2016，在命令行中输入"LA"（图层）命令，按〈Enter〉键确认，弹出"图层特性管理器"面板，新建"轴线"图层，设置"颜色"为"红色"、"线型"为"CENTER"，如图 18-2 所示。

步骤 02 单击"置为当前"按钮，将"轴线"图层置为当前，如图 18-3 所示。

步骤 03 在命令行中输入"LT"（线型管理器）命令，按〈Enter〉键确认，弹出"线型管理器"对话框，设置"CENTER"线型的"全局比例因子"为"20"，如图 18-4 所示，单击"确定"按钮。

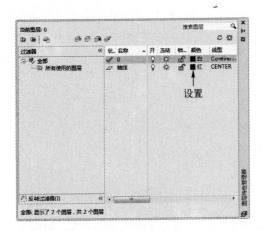

图 18-2 新建图层

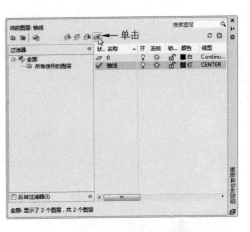

图 18-3 设置当前层

步骤 **04** 在命令行中输入"L"（直线）命令，按〈Enter〉键确认，根据命令行提示进行操作，在绘图区中任意位置单击鼠标左键，输入点坐标"（@-445，-4490）"，绘制一条直线，如图 18-5 所示。

图 18-4 设置比例

图 18-5 绘制直线（1）

步骤 **05** 在命令行中输入"L"（直线）命令，按〈Enter〉键确认，根据命令行提示进行操作，输入"FROM"，捕捉斜线的上端点，依次输入点坐标"（@-1049，-718）""（@4468，108）"，绘制直线，如图 18-6 所示。

步骤 **06** 在命令行中输入"L"（直线）命令，按〈Enter〉键确认，根据命令行提示进行操作，输入"FROM"，捕捉斜线的上端点，依次输入点坐标"（@2512，61）""（@511，-4544）"，绘制直线，如图 18-7 所示。

步骤 **07** 在命令行中输入"L"（直线）命令，按〈Enter〉键确认，根据命令行提示进行操作，输入"FROM"，捕捉斜线上端点，依次输入点坐标"（@-1283，-4030）"

"（@4272，0）"，绘制直线，如图 18-8 所示。

图 18-6　绘制直线（2）

图 18-7　绘制直线（3）

步骤 **08**　在命令行中输入"SPL"（样条曲线）命令，按〈Enter〉键确认，根据命令行提示进行操作，输入"FROM"，捕捉斜线的上端点，依次输入点坐标"（@1560，25）""（@21，-913）""（@-10，-520）""（@-214，-678）""（@-139，-462）""（@-35，-1103）""（@32，-389）"和"（@100，-462）"，绘制一条样条曲线，如图 18-9 所示。

图 18-8　绘制直线（4）

图 18-9　绘制样条曲线

18.2.2　新手练兵——绘制主干道

绘制主干道的具体操作步骤如下。

步骤 **01**　在命令行中输入"LA"（图层）命令，按〈Enter〉键确认，弹出"图层特性管理器"面板，新建"道路"图层，设置"颜色"为"250"，将"道路"图层置为当前，如图 18-10 所示。

步骤 **02**　在命令行中输入"O"（偏移）命令，按〈Enter〉键确认，根据命令行提示进行操作，输入"L"（图层）命令并确认，输入"C"（当前）命令并确认，设置偏移距离为"200"，将轴线向两侧偏移，效果如图 18-11 所示。

步骤 **03**　在命令行中输入"TR"（修剪）命令，按〈Enter〉键确认，根据命令行提示进行操作，修剪图形，如图 18-12 所示。

步骤 **04**　在命令行中输入"F"（圆角）命令，按〈Enter〉键确认，根据命令行提示进行操作，设置圆角半径为"200"，对道路进行圆角操作，如图 18-13 所示。

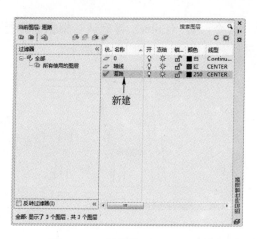

图 18-10　新建图层

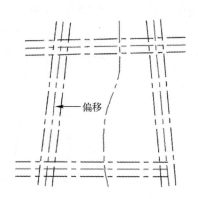

图 18-11　偏移直线

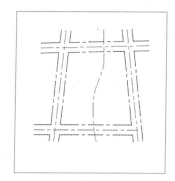

图 18-12　修剪直线

图 18-13　圆角

18.2.3　新手练兵——绘制人行道

绘制人行道的具体操作步骤如下。

步骤 `01` 在命令行中输入"O"（偏移）命令，按〈Enter〉键确认，根据命令行提示进行操作，输入"L"（图层）命令并确认，输入"C"（当前）命令并确认，设置偏移距离为"50"，将样条曲线向两侧偏移，如图 18-14 所示。

步骤 `02` 在命令行中输入"TR"（修剪）命令，按〈Enter〉键确认，根据命令行提示进行操作，修剪图形，如图 18-15 所示。

图 18-14　偏移样条曲线

图 18-15　修剪图形

步骤 03 在命令行中输入"F"(圆角)命令,按〈Enter〉键确认,根据命令行提示进行操作,设置圆角半径为"100",对道路进行圆角操作,如图 18-16 所示。

图 18-16　圆角道路

18.3　完善规划效果图

居住小区在城市规划中的概念是指由城市道路或城市道路和自然界线划分的,具有一定规模的,并不为城市交通干道所穿越的完整地段。建筑群和绿化带是建筑规划必不可少的部分,下面来分别介绍相关内容。

居住小区是城镇居住区的一种组成形式,由若干居民楼组成。在本实例设计过中,首先通过"矩形""偏移""阵列"和"复制"等命令绘制主要建筑群,然后通过"构造线""矩形""直线"和"修剪"等命令绘制完善建筑群。

绿化带作为由生态景观实现的绿色的有生命的景观,具有不可替代的作用。在本实例设计过中,首先填充相应的绿化带,然后复制相应素材图块。

18.3.1　新手练兵——绘制建筑群

绘制建筑群的具体操作步骤如下:

步骤 01 在命令行中输入"LA"(图层)命令,按〈Enter〉键确认,弹出"图层特性管理器"面板,新建"建筑"图层,将"建筑"图层置为当前,如图 18-17 所示。

步骤 02 在命令行中输入"REC"(矩形)命令,按〈Enter〉键确认,根据命令行提示进行操作,输入"FROM",捕捉相应点,如图 18-18 所示。

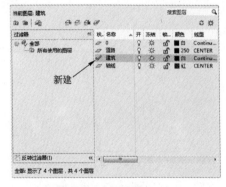

图 18-17　新建图层　　　　　　　　图 18-18　捕捉相应点

步骤 **03** 依次输入点坐标"（@567，-1155）"和"（@417，-320）"，绘制一个矩形，如图 18-19 所示。

步骤 **04** 在命令行中输入"O"（偏移）命令，按〈Enter〉键确认，根据命令行提示进行操作，将绘制的矩形向内侧偏移"50"的距离，如图 18-20 所示。

图 18-19 绘制矩形

图 18-20 偏移矩形

步骤 **05** 在命令行中输入"AR"（阵列）命令，按〈Enter〉键确认，选择矩形，输入"R"（矩形）命令，弹出"阵列创建"对话框，设置"列数"为"1"、"行数"为"4"，"行数"的"介于"为"-640"，按〈Enter〉键确认，即可阵列图形，如图 18-21 所示。

步骤 **06** 在命令行中输入"CO"（复制）命令，按〈Enter〉键确认，根据命令行提示进行操作，选择阵列的矩形，输入"1540"，将矩形水平复制至人行道右侧，如图 18-22 所示。

图 18-21 阵列图形

图 18-22 复制图形

步骤 **07** 在命令行中输入"XL"（构造线）命令，按〈Enter〉键确认，根据命令行提示进行操作，捕捉矩形中点，绘制两条垂直构造线，如图 18-23 所示。

步骤 **08** 在命令行中输入"REC"（矩形）命令，按〈Enter〉键确认，根据命令行提示进行操作，输入"FROM"，捕捉矩形中点，输入点坐标"（@0，100）"和"（@308.5，-520）"，绘制一个矩形，如图 18-24 所示。

步骤 **09** 在命令行中输入"CO"（复制）命令，按〈Enter〉键确认，根据命令行提示进行操作，选择绘制的矩形，复制图形，如图 18-25 所示。

步骤 **10** 在命令行中输入"RO"（旋转）命令，按〈Enter〉键确认，根据命令行提示进行操作，选择人行道左侧的矩形和构造线，捕捉矩形的左上端点，设置旋转角度为

"-6",旋转图形,如图18-26所示。

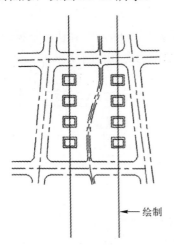

图18-23 绘制构造线

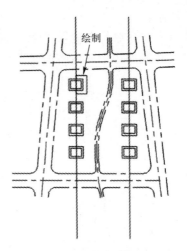

图18-24 绘制矩形

图18-25 复制图形

图18-26 旋转图形(1)

步骤 11 在命令行中输入"RO"(旋转)命令,按〈Enter〉键确认,根据命令行提示进行操作,选择人行道右侧的矩形和构造线,捕捉矩形的右上端点,设置旋转角度为"6",旋转图形,如图18-27所示。

步骤 12 在命令行中输入"TR"(修剪)命令,按〈Enter〉键确认,根据命令行提示进行操作,修剪图形,执行"E"(删除)命令,按〈Enter〉键确认,删除多余的图形,如图18-28所示。

步骤 13 在命令行中输入"L"(直线)命令,按〈Enter〉键确认,根据命令行提示进行操作,在矩形与样条曲线间连接直线,如图18-29所示。

步骤 14 在命令行中输入"CO"(复制)命令,按〈Enter〉键确认,根据命令行提示进行操作,选择绘制的直线,复制直线,如图18-30所示。

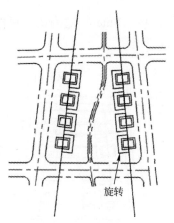

图 18-27　旋转图形（2）

图 18-28　修剪图形

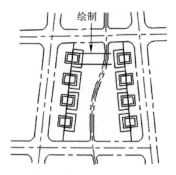

图 18-29　绘制直线（1）

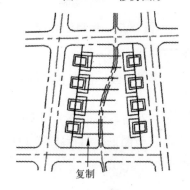

图 18-30　复制直线（1）

步骤 15　在命令行中输入 "RO"（旋转）命令，按〈Enter〉键确认，根据命令行提示进行操作，选择直线，捕捉直线的左端点，设置旋转角度为 "-6"，旋转直线，如图 18-31 所示。

步骤 16　在命令行中输入 "TR"（修剪）命令，按〈Enter〉键确认，根据命令行提示进行操作，修剪图形，执行 "E"（删除）命令，按〈Enter〉键确认，删除多余的图形，如图 18-32 所示。

图 18-31　旋转直线（1）

图 18-32　修剪直线（1）

步骤 17　在命令行中输入 "L"（直线）命令，按〈Enter〉键确认，根据命令行提示进行操作，在右侧的矩形与样条曲线间连接直线，如图 18-33 所示。

步骤 18 在命令行中输入"CO"（复制）命令，按〈Enter〉键确认，根据命令行提示进行操作，选择绘制的直线，复制直线，如图 18-34 所示。

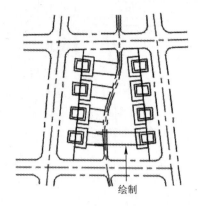
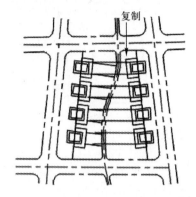

图 18-33 绘制直线（2）　　　　　　　　图 18-34 复制直线（2）

步骤 19 在命令行中输入"RO"（旋转）命令，按〈Enter〉键确认，根据命令行提示进行操作，选择直线，捕捉直线的右端点，设置旋转角度为"6"，旋转直线，如图 18-35 所示。

步骤 20 在命令行中输入"TR"（修剪）命令，按〈Enter〉键确认，根据命令行提示进行操作，修剪图形，执行"E"（删除）命令，按〈Enter〉键确认，删除多余的图形，如图 18-36 所示。

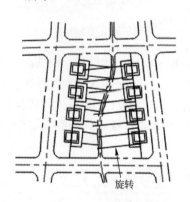
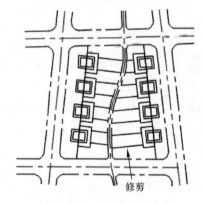

图 18-35 旋转直线（2）　　　　　　　　图 18-36 修剪直线（2）

18.3.2 新手练兵——绘制绿化带

绘制绿化带的具体操作步骤如下：

步骤 01 在命令行中输入"LA"（图层）命令，按〈Enter〉键确认，弹出"图层特性管理器"面板，新建"绿化"图层，设置"颜色"为"绿色"，并将"绿化"图层置为当前，如图 18-37 所示。

步骤 02 在命令行中输入"H"（图案填充）命令，弹出"图案填充创建"对话框，设置"图案"为"AR-CONC"、"比例"为"0.5"，对相应位置进行图案填充，如图 18-38 所示。

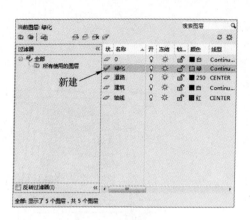

图 18-37 新建图层

图 18-38 填充图案

步骤 **03** 在命令行中输入"I"（插入）命令，按〈Enter〉键确认，弹出"选择图形文件"对话框，选择相应文件，效果如图 18-39 所示，单击"打开"按钮。

步骤 **04** 插入图块，执行"SC"（缩放）命令，按〈Enter〉键确认，缩放图形，执行"X"（分解）命令，按〈Enter〉键确认，分解图形，选择相应图块，复制到合适位置，删除多余的图形，效果如图 18-40 所示。

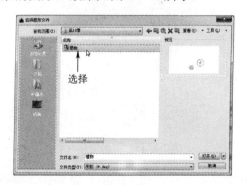

图 18-39 选择相应文件

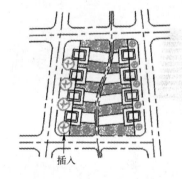

图 18-40 插入图块

18.3.3 新手练兵——添加文字说明

添加文字说明的具体操作步骤如下：

步骤 **01** 在命令行中输入"LA"（图层）命令，按〈Enter〉键确认，弹出"图层特性管理器"面板，新建"文本"图层，将"文本"图层置为当前，如图 18-41 所示。

步骤 **02** 在命令行中输入"MT"（多行文字）命令，按〈Enter〉键确认，根据命令行提示进行操作，在建筑上输入"居民楼"，调整大小与位置，将其复制到其他位置，如图 18-42 所示。

步骤 **03** 在命令行中输入"MT"（多行文字）命令，按〈Enter〉键确认，根据命令行提示进行操作，在主干道位置输入相应的道路名称，调整其大小与位置，如图 18-43 所示。

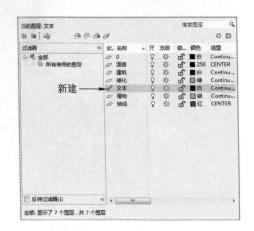

图 18-41 新建图层   图 18-42 添加文字（1）

步骤 `04` 在命令行中输入"QLEADER"（引线标注）命令，按〈Enter〉键确认，根据命令行提示进行操作，标注文本，效果如图 18-44 所示。

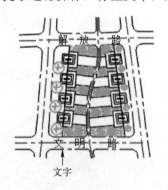

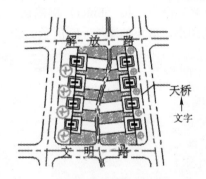

图 18-43 添加文字（2）   图 18-44 添加文字（3）

步骤 `05` 在命令行中输入"MT"（多行文字）命令，按〈Enter〉键确认，根据命令行提示进行操作，输入图样名称，调整其大小与位置，如图 18-45 所示。

步骤 `06` 在命令行中输入"PL"（多段线）命令，按〈Enter〉键确认，根据命令行提示进行操作，在图样名称下绘制粗细不等的两条下画线，效果如图 18-46 所示。

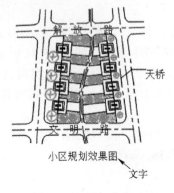

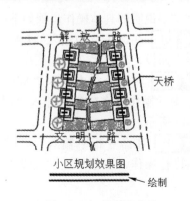

图 18-45 添加文字（4）   图 18-46 绘制多段线